*Andreas Roloff*

**Bäume**

*Beachten Sie bitte auch
weitere interessante Titel
zu diesem Thema*

Böhlmann, D.

## Hybriden
**bei Bäumen und Sträuchern**

343 Seiten mit 194 Abbildungen und 136 Tabellen

2009
Hardcover
ISBN: 978-3-527-32383-8

Roloff, A., Weisgerber, H., Lang, J. U. M., Stimm, B. (Hrsg.)

## Enzyklopädie der Holzgewächse
**Handbuch und Atlas der Dendrologie.
Aktuelles Grundwerk (Lieferung 1–54,
Stand: Februar 2010)**

4778 Seiten in 5 Bänden

1994
Loseblattwerk in Ordner
ISBN: 978-3-527-32141-4

*Andreas Roloff*

# Bäume

Lexikon der praktischen Baumbiologie

Zweite, völlig neu überarbeitete Auflage

WILEY-VCH Verlag GmbH & Co. KGaA

**Autoren**

*Prof. Dr. Andreas Roloff*
Technische Universität Dresden
Inst. für Forstbotanik und Forstzoologie
Pienner Str. 7
01737 Tharandt

2., völlig neu überarbeitete Auflage 2010

■ Alle Bücher von Wiley-VCH werden sorgfältig erarbeitet. Dennoch übernehmen Autoren, Herausgeber und Verlag in keinem Fall, einschließlich des vorliegenden Werkes, für die Richtigkeit von Angaben, Hinweisen und Ratschlägen sowie für eventuelle Druckfehler irgendeine Haftung

**Bibliografische Information
der Deutschen Nationalbibliothek**
Die Deutsche Nationalbibliothek verzeichnet diese Publikation in der Deutschen Nationalbibliografie; detaillierte bibliografische Daten sind im Internet über <http://dnb.d-nb.de> abrufbar.

© 2010 WILEY-VCH Verlag GmbH & Co. KGaA, Weinheim

Alle Rechte, insbesondere die der Übersetzung in andere Sprachen, vorbehalten. Kein Teil dieses Buches darf ohne schriftliche Genehmigung des Verlages in irgendeiner Form – durch Photokopie, Mikroverfilmung oder irgendein anderes Verfahren – reproduziert oder in eine von Maschinen, insbesondere von Datenverarbeitungsmaschinen, verwendbare Sprache übertragen oder übersetzt werden. Die Wiedergabe von Warenbezeichnungen, Handelsnamen oder sonstigen Kennzeichen in diesem Buch berechtigt nicht zu der Annahme, dass diese von jedermann frei benutzt werden dürfen. Vielmehr kann es sich auch dann um eingetragene Warenzeichen oder sonstige gesetzlich geschützte Kennzeichen handeln, wenn sie nicht eigens als solche markiert sind.

**Cover**  Grafik-Design Schulz, Fußgönheim
**Umschlaggestaltung**  Adam Design, Weinheim
**Satz**  TypoDesign Hecker GmbH, Leimen
**Druck und Bindung**  CPI Group (UK) Ltd, Croydon, CR0 4YY

Gedruckt auf säurefreiem Papier

ISBN:  978-3-527-32358-6

C9783527323586_271125

The manufacturer's authorized representative according to the EU General Product Safety Regulation is Wiley-VCH GmbH, Boschstr. 12, 69469 Weinheim, Germany,
e-mail: Product_Safety@wiley.com.

## Zu diesem Buch

Viele Menschen sind an Bäumen interessiert, weil sie mit ihnen beruflich zu tun haben oder sie ganz einfach lieben. Vor allem zu alten Bäumen haben Menschen oft eine emotionale Beziehung. Dieses Buch erklärt Symptome der Körpersprache, Vorgänge im Inneren und Ursachen von Abweichungen, erläutert Fachbegriffe und will das Interesse an den Hintergründen von baumspezifischen Erscheinungen fördern. Die Ausführungen sollen (mit möglichst hilfreichen bzw. eingängigen Abbildungen) Fragen zur Baumbiologie anschaulich und prägnant beantworten und so das Verständnis für Bäume fördern. Daraus können sich auch sorgsamere und bessere Umgangsformen mit ihnen ergeben als man sie derzeit bisweilen z. T. in Städten oder an Straßen verwirklicht sieht.

Mit Wissen zur Baumbiologie wird man Bäume besser pflegen, schützen und nachhaltig verwenden und nutzen können.

Das Buch will Augen öffnen, Bewusstsein schaffen und Verständnis wecken dafür, in welch faszinierender Weise diese langlebigen und ortsfesten Organismen Techniken und Strategien entwickelt haben, nachhaltig zu überleben. Wenn man sich mit dem Thema beschäftigt, ist es beeindruckend, wie viel sich dazu bei Bäumen finden lässt und wie viel man von ihrer Körpersprache lernen kann. Sie können außerdem zu lebenden Skulpturen werden, die uns ihre Lebens- (und häufig Leidens-)Geschichte erzählen.

Dieses Buch wendet sich an
- Praktiker und Sachverständige in Baumpflege, Forstwirtschaft, Garten- und Obstbau; Mitarbeiter von Baumschulen, Grünflächenämtern, Botanischen Gärten und Parkanlagen;
- Studenten und Wissenschaftler in Botanik, Forstwirtschaft und -wissenschaft, Gartenbau, Landschaftsarchitektur, -bau und -pflege, Biologie, Ingenieur- und Umweltwissenschaften, Umweltpädagogik und verwandten Bereichen;
- in der Umweltpädagogik Tätige und andere, die sich mit Gehölzen befassen;
- Interessierte an Bäumen und an der Natur sowie Baumliebhaber und solche, die auf dem Wege dorthin sind;
- Künstler, Architekten und Designer;
- Menschen, die Zusammenhänge verstehen und von der Natur lernen wollen.

Die Bezeichnung der Artnamen erfolgt nach ROLOFF & BÄRTELS (2008).

# Danksagung

Die Inspiration für dieses Buch stammt aus dem Forstbotanischen Garten Tharandt der TU Dresden, einer weltweit einmaligen Sammlung lebender Gehölze, die ich seit 1994 leiten darf und die mittlerweile ein wichtiger Teil meines beruflichen Wirkens geworden ist. Ich möchte an dieser Stelle allen Mitarbeitern, Freunden und Förderern danken, die sich für den Erhalt, die Präsentation, den Ausbau und die Pflege dieses Arboretums und seine Nutzung für Lehre, Wissenschaft, Kultur und Umweltbildung einsetzen.

Mein Dank gilt außerdem meinen Institutskollegen und -mitarbeitern, die durch Diskussionen, Textdurchsichten, Hinweise sowie Material- und Literaturbeschaffung wesentlich zum Gelingen des Werkes beigetragen haben.

Die Fotografien und Grafiken wurden vom Autor angefertigt. Weitere Bildautoren, denen ich für die Genehmigung des Abdruckes danke, sind: Prof. Dr. HORST BARTELS† (Grasstadium, Palmen), DORIS BERGER (Licht- und Schattenblätter), Dr. STEPHAN BONN (Dendroökologie), Prof. Dr. DIRK DUJESIEFKEN (Barrierezone, Thyllen, Tüpfel), RICO KNIESEL (Spaltöffnungen), Dr. BRITT MARIA GRUNDMANN (Dendroklimatologie), Prof. Dr. DORIS KRABEL (Bast, Periderm, Wurzelanatomie), Dr. MATTHIAS MEYER (Zerstreutporer), Dr. ULRICH PIETZARKA (Baumriesen, Feuerschutz Borke, Kompartimentierung, Langlebigkeit), Prof. Dr. STEFFEN RUST (Stress).

Dem Verlag Wiley-VCH (Weinheim), vor allem Herrn Dr. FRANK WEINREICH, Frau YVONNE ECKSTEIN und Frau STEFANIE VOLK, danke ich für die sehr gute Zusammenarbeit bei der Vorbereitung und Gestaltung des Buches.

*Andreas Roloff*
Tharandt, Februar 2010

## Abholzigkeit

Es ist allgemein bekannt, dass der Stamm von Bäumen der gemäßigten Breiten nach oben immer dünner wird; weniger vielleicht, warum diese Abholzigkeit auftritt. Dies ist die hinsichtlich der mechanischen Belastungen durch das Gewicht der

*Abholzigkeit an einer Edel-Kastanie*

Krone und den Wind optimierte Stammform. Der untere Stammabschnitt muss viel mehr Last tragen und gegen Bruch und Biegung sichern als die oberen Bereiche, so dass das Phänomen der Abholzigkeit die beste Lösung bietet. Zudem ist diese Form auch für den ▶ Wassertransport optimiert. Durch das alljährliche ▶ Dickenwachstum von Baumarten der gemäßigten Breiten kommt diese Stammform ganz einfach dadurch zustande, dass der Stamm nach unten immer älter und daher automatisch aufgrund von mehr Jahrringen dicker wird. Dieses Prinzip setzt sich in gleicher Weise an den Ästen fort. Die Stärke der regelmäßigen Windbelastung und die Lichtkonkurrenz wirken sich dabei auf das Ausmaß der Abholzigkeit aus: je freier ein Baum steht, desto abholziger ist er. Bei den meisten Palmenarten tritt keine Abholzigkeit auf (s. ▶ Palmen).

## Ableger s. ▶ Absenkerbewurzelung

## Abschiedskragen

Als „Abschiedskragen" oder Astring bezeichnet man die Erscheinung, dass sich das baldige Absterben eines Astes durch einen kragenartigen Durchmessersprung an seiner Basis ankündigen kann. Wenn der Ast mit seinen Blättern nicht mehr genügend ▶ Assimilate produziert (z. B. durch Beschattung), wird er für den Baum schließlich eher eine Belastung als dass er noch Nutzen bringt. Dann wird er beginnen abzusterben. Mit dem Kragen an der Astbasis wird der Prozess des ▶ Wundverschlusses nach dem Absterben und Abbrechen vorbereitet. Baumbiologisch fundierte Schnittmethoden berücksichtigen diesen Kragen bei ▶ Schnittmaßnahmen – er muss unbedingt erhalten bleiben. Der Durchmessersprung kommt zustande, da der Ast weniger Assimilate ableitet als der Stamm, so dass der Ast keinen nennenswerten ▶ Dickenzuwachs mehr hat, am Astansatz jedoch noch Assimilate des Stammes zu Zuwachs führen. Abschiedskragen (Astringe) treten allerdings nur bei einigen Baumarten auf, d. h. längst nicht jedes Astabsterben kündigt sich dadurch an.

*Abschiedskragen unterschiedlicher Entwicklung an vier Ästen einer Edel-Kastanie*

## Abschottung s. ▶ Kompartimentierung

Die Reaktionen lebender Zellen des Holzes nach Verletzungen werden als Abschottung (s. ▶ Kompartimentierung) bezeichnet. Sie sollen die Ausbreitung von ▶ Pathogenen oder Lufteintritt begrenzen. Vgl. ▶ Barrierezone, ▶ CODIT, ▶ Grenzschicht, ▶ Reaktionszone.

## Absenkerbewurzelung

Untere, weit ausladende und schließlich dem Boden aufliegende Äste können sich bewurzeln, was als Absenker oder Ableger bezeichnet wird. Dies geschieht desto schneller, je feuchter der Oberboden ist und ist besonders begünstigt bei einer vorhandenen Moos- oder Laubschicht. Daher ist dies auf Moorstandorten eine häufige (ungeschlechtliche) Form der Vermehrung. Die Tochterbäume stehen dann bisweilen im Kreis um den Mutterbaum, man erkennt ihren Ursprung meist auch viel später noch an dem zum Mutterbaum hin gebogenen Stammanlauf. Absenkerbewurzelung ist nur möglich, wenn die unteren Äste nicht durch Dichtstand oder Beweidung im Laufe der Zeit abgestorben bzw. verschwunden sind. Daher ist sie so selten zu finden, denn die Äste (und damit der Baum) müssen ein gewisses Alter erreicht haben, damit ihre Länge und ihr Gewicht die notwendigen Ausmaße erreichen.

*Absenkerbewurzelung an einer Rot-Buche*

## Absprünge

Einige Baumgattungen wie Eichen, Weiden und Pappeln zeigen als eigenartige Erscheinung das Abwerfen von grün belaubten Seitenzweigen. Dies kann im Sommer auf dem darunter befindlichen Boden so ungewöhnlich aussehen, dass man eine Krankheit vermutet. Es handelt sich jedoch um einen sehr effektiven Schutzmechanismus, wenn Kronenteile unter ▶ Trockenstress geraten oder zu wenig Licht erhalten. Dann ist das Abwerfen von ganzen Zweigen der schnellste Weg zur Reduzierung von Verdunstungsfläche oder uneffizienten Zweigen. Zu erkennen sind Absprünge an der glatten Narbe der Zweigbasis (s. ▶ Trennungszone). Wären die Äste einfach nur wie bei anderen Baumarten abgebrochen, würden sie an der Basis eine zerrissene Narbe aufweisen. Das Phänomen ist im Sommer nach längeren Trockenperioden häufiger zu sehen. Vorzugsweise werden sehr junge (ein- bis vierjährige) Zweige abgeworfen, da sie noch eine aktivierbare Trennungszone in ihrer Basis aufweisen, was aber nur an Seitenzweigen der Fall ist (nicht an Jahresgrenzen der Hauptachsen).

*Absprung von einer Westlichen Balsam-Pappel*

Ältere Zweige sind schließlich fest mit der Abstammungsachse verbunden, da die Trennungszone deaktiviert ist. Im Übrigen sind Absprünge auch eine interessante vegetative Ausbreitungsform, wenn z. B. von an Fließgewässern stehenden Weiden oder Pappeln Absprünge ins Wasser fallen, davon treiben und flussabwärts ans Ufer gespült werden, wo sie sich bewurzeln können.

## Absterben der Wipfel

Das stärkste Alarmsignal, das ein Baum in seiner Verzweigung über seinen Gesamtzustand zeigen kann, ist das Absterben von Wipfeltrieben, also der Kronenspitze. Denn dies ist einerseits der wichtigste Kronenbereich des ganzen Baumes (für das Bestehen im ▶ Konkurrenzkampf wie auch für die ▶ Photosynthese). Andererseits ist es der Teil eines Baumes, der am schwierigsten mit Wasser und ▶ Nährstoffen zu versorgen ist, da die Transportwege von der Wurzel dorthin am längsten sind. So reagiert dieser Kronenbereich besonders sensibel, wenn es dem Baum insgesamt sehr schlecht geht. Aufgrund der Beziehungen zwischen Krone und Wurzel ist dann davon auszugehen, dass es um die Wurzeln auch nicht mehr gut bestellt ist – dies kann Ursache des schlechten Zustandes sein oder aber Folge davon, denn es werden ja weniger ▶ Assimilate erzeugt, von denen die ▶ Wurzeln abhängen.

*Absterben des Wipfels einer Winter-Linde*

## Abstützen

Eine sehenswerte Erscheinung ist das Einwachsen von statisch bedeutsamen Gegenständen/Objekten wie z. B. Geländern in Bäume. Dass der Baum diese Gegenstände nicht nur einfach umwächst, sondern mit gezielten Zuwachsanlagerungen reagiert, ist dadurch zu erklären, dass er z. B. das Geländer im Bild mit in seine Bestrebungen nach höchstmöglicher Stabilität bei geringstem Aufwand eingebaut hat, als er noch jünger war. So kommt es, dass er ein Stück am Geländer entlang wächst, um dessen (solange noch vorhanden) Standfestigkeit optimal mit zu nutzen.

*Abstützen einer Stiel-Eiche mithilfe eines Geländers*

## Adventivknospen/ Adventivsprosse

Adventivknospen entwickeln sich neu an Stellen, an denen zuvor keine Anlagen dafür vorhanden waren, z .B. an Wurzeln oder aus Wundgewebe/ ▶ Kallus am Stamm (nach Verletzung). Sie haben also einen anderen Ursprung als ▶ schlafende Knospen, die von Beginn an angelegt sind. Aus Adventivknospen entstehen Adventivsprosse.

*Adventivknospen und -sprosse aus dem Stubben einer Rot-Buche*

## Adventivwurzeln

Nach ▶ Überflutung von Kronenteilen kann es zur Ausbildung von Wurzeln an Ästen kommen, sog. Adventivwurzeln. Je schneller und intensiver eine Baumart damit reagieren kann, desto besser wird sie mit der Überflutung fertig, denn das Problem ist die Sauerstoffversorgung der unter Wasser befindlichen Zweige und Wurzeln. Die neu gebildeten Wurzeln sind dann speziell an die veränderten Verhältnisse angepasst (durch einen hohen Anteil Luft leitender Gewebe) und ermöglichen so das Überleben. Besonders gut funktioniert dies bei Weiden, die sehr schnell solche Adventivwurzeln bilden (Foto), überhaupt nicht hingegen bei Buchen. Letztere sterben daher bei Überflutung relativ rasch ab und kommen in natürlichen Auenwäldern nicht dauerhaft vor, während Weiden oft den Gewässersaum bilden. Adventivwurzeln entwickeln sich auch nach ▶ Überschüttungen, für die Ähnliches gilt, oder bei Fäule/Rissen im Stamminneren (s. ▶ Innenwurzeln).

*Adventivwurzeln nach längerer Überflutung einer Korb-Weide*

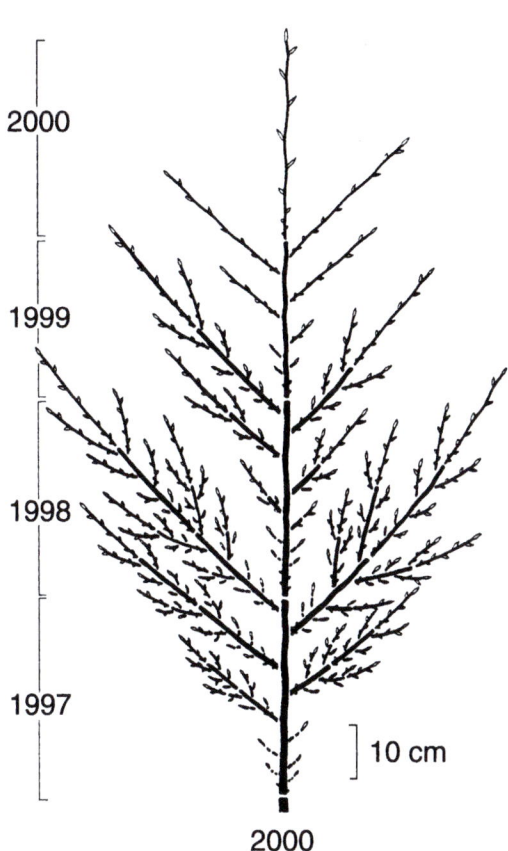

## Akrotonie

Die oft bei Bäumen an jedem Jahresabschnitt der Hauptachsen feststellbare Längenzunahme der Seitentriebe von den unteren zu den obersten Seitenzweigen hin wird als Akrotonie bezeichnet. Sie ist bei den meisten Baumarten eine Grundregel der ▶ Verzweigung, da sie schnell zu baumförmigem Wuchs führt: die sich entwickelnde Verzweigung ist zur effizienten Eroberung neuen Luftraumes nach vorne (bzw. am Wipfeltrieb nach oben) gerichtet. So kann ein Baum sich besonders effektiv gegen Konkurrenten durchsetzen. Durch die sich alljährlich wiederholende Akrotonie entsteht ein stockwerkartiger Aufbau der Verzweigung mit entsprechenden Absätzen in den Seitentrieblängen an den Jahresgrenzen (▶ Triebbasisnarben), da unterhalb von diesen besonders lange, oberhalb besonders kurze Seitentriebe vorhanden sind.

*Akrotonie an 4-jähriger Verzweigung einer Rot-Buche*

## Allelopathie

Einige Baumarten (z. B. Eukalyptus, Schwarznuss) enthalten in ihren Blättern und Wurzeln Inhaltstoffe, die für andere Pflanzen giftig sind. Das führt zum Unterbleiben der Keimung oder gar Absterben von anderen Arten unter diesen Bäumen, weshalb sich dort die Vegetation gegenüber der Umgebung anders verändert, als wenn nur Beschattung oder Wurzelkonkurrenz die Ursache wären. Man nennt diese Erscheinung Allelopathie – sie ermöglicht also das Ausschal-

*Allelopathie unter Walnuss*

ten von Konkurrenten durch die Wirkung giftiger Inhaltsstoffe. Es ist noch relativ wenig darüber bekannt, welche Baumarten auf welche Pflanzen solche Einflüsse ausüben können. Man kann den Effekt in Experimenten nachweisen, indem man z. B. getrocknete, gemahlene Blätter oder Wurzeln dem Gießwasser von Pflanzen zusetzt und dann die Auswirkungen beobachtet. Bei Vorliegen von Allelopathie zeigen sich in der Folge Wachstumseinbußen oder Schäden bis hin zum Absterben, während der Gießwasserzusatz ansonsten eher als Dünger wirkt. Beim einheimischen Walnussbaum ist diese Erscheinung umstritten, es ließen sich nur Keimungshemmungen an einigen Arten nachweisen, der Effekt auf die Vegetation im Stammumfeld ist jedoch nahezu unsichtbar.

## Alterung

Bäume altern auf andere Weise als Tiere und Menschen. Dadurch dass sie jedes Jahr neue Blätter, neue Triebe, neue Wurzeln und neue Jahrringe entwickeln, gibt es immer wieder junge Gewebe (▶ Meristeme), die noch nicht einmal ein Jahr alt sind. Diese ständige innere Verjüngung ist der Grund dafür, dass selbst Bäume mit einem Alter von 1000 Jahren noch ganz junge Organe und Gewebe aufweisen, die so lange weiterleben, sich teilen, wachsen und verjüngen, wie ihre Wasser- und Nährstoffversorgung sichergestellt ist. Das kann schließlich auch nur noch ein Teil des ursprünglichen Baumes sein (s. ▶ Langlebigkeit). Eine vollständige Verjüngung durch Klonen bringen Baumarten zustande, die ▶ Wurzelbrut oder ▶ Absenker entwickeln. Hier kann der Mutterbaum längst abgestorben sein, und seine „Zweige" leben als eigenständige Individuen weiter. Alter ist also bei Bäumen relativ. Das älteste bekannte Lebewesen der Erde ist unter diesem Gesichtspunkt übrigens eine über 10 000 Jahre alte Nordamerikanische Zitter-Pappel, die sich über diesen langen Zeitraum durch Wurzelbrut immer wieder vermehrt hat. Dieser Klon hat inzwischen eine Fläche von 43 ha erreicht und ist eine so eindrucksvolle Erscheinung, dass ihm ein eigener Name („Pando") gegeben wurde.

*Alterung: eine ca. 800-jährige Winter-Linde*

## Ammenverjüngung

Wenn Samen auf einem umgestürzten Baumstamm oder einem Baumstumpf (Stubben) keimen, bezeichnet man dies als Ammen- oder Kadaververjüngung. Es klappt nur bei ausreichenden Feuchtigkeitsbedingungen, am besten mit einer Moosschicht auf der Rinde bzw. dem Holz des Stammes/Stubbens, z. B. in regen- und luftfeuchten Wäldern, in Gebirgstälern, nahe Meeresküsten oder auf Nassstandorten. Nachdem der liegende Stamm oder der Stubben dann später verrottet ist, stehen die Jungbäume wie auf Stelzen, wenn ihre Wurzeln den Erdboden erreicht haben.

*Ammenverjüngung: eine Gemeine Fichte wächst auf einem Fichtenstamm*

## Amphitonie

Wenn Seitenäste höherer Ordnung (s. ▶ Astordnungen) beidseitig ihrer Tragachse besonders im Längenwachstum gefördert werden, bezeichnet man dies als Amphitonie. Sie tritt bei den meisten Nadelbäumen auf, z. B. bei Kiefern, Tannen und Fichten. Vgl. ▶ Hypotonie.

*Amphitonie an einem Seitenzweig einer Weiß-Tanne*

## Angepasstheit/Anpassungsfähigkeit/Anpassungspotenzial

Bäume können nur deshalb Jahrhunderte lang ortsfest all die Umweltveränderungen überleben (Jahreszeiten, Beschattung, Klimaschwankungen, Wassermangel und -überschuss, Stürme, Krankheiten u. ä.) und Nachkommen erzeugen, indem sie einerseits optimal angepasst an aktuelle Umweltsituationen, andererseits im Vergleich zu anderen Organismengruppen auch besonders anpassungsfähig sind. Der Begriff „anpassungsfähig" besagt, dass Bäume bzw. Baumpopulationen auch mit Umweltveränderungen größeren Ausmaßes zurechtkommen müssen (z. B. derzeit mit einer zunehmenden Erwärmung), um das Überleben der Art über lange Zeiträume zu sichern. Der Begriff „angepasst" hingegen verdeutlicht, dass ein Baum mit einer bestimmten, in Grenzen variablen Umwelt gut zurechtkommt. Beide Begriffe zusammen bezeichnet man als Anpassungspotenzial.
Nur so ist es zu erklären, dass Bäume so alt werden und z. B. auch fernab ihrer Heimat überleben können.

*Angepasstheit und Anpassungsfähigkeit von Strobe (vorne rechts) und Riesenmammutbaum (hinten links)*

## Anisophyllie

Als Anisophyllie bezeichnet man das Auftreten von Blättern/Nadeln sehr unterschiedlicher Größe an einer Pflanze oder gar wie im Beispiel an einem Zweig. Die direkte oder indirekte Ursache dafür ist fast immer das Licht, das an einem Baum zu Anpassungen führt. Zunächst sind Schattenblätter immer größer als Lichtblätter. Hinzu kommen Phänomene wie ▶ Hypotonie: die Förderung unter-/außenseitiger Blätter (und Zweige) zum Ausnutzen von besseren Lichtverhältnissen am Kronenrand. Auf dem Bild erkennt man Tannennadeln, die sich in der Länge um mehr als das Doppelte unterscheiden. Dabei fällt auf, dass die oben befindlichen viel kürzer sind als die unteren/seitlichen. So optimiert der Zweig die Ausnutzung des Lichtes, da die etwas nach oben gerichteten kurzen Nadeln kaum zur Beschattung der darunter befindlichen führen, aber schräg einfallendes Licht besser ausnutzen können. Vgl. ▶ Heterophyllie.

*Anisophyllie an einem Seitenzweig der Weiß-Tanne*

## Anpassung, Anpassungspotenzial s. ▶ Angepasstheit

## Apikaldominanz

Mit dem Begriff Apikaldominanz wird die Erscheinung bezeichnet, dass die Gipfelknospe bzw. Sprossspitze eines Triebes eine Vegetationsperiode lang durch ▶ Hormone die Seitenknospen am Austreiben hindert. Schwache Apikaldominanz führt zur ▶ Syllepsis. Vgl. auch ▶ Apikalkontrolle.

*Apikaldominanz und Apikalkontrolle an den Wipfeltrieben der Edel-Tanne*

## Apikalkontrolle

Durch die Apikalkontrolle beeinflusst die Sprossspitze des Wipfels mittels Hormonen die Wachstumsrichtung der Seitenzweige und hindert sie am Aufrichten. Schwache Apikalkontrolle führt zu aufrechtem Wachstum der Seitenzweige. Vgl. ▶ Apikaldominanz, ▶ Orthotropie.

## Architektur

Der Begriff „Architektur" von Krone und Wurzel fasst äußerlich sichtbare Charakteristika der Gestalt und Strukturen zusammen. Die Kenntnis der Kronen- und Wurzelarchitektur ist für ein Verständnis des ökologischen Verhaltens von Bäumen und Sträuchern grundlegend, da es vielfältige Beziehungen zwischen der Umwelt und der Struktur und Funktion von Holzpflanzen gibt. Zum Beispiel ist die Architektur der Verzweigung von Sprossachsen und Wurzelsystemen für die ▶ Vitalitätsbeurteilung und Verwendung von Baumarten nutzbar. Vgl. ▶ Architekturmodelle.

## Architekturmodelle

Mit Hilfe von sog. Architekturmodellen lassen sich Baumarten zu Typen ähnlicher ▶ Verzweigung und Kronenentwicklung (s. ▶ Architektur) zusammenfassen. Wichtigste Kriterien einer Zuordnung zu den 23 weltweit differenzierbaren und beschriebenen Modellen sind die Wachstumsrichtung von Wipfel- und Seitentrieben, die Wachstumsdauer sowie die Position der Blüten. Die fünf wichtigsten Baumarchitekturmodelle Mitteleuropas sind durch folgende Merkmale gekennzeichnet (Name des Architekturmodells vorangestellt):

– RAUH: alle Triebe ± senkrecht orientiert, Blütenstände seitenständig und daher ohne Auswirkung auf die Verzweigung (z. B. Kiefer, Fichte, Esche, Robinie, Kirsche, Walnuss);
– SCARRONE: alle Triebe ± senkrecht orientiert, Blütenstände endständig und daher Fortsetzung blühender Achsen nur über

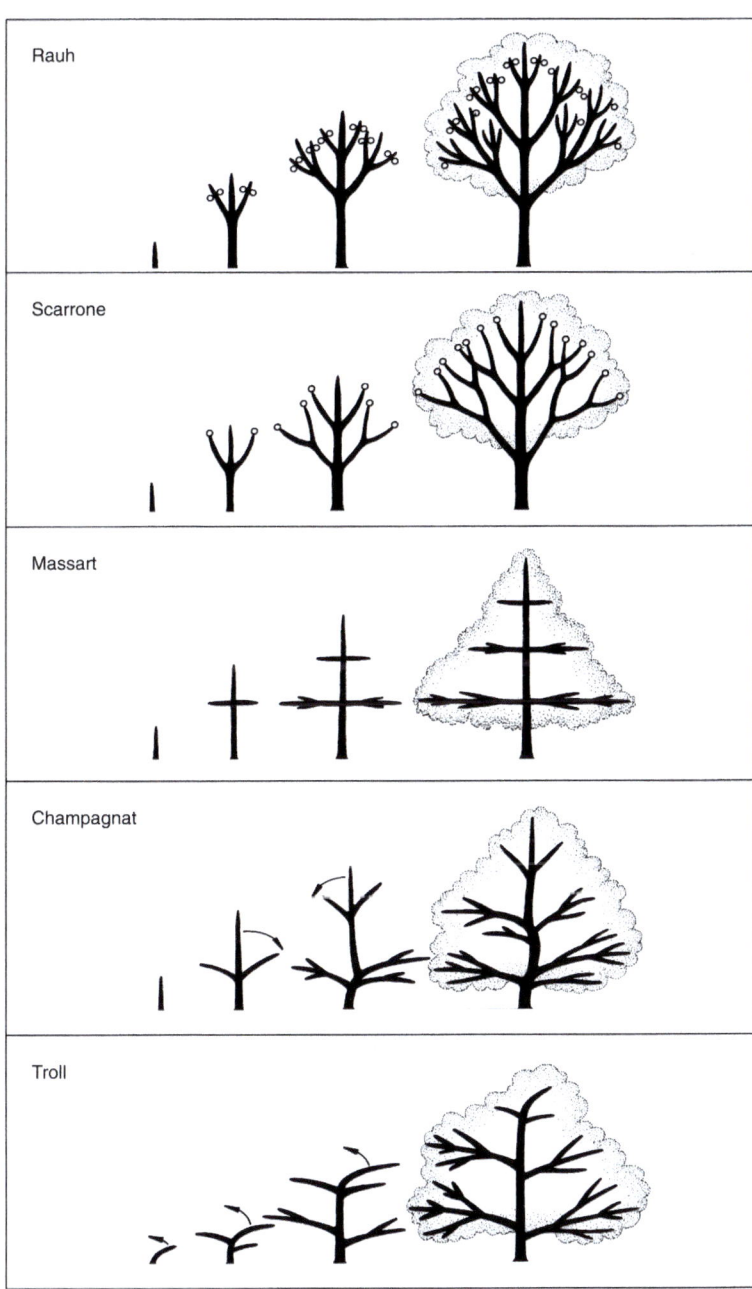

*Architekturmodelle wichtiger mitteleuropäischer Baumarten*

Seitenzweige möglich, was bei gegenständigen Baumarten zur Gabelung der Hauptachsen führt (z. B. Rosskastanie, Ahorn, Erle, Platane, Tulpenbaum);
– Massart: Stamm senkrecht, Seitenäste ± waagerecht (z. B. Ginkgo, Stech-Fichte, Stechpalme, Tanne);
– Troll: alle Triebe zunächst waagerecht, Wipfel sich erst sekundär aufrichtend (z. B. Buche, Hainbuche, Hemlocktanne, Linde);
– Champagnat: Wipfeltriebe zunächst senkrecht, sich sekundär abwärts biegend (z. B. ältere Birn-, Apfelbäume, Holunder, Pfaffenhütchen).

## Art

Die Art gilt als die wichtigste Kategorie der Pflanzenbenennung (Systematik), von ihr werden alle anderen Rangstufen abgeleitet. Jede Baumart (z. B. Winter-Linde) gehört einer ▶ Gattung (Linde) an, die eng verwandte Arten mit zahlreichen gemeinsamen Merkmalen zusammenfasst. In einer Art wiederum werden alle Individuen einschließlich ihrer Vorfahren und Nachkommen zusammengefasst, die in wesentlichen Merkmalen übereinstimmen, sich natürlich miteinander kreuzen und fruchtbare Nachkommen erzeugen. Arten können in ▶ Unterarten, ▶ Varietäten und Formen untergliedert werden. Im Deutschen schreibt man Arten inzwischen weit verbreitet mit einem Trennstrich, da dies sofort Art und Gattung deutlich unterscheidet, z. B. Rot-Buche als eine Art der Buchen, aber Hainbuchen als eigene Gattung, Mittelmeer-Zypresse als Art der Zypressen, Sumpfzypressen als eigene Gattung.

## Assimilate

Als Assimilate bezeichnet man vor allem die bei der Photosynthese produzierten Kohlenhydratverbindungen (Glukose, Fruktose, Saccharose, Stärke).

## Assimilation

Als Assimilation im engeren Sinn wird die Synthese organischer Substanzen (Kohlenhydratverbindungen) aus Kohlendioxid und Wasser unter Lichteinfluss bei der Photosynthese bezeichnet. Vgl. ▶ Assimilate.

## Assimilationsleistung

Eine interessante Frage ist, wie viel Assimilationsleistung (Biomasseproduktion) Bäume pro Tag schaffen können. Bei tropischen/subtropischen Bäumen sind es 5–9 g Trockensubstanz pro $m^2$ Blattfläche und Tag, bei sommergrünen Laubbäumen 3–10 g, bei Koniferen 1–5 g und bei immergrünen Hartlaubbäumen 1–3 g. Danach kann z. B. eine Buche mit 100 $m^2$ ▶ Kronenschirmfläche (entspr. 11,20 m Kronendurchmesser) und 700 $m^2$ Blattfläche an einem günstigen Tag bis zu 7 kg Trockenmasse (entspr. bis zu 20 kg Frischgewicht) produzieren.

## Assimilat-Transport

Wenn die Photosynthese erfolgreich verläuft, werden ▶ Assimilate erzeugt, die nach einer kurzen Zwischenspeicherung im Blatt abtransportiert werden zu Orten des Bedarfs oder einer längeren Speicherung im Baum. Die Verteilung von Photosyntheseprodukten durch ▶ Langstreckentransport ist eine der wesentlichen Voraussetzungen für Wachstum und Entwicklung von Bäumen. Der Haupttransportweg der Zuckerlösung ist dabei der lebende Teil der Rinde (▶ Bast). Und da der wichtigste Ort der Assimilatproduktion das Blatt, also die Krone, ist und ein bedeutsamer Bereich des Verbrauches die Wurzel, verläuft der Transport überwiegend stammabwärts. Zur Zeit des Austreibens dagegen werden die Assimilate vor allem von den wachsenden Trieben und Blättern benötigt. Dann erfolgt der Transport in der Rinde vorwiegend dorthin (ast-/stammaufwärts), später auch zu den reifenden Früchten. Je nach Jahreszeit und Entwicklungszustand können Produktionsorte auch zu Verbrauchsorten und Verbrauchsorte auch zu Produktionsorten werden. So sind im Sommer und Herbst die Speichergewebe von Bäumen Senken, im Frühjahr jedoch Quellen von Photosyntheseprodukten, in denen Speichersubstanzen mobilisiert und u. a. den sich entwickelnden Blättern per Langstreckentransport zur Verfügung gestellt werden. In Koniferen stellen (neben Wurzeln, Stamm und Ästen) auch die mehrjährigen Nadelblätter solche Speicherorgane dar. Je nach Jahreszeit können somit selbst Baumwurzeln Quellen oder Senken von Photosyntheseprodukten sein. In ähnlicher Weise sind junge Blätter zunächst Senken, sobald sie voll entwickelt sind jedoch Quellen von Photosyntheseprodukten.

## Assimilierende Fruchtflügel

Die ▶ Früchte einiger Baumarten (z. B. der heimischen Ulmenarten) sind besonders früh und schnell reif, da sie mit ihren Flügeln ▶ Photosynthese betreiben und damit die zum Fruchtreifen notwendigen ▶ Assimilate selbst produzieren können. Ulmen blühen oft schon im März und werden bereits im April grün – man denkt von weitem, die Bäume treiben schon aus (was für eine ▶ ringporige Baumart sehr früh wäre). Bei genauerem Hinsehen erkennt man dann aber, dass es die Fruchtflügel sind, die ergrünen. Sie haben also in diesem Fall nicht nur Verbreitungsfunktion für die reife Frucht, sondern auch ernährungsphysiologische Bedeutung. Denn die Blätter der Ulmen erscheinen erst im Mai – dann sind die Früchte schon fast reif.

*Assimilierende Fruchtflügel an einer Holländischen Ulme im Mai*

## Astabsprung s. ▶ Absprung

## Astbruch s. ▶ Grünastabbruch

## Astnarben

Astnarben sind das Resultat des ▶ Wundverschlusses nach Absterben und Abbrechen von Ästen. Baumarten mit glatter Rinde lassen so zeitlebens viel über ihre Lebensgeschichte erkennen. So kann man noch nach Jahrzehnten rekonstruieren, wo sich am Stamm ein Ast befunden hat, wie dick er beim Absterben war, wann er abgestorben ist und wie steil er vom Stamm abzweigte. Das machen sich beispielsweise Holzkäufer zunutze, da sie auf diese Weise schon am stehenden Baum sehr gut die Holzqualität im Inneren des Stammes beurteilen können (zumindest was die Astigkeit angeht). Als „Chinesenbart" bezeichnet man in

*Astnarben am Stamm einer Sand-Birke mit „Chinesenbärten"*

diesem Zusammenhang die seitlichen Narbenbereiche, die aufgrund des Schrägstandes des früheren Astes wie Chinesenbärte aussehen (s. Foto). Bei Baumarten mit grober Borke ist diese Rekonstruktion der ▶ Lebensgeschichte oft nur eingeschränkt und schwieriger möglich, mit einiger Erfahrung klappt es aber auch bei diesen.

## Astordnungen

Die Ast- bzw. Zweigordnungen in einer Krone werden gezählt, indem man den Stamm bzw. Wipfeltrieb als Hauptachse (0. Ordnung) setzt und alle Äste, die von ihm abzweigen, als 1. Ordnung. Von Ästen 1. Ordnung abzweigende Äste sind dann die 2. Ordnung usw. Eigentlich müsste eine 100-jährige Esche somit 99 Zweigordnungen haben, denn durch das alljährliche Austreiben von Seitenknospen kommt jedes Jahr (außer im ersten Lebensjahr) eine Ordnung hinzu. Man findet aber weltweit höchstens 10 Zweigordnungen an alten Bäumen, oft sogar nur 7. Der Grund dafür ist, dass die Seitenzweige höherer Ordnung schließlich so von Nachbarzweigen beschattet sind, dass sie zur ▶ Kurztriebbildung übergehen – und diese verzweigen sich nicht mehr. Hingegen hat das Absterben oder Abfallen von Zweigen (s. ▶ Astreinigung) für die maximalen Astordnungen einer Baumart keine nennenswerte Bedeutung.

*Astordnungen in der Krone einer Gemeinen Esche*

## Astreinigung/Zweigreinigung

Die Ast- und Zweigreinigung muss als ein sehr wesentliches Kriterium des Kronenaufbaus einer Baumart angesehen werden. Sie trägt schließlich neben der Verzweigung ganz entscheidend zum charakteristischen Kronenbild der Baumart bei. Während die natürliche Reinigung von älteren Ästen über Pilzbefall nach Absterben des Astes und schließlich sein Abbrechen abläuft, ist die bereits lange zuvor einsetzende Zweigreinigung wesentlich schwieriger zu beobachten (bis auf die ▶ Absprünge einiger Baumarten sowie die ▶ Zweigabgliederung). Als Zweigreinigung wird demnach das Abbrechen/Abfallen kleinerer und unwichtig gewordener jüngerer Zweige aus der Peripherie der Verzweigung bezeichnet. Sie beginnt mit dem Abbrechen von ▶ Kurztriebketten, die selbst in einer vitalen Baumkrone reichlich vorhanden sind. ▶ Kurztriebe verlieren jedoch meist schnell ihre Bedeutung für den Baum, da sie sich in den jeweils unwichtigsten Abschnitten der Jahrestriebe und gehäuft in den unwichtigeren inneren und unteren Kronenbereichen befinden. Das Abbrechen der Kurztriebketten setzt etwa mit 5–10 Jahren ein (je nach Baumart, s. ▶ Kurztrieblebensdauer).

*Ast- und Zweigreinigung an einer Rot-Buche*

## Astring

Ist am Astansatz eine deutliche Verdickung in der Übergangszone zum Stamm erkennbar, spricht man von einem Astring (Weiteres s. unter ▶ Abschiedskragen).

## Astwurzeln

In dauernd feuchten Klimaregionen (z. B. Regenwäldern oder schattigen Tälern in Gebirgen) können sich Bäume den ständigen Niederschlägen dadurch anpassen, dass sie aus Seitentrieben direkt in eine vorhandene Moosschicht auf ihren Ästen (s. ▶ Epiphyten) hineinwurzeln (im Foto wurde die Moosschicht etwas nach oben geschoben, um die Feinwurzeln sichtbar zu machen). So müssen große Bäume dann nicht unbedingt den (langen) Weg des Wassers über die Bodenwurzeln aktivieren, um ihre Äste mit Wasser zu versorgen – einen Teil ihres Wasserbedarfes decken sie direkt in der Krone. Dafür ist allerdings die ständig feuchte Moosschicht eine wichtige Voraussetzung. In trockenen Perioden und auch sonst erfüllen natürlich vor allem die Bodenwurzeln ihre Funktion der Wasserversorgung des Baumes.

*Astwurzeln an einem Zweig der Schwarz-Weide*

## Atemwurzeln

Baumarten wie die Sumpfzypresse, die am Naturstandort lange Perioden des Jahres im Wasser stehen (s. ▶ Überflutung), haben Schwierigkeiten mit der Sauerstoffversorgung der Wurzeln. Eine Möglichkeit, dieses Problem zu lösen, besteht in der Ausbildung von Atemwurzeln (Pneumatophoren): das sind Wurzelknie, die aus dem Boden (bzw. Wasser) herausragen und die Sauerstoffversor-

*Atemwurzeln bei einer Sumpfzypresse*

gung der Wurzeln verbessern. Bisweilen behalten Baumarten wie die Sumpfzypresse diese Erscheinung auch bei, wenn sie auf nicht überfluteten Standorten wachsen. Das kann dann sehr eindrucksvoll aussehen, wenn diese Luftwurzeln überall im Stammumfeld z. B. aus einer Wiese herausragen (s. Foto). Andere Baumgattungen wie Erle und Weide stellen die Sauerstoffversorgung ihrer Wurzeln in solchen Situationen mittels Luftkanälen (Aerenchym) im Holz sicher, die den Sauerstoff über die ▶ Lentizellen in der Rinde erhalten.

## Atmung

Atmung (auch als Dissimilation oder Respiration bezeichnet) ist der zur ▶ Photosynthese gegenläufige Prozess, bei dem die in der Photosynthese aufgebauten Zuckerverbindungen zerlegt werden und die darin enthaltene Energie nutzbar gemacht wird (s. auch ▶ Gaswechsel). Biochemisch betrachtet ist die Atmung jedoch nicht einfach eine Umkehrung der Photosynthese, sondern sie verläuft in vollkommen anderen Teilabschnitten. Im Grunde genommen handelt es sich um eine in Teilschritte zerlegte und dadurch steuerbare Verbrennung, für die Sauerstoff notwendig ist und bei welcher der zuvor gebundene Kohlenstoff als $CO_2$ wieder freigesetzt wird. Atmung ist auch essentiell zur Aufrechterhaltung der Lebensfunktionen von Bäumen und läuft daher im Gegensatz zur Photosynthese auch im Dunkeln und im Winter weiter, wobei also Energie freigesetzt wird.

## Aufrichten von Seitenzweigen

Äste beginnen sich unter bestimmten Umständen zu „verselbstständigen": sie richten sich auf und wachsen wie zu eigenständigen Bäumen heran. Meist findet man die Erscheinung am unteren äußeren Kronenrand frei stehender Bäume. Der Weg für die ▶ Hormone des Wipfels, die das Herabdrücken von Seitenzweigen bewirken, wird immer länger, je älter bzw. höher der Baum und je länger die Seitenäste werden. Schließlich gelingt es einzelnen Seitenzweigen, den hormonellen Einfluss des Wipfels zu überwinden und sich aufzurichten. Einige Baumarten neigen zu dieser Erscheinung (z. B. der Lebensbaum, Foto), bei anderen tritt sie nur ausnahmsweise auf, wenn die Krone abrupt von der Seite belichtet wird. Es handelt sich um eine Form von ▶ Reiterationen.

*Aufrichten von Seitenzweigen am Riesen-Lebensbaum*

Aufsitzerpflanzen s. ▶ Epiphyten

Auftausalze s. ▶ Salzstress

## Austriebszeitpunkt

Einige Baumarten treiben sehr früh aus wie z. B. Birke und Weide, andere erst viele Wochen später, wie Esche und Robinie. Dies hat zum einen mit unterschiedlicher Frostempfindlichkeit zu tun. Natürlich ist zunächst von Vorteil, im Frühjahr schnell und zeitig die Blätter zu entfalten – wenn dann nicht noch oft die Spätfröste im Mai kommen würden, die im Abstand von einigen Jahren immer wieder auftreten. In diesem Fall kann Warten vorteilhafter sein. Hinzu kommt, dass einige Baumarten überhaupt erst ein Wasserleitungssystem aufbauen müssen, um die Blätter entfalten und versorgen zu können. Das ist bei den sog. ▶ Ringporern der Fall, da die Leitelemente des Vorjahres weitgehend außer Funktion sind. So ist es kein Zufall, dass Esche und Robinie bei uns regelmäßig zu den spätesten Baumarten gehören.

*Austriebszeitpunkt: Unterschiede bei der Gemeinen Esche (noch kahl) und dem Spitz-Ahorn (belaubt)*

## Barrierezone

Wird ein Baum verletzt oder dringt ein Pilz von außen in das Holz ein, kann sich der Baum im Bereich des ▶ Kambiums mit einer sog. Barrierezone schützen. Mit dieser versucht er durch zusätzliche spezialisierte Zellneubildung des Kambiums – vor allem anatomisch und chemisch veränderte ▶ Parenchymzellen, bei Nadelbäumen auch mit Hilfe von ▶ Harzkanälen – entlang von neuen ▶ Jahrringen z. B. das Vordringen von ▶ Pathogenen zu verhindern. In vielen Fällen ist diese Reaktion sehr erfolgreich; das hängt im Einzelfall von der Aggressivität des Pilzes und vom Zustand des befallenen Baumes und der Baumart ab. Vgl. ▶ Reaktionszone.

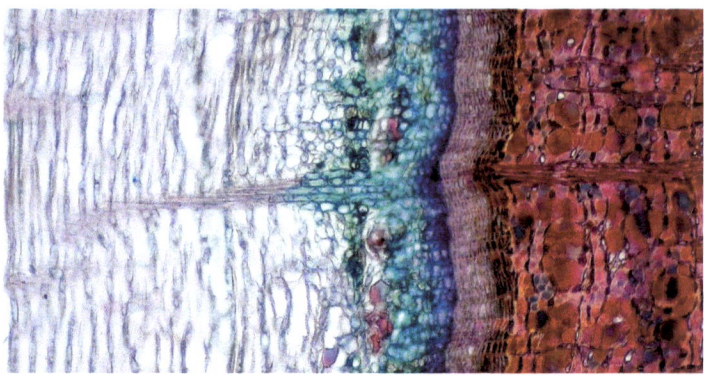

*Barrierezone aus Parenchymzellen (Bildmitte, blau eingefärbt) an Linde; rechts verfärbtes Holz (rot), links unregelmäßig strukturiertes Wundholz (hell) (aus DUJESIEFKEN UND LIESE 2008)*

## Basitonie/Mesotonie

Wesentlich seltener als ▶ Akrotonie sind bei Bäumen andere Typen der Längenförderung der Seitenzweige verbreitet. Basitonie ist die besondere Förderung der unteren Seitenzweige am Jahresabschnitt. Sie ist bei Bäumen sehr selten, da sie eher zu strauchförmigem Wuchs führt. Als übergreifende Basitonie bezeichnet man dabei die Erscheinung, dass bei Sträuchern junge Austriebe aus der Stammbasis, dem Wurzelanlauf oder aus stammnahen Wurzeln schnell große Längen bzw. Höhen erreichen und die bis dahin entwickelte ältere Verzweigung übergipfeln können. Auch eine besondere Förderung der Seitenzweige im mittleren Abschnitt der Jahrestriebe ist möglich, die als Mesotonie bezeichnet wird und z. B. häufig in Verbindung mit ▶ Syllepsis auftritt. Besonders ausgeprägt ist dies bei der bis ins hohe Alter sylleptisch verzweigten Schwarz-Erle.

*Übergreifende Basitonie an Hunds-Rose (Foto links); Mesotonie am Jahrestrieb einer Schwarz-Erle (oben: die Seitentriebe sind im mittleren Triebabschnitt am längsten)*

## Bast

Als Bast (= ▶ Phloem) wird der lebende, Assimilate leitende Teil der ▶ Rinde bezeichnet. Er befindet sich innerhalb des jüngsten (innersten) ▶ Periderms. Vgl. ▶ Borke.

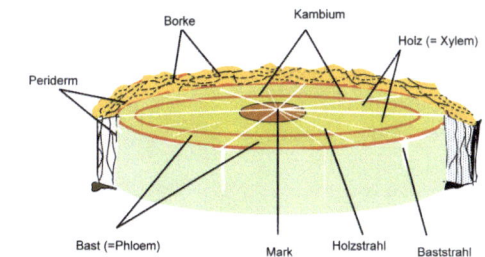

*Bast (= Phloem), Borke, Periderm, Kambium, Mark, Holz (= Xylem), Holzstrahl und Baststrahl an einem dreidimensionalen Stammquerschnitt (Grafik: Doris Krabel)*

## Baum oder Strauch?

Im Gegensatz zu Sträuchern besitzen Bäume einen dominierenden Stamm, dessen unterer Abschnitt im Alter erhebliche Durchmesser erreichen und astfrei werden kann. Sträucher hingegen sind mehrstämmig, ein dominierender Stamm fehlt, und sie erreichen eine maximale Höhe von nur einigen Metern (bis zu 10 m). Sie entwickeln im basalen Achsenbereich kräftige Austriebe und verjüngen sich daher „von unten" (s. ▶ Basitonie). Im Vergleich zu Bäumen haben Sträucher Vorteile in Habitaten mit hohem ▶ Stress durch Umweltfaktoren und können als ▶ Anpassung daran verstanden werden.

*Baum oder Strauch? Gemeiner Wacholder*

## Baumart s. ▶ Art

## Baumbewuchs

Mit Baumbewuchs werden ▶ Epiphyten und ▶ Kletterpflanzen bezeichnet, die an oder auf Bäumen wachsen. Dies können z. B. Moose, Flechten und Algen, Misteln, Efeu, Waldrebe und Geißblatt sein. Sie benötigen Bäume als wichtige Lebensgrundlage, schädigen den Trägerbaum daher in den meisten Fällen nicht oder nicht nennenswert.

*Baumbewuchs auf einem ca. 500-jährigen Berg-Ahorn*

## Baumgrenze/Waldgrenze

Baumgrenzen, d. h. Grenzen baumförmigen Wachstums, existieren in Gebirgen und im Hohen Norden, an Gewässern und Mooren sowie am Übergang zu anderen extremen Lebensräumen. Sie sind klimatisch oder standörtlich bedingt und bestehen meist aus einer ▶ Kampfzone, in der Einzelbäume um ihr Überleben kämpfen. Dies sieht man ihnen dann in der Regel auch an, indem sie einen krüppelförmigen Habitus zeigen. Allerdings gibt es auch Baumgrenzen, die wie mit dem Messer gezogen aussehen, da der Wald schlagartig aufhört und die Randbäume sich noch gegenseitig etwas schützen (Waldgrenze). Es hängt im Einzelfall von dem begrenzenden Umweltfaktor ab, wie der Rand realisiert ist. An diesen Grenzen baumförmigen Wachstums spielen genetische Faktoren eine wichtige Rolle, wie z. B. das ▶ Anpassungspotenzial. Es gibt Kälte-, Trockenheits-/Wärme-, Wind-, Nässe-, Feinbodenmangelgrenzen sowie bodenchemische und Bodenbewegungs-Waldgrenzen.

*Baumgrenze in ca. 1900 m Höhe im Karwendelgebirge*

## Baumriesen

Vom Volumen her sind Riesenmammutbäume in Kalifornien mit z. T. über 1500 m³ Holz die größten Bäume der Erde. Maximale Höhen von über 100 m erreichen Küstenmammutbaum und Douglasien im Westen Nordamerikas und Eukalyptus-Bäume in Australien. Die Höhe von Bäumen wird von mechanischen Problemen begrenzt. Ein ▶ Wassertransport wäre theoretisch bis in Höhen von 130 m möglich, aber die biomechanischen Grenzen des Baumes lassen diese Höhen nicht dauerhaft zu. Die Nennung des höchsten Baumes der Erde stößt auf Schwierigkeiten, da solche Baumriesen immer wieder ein Stück zurück sterben bzw. ihre Kronenspitze durch Abbrechen verlieren und dann wieder einige Jahre an Höhe zuwachsen, sich die aktuelle Höhe also jährlich ändert. Oder sie stürzen um. Die größten jemals gemessenen Höhen waren um die 130 m, was aber wohl aktuell nirgends von lebenden Bäumen erreicht wird.

*Baumriesen: Riesenmammutbäume (Foto: Ulrich Pietzarka)*

## Bedecktsamer (Angiospermen)

Bei den Bedecktsamern (Angiospermen) sind die Samenanlagen in einen ▶ Fruchtknoten eingeschlossen und daher nicht frei zugänglich bzw. sichtbar. Der Fruchtknoten besteht aus einem oder mehreren Fruchtblättern, die in ursprünglichen Blüten (z. B. Magnolie) getrennt bleiben oder bei anderen zu einer Einheit verwachsen sind. Entscheidend für Bedecktsamigkeit ist, dass die Samenanlagen durch den vom einzelnen Fruchtblatt oder verwachsenen Fruchtknoten gebildeten Hohlraum von der Außenwelt abgeschirmt sind. Die meisten Laubbäume sind Bedecktsamer (nicht jedoch z. B. Gingko).

*Bedecktsamer (Angiospermen): Fruchtknoten der Walnuss zum Blütezeitpunkt im April (Bildmitte)*

## Behaarung

Ein sehr effektiver Schutz vor zu großer Verdunstung ist Behaarung – allerdings nur tote Haare, da lebende Haare ganz im Gegenteil sogar eine Vergrößerung der transpirierenden Blattoberfläche zur Folge haben und daher bei Moorpflanzen weit verbreitet sind. Silberfarbige Haare sind meist tote Haare. Sie führen zu silbrigen Blättern (Foto) und wegen der erhöhten Strahlungsreflexion zu geringerer Blatterwärmung. Bei genauerem Hinsehen sind meist nur die Blattunterseiten behaart, da hier die Behaarung wichtiger ist, wegen der dort befindlichen ▶ Spaltöffnungen. Gehölze mit silberfarbenen Blättern sind daher in der Regel besonders trockenheitstolerant. Das kann auch für Auenwaldbaumarten wie Silber-Pappel und Silber-Weide wichtig sein, da diese Standorte im Sommer sehr stark austrocknen können und außerdem die Rückstrahlung von der Wasseroberfläche hinzukommt.

*Behaarung auf den Blattunterseiten (unten und rechts) der Echten Mehlbeere*

## Beiknospen

*Beiknospen an den Zweigen der Gemeinen Esche*

Als Beiknospen werden neben oder unter den Hauptknospen befindliche kleinere ▶ Knospen bezeichnet. Sie haben wie ▶ schlafende Knospen Reservefunktion, falls mit der Hauptknospe oder deren Austrieb etwas schief gehen sollte. So kommt es bei der Esche als relativ frostempfindlicher Baumart häufiger vor, dass der erste Austrieb bei einem Spätfrost im Mai erfriert. Dann treiben die Beiknospen aus und ersetzen den Schaden sehr schnell. Sollte auch mit diesem Austrieb etwas schief gehen (z. B. durch eine Beschädigung infolge von Verbiss), stehen an sehr wüchsigen Trieben sogar noch dritte Knospen zur Verfügung (die kaum noch mit dem bloßen Auge erkennbar sind). Bei den Weiden sitzen die Beiknospen nicht unter, sondern beiderseits neben den Hauptknospen.

## Belaubungsregel der Buche

In Buchenbeständen kann man in jedem Frühjahr beobachten, wie die Bäume von unten nach oben ergrünen. Dies wird als sog. Belaubungsregel bezeichnet. Zuerst treiben Bäume der beschatteten Verjüngung und die unteren Zweige von Altbäumen aus, dies erfolgt an Südhängen früher als an Nordhängen. Dann schreitet das Ergrünen je nach Lufttemperatur unterschiedlich schnell in den Kronen nach oben fort. So können an einem alten Baum vom Erscheinen der ersten unteren grünen Blätter bis zum Austreiben der letzten Blätter in der Kronenspitze 4–6 Wochen vergehen. Das hat für die frühen Blätter im Bestandesschatten den Vorteil, dass sie wenigstens für kurze Zeit in den Genuss von mehr Strahlung gelangen und Gewinne bei der ▶ Photosynthese erzielen können, bis danach der Bestand so dunkel wird, dass in Buchenwäldern nur noch ca. 1 % der Freilandstrahlung auf den Waldboden gelangt.

*Belaubungsregel: sichtbar in einem Buchenbestand (Ergrünen von unten nach oben)*

## Bestand

Als Bestand wird eine mit Bäumen bewachsene Fläche bezeichnet, die sich hinsichtlich Form, Alter und Baumart bzw. Baumartenmischung gleicht und in der Regel deutlich von benachbarten Beständen unterscheidet. Durch seine Ausdehnung und Größe entstehen in d. R. ein eigenes Bestandesinnenklima und weitere Eigenschaften, die über die Summe der einzelnen Bäume hinausgeht. Besteht der Bestand aus nur einer Baumart, spricht man von Reinbeständen, bei mehreren Baumarten von Mischbeständen.

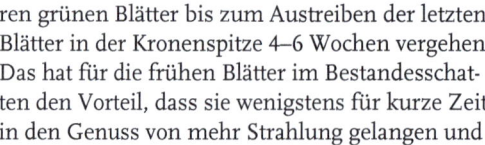

*Bestand der Gemeinen Kiefer mit unterbauter Trauben-Eiche und Ebereschen-Naturverjüngung*

## Bestäubungstropfen

Sehr urtümliche Baumarten wie z. B. Ginkgo, Wacholder und Eibe setzen zur Bestäubung der weiblichen Blüten Bestäubungstropfen ein. Diese werden an der weiblichen Blütenspitze ausgepresst, fangen den ▶ Pollen ein, und beim anschließenden Eintrocknen wird der Pollen mit hineingezogen. Der Tropfen ist nur relativ kurze Zeit vorhanden (einige Tage bei Sonnenschein), weshalb die Bestäubungschancen nicht gerade groß sind. Denn in dieser Zeit muss der Wind die Pollenkörner von einem männlichen Baum herantransportieren (s. ▶ Zweihäusigkeit). Das funktioniert am besten, wenn die Bäume nicht zu sehr verstreut stehen und der Pollentransport nicht durch Hindernisse erschwert wird. Beim Ginkgo sind die männlichen Geschlechtszellen außerdem in der Lage, aktiv durch die Flüssigkeit in der weiblichen Samenanlage zu schwimmen, da sie Geißeln aufweisen (sog. Spermatozoiden).

*Bestäubungstropfen an weiblichen Ginkgo-Blüten*

## Beulen/Knollen am Stamm

Beulen und Knollen am Stamm können aus sehr verschiedenen Ursachen entstehen. Beim Beispiel im Foto handelt es sich um die alte ▶ Veredlungsstelle einer Buche, an der am jungen Baum ein Blutbuchen-Reiser auf eine Rotbuchen-Unterlage gepfropft wurde. Diese beiden Pflanzenteile haben sich bis heute nicht harmonisch miteinander verbunden, was zu vermehrten Zellteilungen und daher irregulärem Wachstum in diesem Bereich führte. Beulen können auch aus biomechanischen Gründen wegen eines inneren Stammdefektes (Fäule, Höhlung o. ä.) als Kompensationszuwachs entstehen. Weiterhin gibt es Mikroorganismen (Pilze, Bakterien u. a.), die zu ▶ tumorartigen Knollen führen können. In den meisten Fällen sind diese gutartig, haben also begrenzte und abgeschlossene Zuwachssteigerungen zur Folge.

*Beulen (Knollen) am Stamm einer gepfropften Blut-Buche*

## Bewegungen

Bei Bäumen denkt man nicht gerade an Bewegungen. Und dennoch: wenn man genauer hinsieht und sich etwas Zeit lässt, gibt es sie doch. Am spektakulärsten vielleicht bei den ▶ Absprüngen einiger Baumarten; weit mehr bekannt und sichtbar das Bewegen der Blätter, von Zweigen und gesamten Krone im Wind; das Austreiben und Aufrichten von Zweigen; der Blattfall; das Öffnen von ▶ Zapfen; das Ausschleudern von Samen aus

*Bewegungen (Blattzittern) der Zitter-Pappel*

Kapseln und anderen Früchten und ihre Verbreitung (s. ▶ Wandern). Nicht mehr ohne genaue Erfassung sichtbar sind die Drehungsbewegungen von Blättern und jungen Trieben nach dem Licht und die drehenden Suchbewegungen von Ranken und Windepflanzen. Bei einigen Baumarten fällt das Flattern oder Zittern der Blätter selbst fast bei Windstille auf, besonders bekannt ist dies bei der Zitter-Pappel (Name) und beim Spitz-Ahorn. Es kommt zustande durch besondere Konstruktionsmerkmale des Blattstieles im Verhältnis zur Spreitengröße des Blattes. So ist bei vielen Pappeln der Blattstiel abgeflacht, was die Blattbewegung hervorruft. Als Folge dieser Förderung der Blattbewegung ist ein erhöhter Gasaustausch und damit eine Forcierung der ▶ Photosynthese möglich. Zudem werden die Blätter an heißen Sommertagen durch die Bewegung gekühlt, was ebenfalls die Effizienz des ▶ Gaswechsels verbessert.

## Beziehung Krone–Wurzel

*Beziehung Krone–Wurzel an einer alten Stiel-Eiche*

Krone und Wurzel sind nicht voneinander unabhängig wachsende Teile eines Baumes, sondern aufeinander abgestimmt und voneinander abhängig. So wächst die Krone so lange weiter, wie die Wurzelmasse deren Versorgung sicherstellen kann – und umgekehrt: die Wurzel nur so lange, wie deren Versorgung mit ▶ Assimilaten von der Blattfläche erfüllt werden kann. Es hat sich gezeigt, dass beide Teile des Baumes ein bestimmtes Verhältnis zueinander anstreben, das allerdings abhängig von der Baumart, dem Standort und anderen Umwelteinflüssen in Grenzen modifiziert wird. Wird dieses Verhältnis gestört – z. B. durch ▶ Schnittmaßnahmen in der Krone oder Verluste von Wurzeln bei Baumaßnahmen – wird der jeweils andere Teil des Baumes im Wachstum stagnieren, bis die ausgewogene Beziehung wiederhergestellt ist, und kann erst dann wieder normal weiter wachsen. So zeigen ▶ Johannistriebe beispielsweise, dass die Wurzeln vorauseilen. Allerdings kann es zu Verzögerungen in der Reaktion des anderen Teiles kommen, da im Stamm und in der Wurzel ▶ Reservestoffe eingelagert sind, die für einige Zeit solche Situationen überbrücken helfen können (so kann es z. B. nach ▶ Kappungen bei einigen Baumarten zu starken Austrieben kommen).

## Beziehung Ast–Wurzelstrang

Immer wieder hört oder liest man, dass (z. B. bei der Rosskastanie wie auch bei anderen Baumarten) eine direkte Beziehung zwischen einem Wurzelstrang und dem darüber befindlichen Ast in der Krone besteht. Wenn also ein Ast in der Krone abstirbt, so soll die darunter befindliche Wurzel geschädigt worden sein. Dies ist so nicht richtig. Erstens gibt es eine solche Beziehung bei älteren Bäumen grundsätzlich nicht (das wäre baumbiologisch auch viel zu riskant), und zweitens, selbst wenn es sie gäbe: aufgrund des verbreiteten ▶ Drehwuchses gerade bei Rosskastanien würde dann eher ein Ast auf einer anderen Kronenseite absterben und eben gerade nicht der genau darüber befindliche. Bei ▶ ringporigen Baumarten ist eine solche Beziehung in jungem Alter denkbar, zumindest nach Farbstoffexperimenten; auch bei

*Beziehung Ast–Wurzelstrang: abgestorbener Ast an einer Gemeinen Rosskastanie*

diesen Jungbäumen verliert sich die Beziehung aber schnell mit dem Alter.

## Biegsamkeit der Zweige bei Weiden

Viele Weidenarten kommen von Natur aus in der Nähe von Fließgewässern vor. Dafür sind die Flexibilität ihrer Zweige und die strömungsmechanisch optimierte Form ihrer Blätter günstig. Eingehende Untersuchungen haben gezeigt, dass eine Weide sich wie keine andere Baumart starker Strömung (bei Hochwasser) anpassen kann, ohne abzubrechen oder fortgespült zu werden – sie biegt sich in die Strömungsrichtung und ihre Blätter und Zweige werden umströmt. So ist es zu erklären, dass Weiden durch Hochwasser am geringsten geschädigt und dadurch auch am wenigsten zur Gefahr werden, da sie kaum abbrechen (es sei denn, sie sind überaltert). Baumarten mit steifen Zweigen hingegen brechen schnell auseinander oder ab. Es handelt sich also um eine interessante ▶ Anpassung an den Standort am Fließgewässer.

*Biegsamkeit der Zweige am Beispiel einer Silber-Weide (Hänge-Form)*

## Biodiversität

Mit Biodiversität wird die Lebensraum-, Arten-, Struktur- und genetische Vielfalt bzw. Variabilität bezeichnet. Eine hohe Biodiversität wird in der Regel als positiv für das ▶ Anpassungspotenzial, die Bestandesstabilität und im Hinblick auf Naturschutzfunktionen interpretiert.

*Biodiversität eines Mischbestandes mit Trauben-Eiche, Winter-Linde, Rot-Buche, Hainbuche, Haselnuss, Elsbeere und Vogel-Kirsche*

## Bioindikator/Bioindikation

Als Bioindikator werden Organismen (hier Pflanzen) bezeichnet, die sich aufgrund ihres objektiv erfassbaren Zustandes bzw. ihrer Reaktion für die Indikation von Umweltbelastungen einsetzen lassen. So sind z. B. bestimmte Flechtenarten auf Bäumen besonders gut für die Einschätzung der Luftqualität geeignet, bestimmte Pappelklone für Ozonbelastungen und Baumkronen für Bodenbelastungen (s. ▶ Vitalitätsbeurteilung). Die Aussagekraft eines Bioindikators ist umso höher, je empfindlicher er auf Veränderungen der äußeren Einflüsse reagiert. Der Wert der Nutzung von Bioindikatoren liegt in den dadurch gesparten Messungen oder Untersuchungen, die in der Regel über längere Zeiträume durchgeführt werden müssten.

*Bioindikator: Strauch- und Bartflechten auf der Borke einer Gemeinen Fichte*

## Biomechanik

Bei der Biomechanik von Bäumen geht es um die Einschätzung der ▶ Bruch- und ▶ Standsicherheit aufgrund statischer Berechnungen bzw. Abschätzungen. Es wird die kritische Spannung hergeleitet, bei der ein Ast oder Stamm aufgrund von Sturm oder der Schwerkraft bricht. Dies ist u. a. von den Holzeigenschaften der Baumart, den Baumdimensionen, dem Schwingungs- und Biegeverhalten des Stammes (bzw. der Äste) abhängig. Eine absolut sichere Vorhersage ist bei lebenden Bäumen nicht möglich, umso wichtiger ist eine fundierte Abschätzung. Bäume versuchen ihre Form und Struktur u. a. auf mechanische Belastungen hin zu optimieren.

*Biomechanik: Bruchversagen einer Gemeinen Esche an einem Zwiesel*

# Biotechnologie

Bei der biotechnologischen Forschung an Bäumen geht es vor allem um eine Verbesserung und Standardisierung des Wachstums und bestimmter Holzeigenschaften sowie um eine Verbesserung der ▶ Stresstoleranz, oder auch um ▶ Phytosanierung/Phytoremediation. Derzeit kommen zwei biotechnologische Verfahren zur Verbesserung des Baumwachstums zum Einsatz. Zum einen werden genetische Karten erstellt und Wachstumseigenschaften bestimmten Positionen auf diesen Karten zugeordnet. Mit Hilfe von Klonierungsverfahren werden in diesen Positionen Genbereiche lokalisiert, die beim Wachstum eine Rolle spielen. Das zweite Verfahren zur Verbesserung des Baumwachstums basiert auf der Verhinderung der Entwicklung von Reproduktionsorganen. Auf diese Weise sollen in erhöhtem Maße ▶ Nährstoffe und ▶ Assimilate für die Holzproduktion genutzt werden können. Gentechnisch veränderte Bäume besitzen die Fähigkeit, auf begrenzten Flächen große Mengen Holz mit für die industrielle Nutzung verbesserten Eigenschaften liefern zu können und könnten damit möglicherweise dazu beitragen, den Schadstoffeintrag in die Umwelt zu reduzieren und den natürlichen Wald zu schützen. Mit Schwermetallen oder organischen Chemikalien kontaminierte Böden können durch Phytosanierung mit transgenen Bäumen langfristig für die Landwirtschaft zurück gewonnen werden. Für eine Nutzung gentechnisch veränderter Bäume im Freiland ist jedoch noch eine umfassende Erforschung ihrer genetischen Sicherheit notwendig. Weiter ist zu beachten, dass genetisch veränderte Pflanzen, die im kontrollierten Laborversuch neue Eigenschaften gezeigt hatten, diese oft im Freiland aufgrund der Vielzahl einwirkender Faktoren nicht mehr ausbilden. Der Einsatz gentechnisch veränderter Pflanzen ist daher sehr umstritten und bedarf großer Vorsichtsmaßnahmen.

# Blatt: Arbeitsteilung

Blätter (und Nadeln) sind hoch spezialisierte Organe, die die Aufgabe der ▶ Photosynthese möglichst effizient zu erfüllen haben. Sie müssen daher ▶ Chlorophyll (möglichst viel und möglichst gut verteilt) enthalten, optimal in der Krone positioniert sein (um genug Licht zu empfangen) und möglichst ohne Unterbrechungen mit Wasser und Nährstoffen für die Photosynthese und den sonstigen Stoffwechsel versorgt werden. Durch die ▶ Verdunstung an den ▶ Spaltöffnungen der Blätter kommt letztlich der ▶ Wassertransport im Baum in Gang. Sie sind bei den meisten Laubbaumarten nur auf der Blattunterseite zu finden, die seltener der prallen Sonne ausgesetzt ist. Bei ▶ Trockenstress rollen sich bei einigen Baumarten die Blätter ein, bevor sie evtl. abgeworfen werden. Im Herbst werden die wichtigsten Inhaltsstoffe vor dem ▶ Blattfall abgebaut und in den Zweigen deponiert.

# Blattalterung

Blätter erreichen erst nach vollkommener Differenzierung die volle Photosyntheseleistung (Laubblätter i. d. R. einen Monat nach dem Austrieb, immergrüne Nadelblätter erst im Sommer der ersten Vegetationsperiode). Zuvor wird der größte Teil des Assimilatgewinns im Blatt selbst für die Ausdifferenzierung verbraucht, und in der frühen Wachstumsphase sind die Blätter zunächst auf den Import von mobilisierten Reserven oder ▶ Assimilaten aus bereits ausgereiften Nachbarblättern angewiesen (letzteres bei ▶ freiem Sprosswachstum). Bei Laubblättern führt die Blattalterung bereits nach etwa 6–8 Wochen maximaler Photosyntheseleistung schon wieder zur Abnahme der Netto-$CO_2$-Aufnahmerate. Bei immergrünen Nadeln nehmen die Raten ab dem zweiten Jahr allmählich wieder ab, die ältesten Nadeljahrgänge versorgen schließlich nur noch sich selbst (De-

*Blattalterung: Fünf Nadeljahrgänge einer Küsten-Tanne*

ckung der Unterhaltsatmung), stellen für den Baum aber noch ein wichtiges Nährstoffdepot dar (insbesondere für Kalium, Magnesium und Stickstoff), das bei Bedarf aktivierbar ist. Vgl. ▶ Blattlebensdauer.

## Blattausrichtung

Blätter und Nadeln richten sich optimal zum Licht aus, da sie in den meisten Fällen unterschiedliche Ober- und Unterseiten aufweisen. Auf und an der Oberseite ist alles für die Lichtausnutzung und gegenüber direkter Bestrahlung optimiert. An der Unterseite hingegen befinden sich die ▶ Spaltöffnungen zum ▶ Gasaustausch, hier findet auch der größte Teil der ▶ Verdunstung statt. Diese lässt sich besser geschützt im Schatten regulieren. Aus diesen Gründen ist eine durch äußere Einflüsse hervorgerufene spätere Verdrehung der Blätter schädlich und kann möglicherweise zu deren Absterben führen. Anders hingegen, wenn es dem Baum gelingt, die Blätter neu auszurichten. Im Foto ist der Zweig durch Umkippen des Baumes um 180 Grad verdreht worden, und die jungen Nadeln (rechts im Bild) haben sich dem durch eine völlige Neuorientierung angepasst. Die älteren Nadeln (links) zeigen noch die ursprüngliche Zweigorientierung, ihre Unterseite ist nach oben gerichtet.

*Blattausrichtung: Neuausrichtung der Nadeln am Zweig einer Weiß-Tanne nach ihrem Umstürzen*

## Blattbewegung s. ▶ Bewegungen

## Blattfall

Blätter fallen von den Bäumen, da eine ▶ Trennungszone in der Blattstielbasis aktiviert wird. Diese Zone ist meist schon beim Austreiben des Blattes im Blattstiel unter dem Mikroskop anatomisch daran erkennbar, dass in diesem Bereich die Zellen kleiner und dünnwandiger bleiben. Im Herbst werden dann entweder die Zellen voneinander gelöst (durch Auflösen der Mittellamellen) oder benachbarte Gewebe reißen voneinander ab, weil sie beim Austrocknen unterschiedlich stark schrumpfen, wie dies bei der Fichte der Fall ist. Die entstehende Narbe ist in allen Fällen relativ glatt, da diese Abrissfläche vorgezeichnet und vorbereitet ist. Dadurch wird ein schneller Wundverschluss der ▶ Blattnarbe nach dem Abfallen des Blattes erleichtert.

*Blattfall beim Zucker-Ahorn*

## Blattfallverzögerung durch Straßenlaternen

Im Lichtkegel von Straßenlaternen befindliche Blätter beginnen vor allem bei Rosskastanie, Platane und Lärche oft erst deutlich später mit Laubfärbung und ▶ Blattfall. Dies ist vor allem durch das Außerkraftsetzen des Tageslängeneinflusses zu begründen (die kürzer werdenden Tage leiten die Vorbereitung des Blattfalls ein), in sehr geringem Umfang auch durch eine in Lampennähe minimal erhöhte Temperatur.

*Blattfallverzögerung durch Straßenlaternen an einer Rosskastanie*

# Blattflächenindex (LAI)

*Blattflächenindex (LAI) von Silber-Weide (links) und Rosskastanie (rechts)*

Auf dem linken Foto ist der Blick in eine Silberweiden- und rechts in eine Rosskastanienkrone dargestellt. Es fällt sofort die sehr unterschiedliche ▶ Lichtdurchlässigkeit der Kronen auf. Baumarten haben verschieden große Blätter und ordnen ihre Blätter auf verschiedene Weise im Luftraum an, so bringen sie eine sehr unterschiedliche Blattfläche im Luftraum unter. Als Blattflächenindex (LAI = leaf area index) bezeichnet man in diesem Zusammenhang die Blattfläche, die ein Baum über der von seiner Krone überschirmten Bodenfläche im Luftraum entfaltet. Dies ist immer ein Vielfaches – bei schattentoleranten Baumarten kann es bis zum 10-fachen der Bodenfläche betragen, bei lichtbedürftigen Baumarten etwa das 5-fache. Der Blattflächenindex ist also ein Maß für die Kronendichte und den Lichtbedarf einer Baumart. Auf trockeneren Standorten werden die Kronen einer Baumart lichter und der Blattflächenindex geringer, da weniger Blattfläche mit Wasser versorgt werden kann. Der LAI beträgt z. B. bei Douglasie 8–13, Eibe 10–12, Rot-Buche 6–8, Fichte 6–8, Kiefer 3–7, Sand-Birke 3–5 und Europäischer Lärche 3–4.

## Blattfolge

Als Blattfolge bezeichnet man die charakteristische Abfolge verschiedener Blatttypen im Leben einer Pflanze. Diese beginnt mit den ▶ Keimblättern (Kotyledonen), die in Form und ▶ Blattstellung von den regulären Blättern abweichen können. Gelegentlich treten dann vor den ersten arttypischen Blättern, den Primärblättern, einige schuppenartige Blättchen auf (sog. Niederblätter). Darauf folgen am Baum die regulären Laubblätter (sog. Folgeblätter) und schließlich im Blütenbereich bei einigen Arten ▶ Hochblätter, die sich durch ihre Farbe von den regulären Blättern unterscheiden und direkt unterhalb der Blütenstände stehen (z. B. beim Taschentuchbaum). Im Blütenbereich können dann Kelch-, Kron-, Staub- und Fruchtblätter vorhanden sein.

*Blattfolge des Berg-Ahorns mit Keimblättern (schmalzungenförmig) und Primärblättern*

Blattgrün s. ▶ Chlorophyll

Blattgrund s. ▶ Blattstiel und ▶ Blattgrund

## Blattlebensdauer

Die Lebensdauer von Blättern und Nadeln ist sehr unterschiedlich. Die meisten Laubbaumarten und einige Nadelbaumarten (z. B. Lärchen) sind sommer- oder wechselgrün, werfen ihre Blätter am Ende jeder Vegetationsperiode ab und brauchen daher keinen Aufwand für ihren Frostschutz zu betreiben. Bei einem zweiten Typ von Laubbäumen fallen die Blätter nach dem Winter beim Neuaustrieb ab, sie werden als halb-immergrün oder wintergrün bezeichnet (z. B. Eukalyptus und einige Eichenarten). Die meisten Nadelbäume hingegen behalten ihre Nadeln 3 (Kiefern), 7 (Fichten), 10 (Tannen) oder gar 15 Jahre (Araukarie). Um diese Lebenserwartung auch zu erreichen, müssen sie sehr ▶ frosthart und ▶ trockenstresstolerant sein. Vgl. ▶ Blattalterung.

Blattlebensdauer am Beispiel einer Andentanne

## Blatt-Metamorphosen

Die wichtigsten Typen von ▶ Metamorphosen bei Holzpflanzen sind an Blättern zu finden. So können z. B. ▶ Nebenblätter zu Knospenschuppen (Buche u. a.), als Kletterhilfe zu ▶ Ranken (Stechwinde) oder als Verbissschutz zu ▶ Dornen (Robinie) umgewandelt werden. Ihr Ursprung aus Nebenblättern wird dabei eindeutig durch das paarweise Auftreten und ihre Position beidseitig des Blattstieles dokumentiert. Auch ganze Blätter können als Dornen ausgebildet sein (z. B. beim Stechginster). Am Ende gefiederter Blätter kann die Spindel (Mittelrippe und Blattstiel) zu Ranken umgewandelt werden und somit als Kletterhilfe dienen (z. B. Waldrebe). Die Blattspreite kann als Verdunstungsschutz reduziert oder der Blattstiel

Blatt-Metamorphosen: Knospenschuppen der Rot-Buche aus umgewandelten Nebenblättern

für die Photosynthese blattartig verbreitet werden (z. B. bei Akazien und Eukalypten Australiens). Letztlich stellen auch Nadeln Metamorphosen von Laubblättern dar (als Anpassung an Trockenheit und Fraßschutz), und auch Staub- und Fruchtblätter sind ursprünglich aus Laubblättern hervorgegangen.

## Blattnarben

Nach dem ▶ Blattfall bleibt auf der Sprossoberfläche die Blattnarbe zurück, die eine charakteristische Form, Größe und Struktur aufweisen kann, da sie einen Abdruck des Blattstielquerschnittes darstellt. Hier entwickelt sich die Trennungszone und hinterlässt nach dem Abfallen des Blattes eine glatte Narbe. Innerhalb der Blattnarbe erkennt man bei Laubbäumen meist kleine punkt- oder strichförmige Narben der Leitbündel, was als ▶ Blattspur bezeichnet wird.

*Blattnarben der Rosskastanie*

## Blattorientierung und Schattenwurf

Lichtbedürftige Baumarten wie die Birken versuchen, den Schattenwurf in der eigenen Krone gering zu halten, um möglichst viele Blätter in ausreichenden Lichtgenuss zu bringen. Dafür ist die Orientierung der Blätter in der Oberkrone entscheidend. Sind sie hängend ausgerichtet wie bei

*Blattorientierung und Schattenwurf zweier Sand-Birken mit hängenden Blättern*

der Sand-Birke, ist die Beschattung der darunter befindlichen Blätter minimiert und eine mehrschichtige Blattanordnung möglich (s. ▶ Multilayer-Baumarten). Lichtbedürftige Baumarten haben deshalb meist auch relativ kleine (oder gefiederte) Blätter. Wären die Blätter einer Birke in der Oberkrone waagerecht orientiert, würde die Krone wesentlich weniger effektiv arbeiten können. Das ist bei schattentoleranten Baumarten wie der Buche anders – sie brauchen dieses Problem kaum zu berücksichtigen, da sie von vornherein an Beschattung angepasst sind (s. ▶ Monolayer-Baumarten).

## Blattschäden

Blattschäden können u. a. durch ▶ Pathogene wie Insekten (z. B. Rosskastanien-Miniermotte), Pilze (z. B. Platanen-Blattbräune) oder Faktoren wie Frost und Auftausalze entstehen. Solange intakte grüne Bereiche am Blatt vorhanden sind, betreiben diese i. d. R. noch die normale ▶ Photosynthese. Das bedeutet, dass man den prozentualen Schaden in etwa abschätzen kann durch den Anteil der geschädigten Blattfläche. Werden die Schäden zu groß, wird das Blatt abgeworfen. Betrifft dies die ganze Krone, erfolgt ein Neuaustrieb, wobei allerdings ▶ Reservestoffe verbraucht werden. Treten diese Schäden jedes Jahr wieder auf, können sich die Defizite in der ▶ Assimilatproduktion in absterbenden Ästen und Kronenteilen bemerkbar machen. Im Extremfall kann der Baum in Kombination mit anderen ▶ Stressfaktoren auch absterben.

*Blattschäden durch Kastanien-Miniermotten an einer Rosskastanie*

## Blattspur

Als Blattspur bezeichnet man die Narben der Leitelemente in der ▶ Blattnarbe nach dem Abfallen von Laubblättern. Besonders gut zu erkennen und eindrucksvoll sind sie bei großblättrigen Baumarten wie Walnuss oder Rosskastanie, und sie können wegen ihrer arttypischen Unterschiede sogar mit zum Erkennen von Arten herangezogen werden. In dieser sind punkt- oder strichförmig, seltener auch flächig die Narben der Leitelemente (zur Wasserleitung in das Blatt und zur Assimilatableitung aus dem Blatt) sichtbar, die beim Blattfall abgerissen worden sind. Bei einigen Baumarten (z. B. Walnuss) führt die Blattspur zum Eindruck eines lachenden Gesichtes unter den Seitenknospen.

*Blattspur in den Blattnarben der Walnuss*

## Blattstellung

Mit Blattstellung bezeichnet man die Anordnung der Blätter an der Sprossachse. Bei wechselständiger Blattstellung stehen die Blätter schraubenförmig am Spross, aufeinander folgende Blätter sind immer um denselben Winkel an der Sprossachse versetzt, z. B. 144° bei Haselnuss und Birke. Dabei tritt als Sonderfall die zweizeilige Blattstellung auf (s. ▶ Zweizeiligkeit) mit einem Winkel von 180° zwischen aufeinander folgenden Blättern. Bei gegenständiger Blattstellung stehen die Blätter zu zweit gegenüber an einem Knoten, die aufeinander folgenden Blattpaare sind kreuzweise um 90° am Spross versetzt. Bei wirteliger Blattstellung befinden sich 3 oder mehr Blätter im Quirl an einem Knoten.

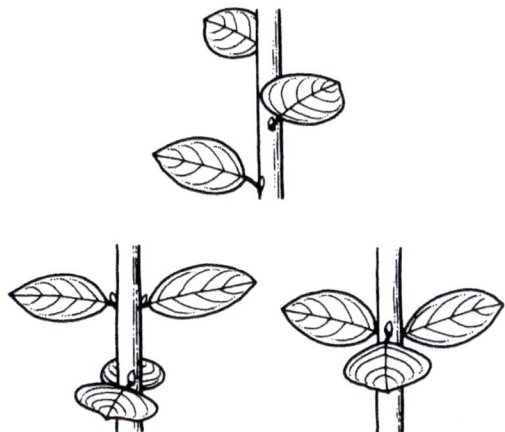

*Blattstellung schraubenförmig (oben), gegenständig (links unten) und wirtelig (unten rechts)*

## Blattstiel und Blattgrund

Der Blattstiel hat die wichtige Aufgabe, das Blatt optimal im Luftraum zu positionieren und zum Licht zu drehen. Besonderes eindrucksvoll ist dies oft bei ▶ gefiederten Blättern der Fall. Bei der Esche z. B. wurde festgestellt, dass die Blätter auch lange nach dem Austreiben noch Drehungsbewegungen vollziehen. Bei den Pappeln ist der Blattstiel abgeflacht, was zusammen mit seiner Länge und dem großen Blatt auch ohne Wind alleine bei Thermik zu Pendelbewegungen des Blattes führt, die den Gasaustausch verbessern (besonders auffällig bei der Zitter-Pappel, daher ihr Name). Als Blattgrund wird das unterste Ende des Blattstiels (Blattansatzstelle am Spross) zusammen mit den ▶ Nebenblättern (wenn vorhanden) bezeichnet. Bei vielen Baumarten wie beim Spitz-Ahorn übernimmt der Blattgrund den Knospenschutz – das erkennt man dann besonders gut beim Austreiben (s. Foto): die rötlichen zungenförmigen Organe sind die zu Knospenschuppen umgebildeten, sich beim Austreiben streckenden Blattgrundbereiche. Diese Funktion kann auch von den Nebenblättern übernommen werden (Buche), oder diese können zum Schutz vor Verbiss zu ▶ Dornen umgewandelt sein (Robinie).

*Blattstiel und Blattgrund beim Austreiben des Spitz-Ahorns*

## Blattverfärbung

Es ist jedes Jahr ein aufregendes, nie gleiches Spektakel vor der grauen Jahreszeit: die Herbstfärbung der verschiedenen sommergrünen Baumarten. Unter den in Mitteleuropa heimischen Arten schafft i. d. R. der Spitz-Ahorn (Foto) den größten Farbenzauber. Diese Farbveränderungen kommen

**B**

*Blattverfärbung beim Spitz-Ahorn*

dadurch zustande, dass der grüne ▶ Blattfarbstoff abgebaut wird (um die darin enthaltenen wichtigen Nährelemente direkt in der Krone zu recyceln), das Grün daher verschwindet und die anderen in den Blättern enthaltenen Farben zum Vorschein kommen. Sie waren zuvor unter dem Grün verborgen, und werden erst später abgebaut. Die Intensität der Verfärbung steigt meist mit der Sonnenscheindauer im vorangegangenen Sommer und mit der Trockenheit der Witterung im Herbst. In Nordamerika ist die dort besonders spektakuläre Verfärbung als „Indian Summer" bekannt.

## Blattverlust

Als ‚Blattverlust' (‚Laubverlust') wird die Transparenz der Krone bei einer Baumbeurteilung bezeichnet. Es geht dabei im Grunde darum, wie viel Prozent der Himmelsfläche man durch die im Sommer belaubte Krone hindurch sehen kann (Angabe in 5 %-Stufen – um so höher die

*Blattverluste an einer Steil-Eiche*

Werte, desto geringer die Baumvitalität). Die Problematik des ▶ Vitalitäts-Kriteriums ‚Laubverlust' ist inzwischen allerdings weithin bekannt. Eine Betrachtung der Kronenstruktur gewinnt für eine ▶ Vitalitätsbeurteilung daher immer mehr an Bedeutung. Denn Blattzahl und noch vielmehr Blattgröße sind erheblichen jährlichen Schwankungen unterworfen, z. B. infolge von Trockenheit und Insektenfraß (Eichenwickler u. ä.) oder auch durch Blüte bzw. Fruktifikation, und daher zur Vitalitätsbeurteilung eines Baumes teilweise ungeeignet, wenn man andererseits natürlich die Belaubung auch nicht außer Acht lassen sollte. Deshalb ist es nicht verwunderlich, dass bei einem Vergleich einer Vitalitätsbeurteilung von Bäumen einerseits über den so genannten ‚Laubverlust', andererseits über die Kronenstrukturen z. T. erhebliche Differenzen bei einzelnen Bäumen möglich sind. Es ist daher schon viel gewonnen, wenn das Wort ‚Laubverlust' durch ein anderes wie z. B. Kronentransparenz ersetzt wird, damit nicht der Eindruck entsteht, dass es sich um abgefallene Blätter handelt – denn darüber sind sich heute wohl alle einig, die mit der Bauminventur zu tun haben: Bei einem Laubbaum mit 30 % ‚Blattverlust' sind nicht 30 % der Blätter vorzeitig abgefallen, sondern sie waren meist von Beginn der Vegetationsperiode an gar nicht erst da. Es gibt zudem eine Reihe von Baumarten (z. B. Birke), bei denen die Krone mit abnehmenden Trieblängen dichter wird und eine Vitalitätsbeurteilung nach Kronentransparenz/‚Laubverlust' und Kronenstruktur/Verzweigung daher genau gegenläufig ausfallen muss.

## Blatt-Wasseraufnahme

Blätter können das für sie notwendige Wasser z. T. auch direkt über ihre Oberfläche aufnehmen. Dies funktioniert besonders gut bei Nadelbaumarten, z. B. Fichten oder Kiefern. In Trockenperioden bildet sich in klaren Nächten regelmäßig Tau, der sich auf Oberflächen absetzt, so auch auf Nadeln und Blättern. Dieses Wasser kann direkt in die Blattorgane eindringen und so den Wasserbedarf zumindest am frühen Morgen decken. Auch dadurch wird erklärbar, dass Bäume bei Funktionsuntüchtigkeit der Wurzel noch einige Zeit überleben können, wenn nur die Luftfeuchtigkeit zeitweise hoch genug ist. Dieser Prozess funktioniert bei Nadelbäumen effektiver, da sich Nadeln schneller abkühlen (gegenüber großflächigen Laubblättern) und sie dadurch die Taubildung fördern.

*Blatt-Wasseraufnahme an Nadeln einer Fichte*

## Bläuliche Blattfarbe

Bläuliche Varietäten von Nadelbäumen sind als Weihnachtsbäume und im Gartenbau beliebt. Bäume mit blaugrünen Blättern oder Nadeln sind oft Varietäten von Baumarten (z. B. der Stech-Fichte) aus höheren Gebirgslagen. Dort ist der bläuliche Wachsüberzug der Blätter ein Schutz ge-

*Bläuliche Blattfarbe der Nadeln von Blau-Fichten*

gen die intensive ultraviolette Strahlung. So gibt es zum Beispiel auch von der Douglasie ▶ Varietäten mit bläulichen und anderen mit grünen Nadeln, die aus unterschiedlichen Höhenlagen ihres Verbreitungsgebietes stammen. Ein Wachsüberzug auf der ▶ Cuticula tritt als Verdunstungsschutz auf allen Blättern und Nadeln auf. In der Regel ist er allerdings so dünn, dass er kaum wahrnehmbar ist. Wird er verstärkt, wird seine graublaue Farbe sichtbar. In diesen Fällen ist also nicht das Blatt selbst im Inneren anders gefärbt.

## Blitzschaden

Blitzeinschläge können bei Bäumen mechanische und physiologische Schäden hervorrufen. Am bekanntesten sind sog. Blitzrinnen, bei denen entlang des Stammes von der Krone den Stamm hinunter linienartig die Rinde aufplatzt. Darauf reagiert der Baum in den Folgejahren mit ▶ Überwallungsversuchen. Im Extremfall kann auch der gesamte Stamm zersplittern oder der Baum ohne

*Blitzschaden an einer Esche (Blitzrinne)*

äußere Symptome absterben (auch Baumgruppen). Besonders empfindlich sind hochstämmige, frei stehende Pappeln, Eichen, Ulmen, Eschen und Weiden, weniger gefährdet Ahorn, Buche, Rosskastanie, Hainbuche und Birke. Allgemein sind glattrindige Baumarten unempfindlicher, da der Blitz leichter auf der Rinde wandert statt in sie einzudringen.

## Blüten: Arbeitsteilung

Blüten sind im Laufe der Evolution aus Sprossen hervorgegangen, die sich auf die geschlechtliche Fortpflanzung spezialisiert haben (s. ▶ Metamorphosen). Dies kann man sich am besten an einer Magnolienblüte verdeutlichen, in der die Organe allesamt noch spiralig an einer Achse stehen und blattartig aussehen (Foto), die Bezeichnungen Staub- und Fruchtblätter also noch nachvollziehbar sind. Eine vollständige zweigeschlechtige Blüte besteht aus Kelch-, Kron-, Staub- und Fruchtblättern. Diese Bestandteile haben sich zur Arbeitsteilung und Effizienzsteigerung weiter spezialisiert: Kelchblätter dienen dem Schutz der Blütenknospe; Kronblätter sollen durch ihre Größe und Färbung Insekten anlocken; Staubblätter produzieren die ▶ Pollenkörner und entlassen sie zum Blühtermin; und Fruchtblätter enthalten die Samenanlagen und entwickeln sich zu Fruchtbestandteilen.

*Blüten: Arbeitsteilung an einer Kobushi-Magnolie*

## Blütenökologische Anpassung

Eine der interessantesten blütenökologischen Anpassungen zwischen Bäumen und Insekten ist die „Ampelanlage" der Rosskastanie: die beiden oberen Kronblätter weisen einen Farbfleck auf, ein sog. Saftmal, das beim Aufblühen zunächst gelb gefärbt ist. Nur von den noch nicht bestäubten, gelben Blüten wird Nektar produziert, d. h. der Besuch lohnt sich für Bienen und Hummeln. Sofort nach der erfolgten Bestäubung erlischt die Nektarproduktion, und das Saftmal verfärbt sich rot (meist innerhalb eines Tages) – der Besuch lohnt sich dann für Insekten nicht mehr. Wenn man in eine blühende Rosskastanienkrone schaut, kann man tatsächlich beobachten, dass nur die gelben Blüten angeflogen werden. So stellt die Rosskastanie den Blütenbesuch der bestäubungsbereiten Blüten sicher und lenkt die Insekten nur dorthin.

*Blütenökologische Anpassung mit Saftmalen der Rosskastanie*

## Blütenstandstypen

- *Ähre*: Blüten ungestielt an unverzweigter Hauptachse sitzend;
- *Kätzchen*: ± hängende Ähre mit oft plüschiger Behaarung;
- *Zapfen*: verholzender Blütenstand (meist Ähre) mit verlängerter, verholzender Achse und verholzenden Tragblättern;
- *Köpfchen*: Blüten dicht am Ende der verdickten Hauptachse sitzend;
- *Traube*: Blüten gestielt an unverzweigter Hauptachse sitzend;
- *Dolde*: Blüten alle in einer Ebene und Blütenachsen alle von einem Punkt entspringend;
- *Trugdolde*: Blüten wie bei Dolde in einer Ebene, aber Blütenachsen nicht alle von einem Punkt entspringend, z. T. verzweigt;
- *zusammengesetzte Ähre/Dolde*: Ähre/Dolde mit wiederum Ähren/Dolden anstelle von Einzelblüten;
- *Rispe*: Blüten gestielt an mehrfach verzweigten Seitenachsen sitzend;
- *Thyrsus*: Rispe mit maximal zwei Verzweigungen jeder Seitenachse (auch höherer Ordnungen);
- *Zyme*: Blütenstand mit Endblüte, die von der/den oberen Seitenachse(n) übergipfelt wird, an welcher/welchen sich dieses Prinzip wiederholt.

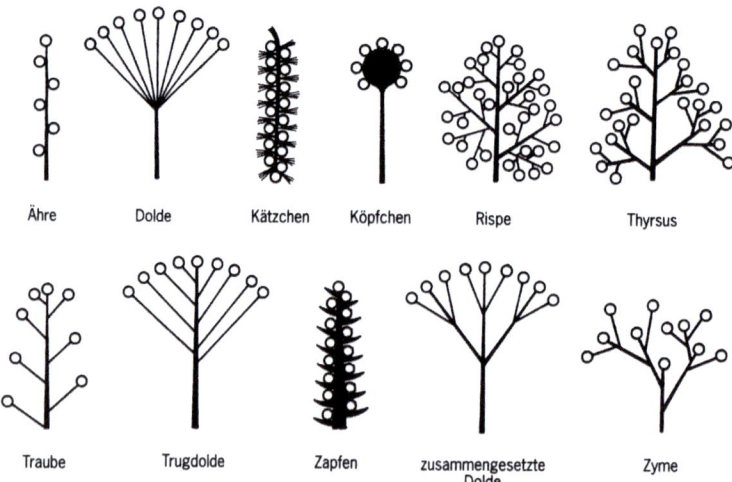

*Blütenstandstypen (alphabetisch nach Bezeichnungen)*

## Blütenstaub

Blütenstaub bzw. Pollen ist Voraussetzung für die Bestäubung. Er wird in den Staubbeuteln (Pollensäcken) produziert, nach deren Reife/Öffnung durch Wind oder Tiere übertragen und muss von den männlichen zu den weiblichen Blüten(-bestandteilen) gelangen. Windverbreitung des Pollens wird bei einigen Arten durch Lufteinschlüsse erleichtert, Tierverbreitung durch klebrige Pollenkörner. Die Pollenkörner der einzelnen Baumarten sind so charakteristisch in Form und Oberflächenstrukturen, dass bei vielen die Identifizierung der Art anhand der Pollenkörner unter dem Mikroskop möglich ist, bei den meisten wenigstens die der Gattung. Dadurch lässt sich z. B. die nacheiszeitliche Waldentwicklung aus See- und Moorablagerungen rekonstruieren, da der Pollen vieler Arten unter Luftabschluss im Schlamm stehender Gewässer nicht zersetzt wird und sich die jüngsten Ablagerungen bei ungestörter Entwicklung des Sedimentes dann oben, die ältesten unten befinden müssen (sog. Pollendiagramm).

*Blütenstaub der Haselnuss im Februar*

Blutungssaft s. ▶ Frühjahrssaft

Bodenversiegelung s. ▶ Versiegelter Wurzelraum

## Borke

Als Borke werden alle außerhalb des jüngsten und damit innersten ▶ Periderms liegenden, toten Rindenteile bezeichnet. Zusammen mit dem lebenden Teil, dem ▶ Bast (▶ Phloem), sprictt man von Rinde. Es gibt auch Baumarten ohne Borke, die sog. Peridermbäume (s. ▶ Periderm).

## Borke-Typen

*Borke-Typen: Rindenbilder von Rot-Buche, Hainbuche, Vogel-Kirsche und Trauben-Eiche (von links nach rechts)*

Man unterscheidet bei Bäumen sechs verschiedene Rindentypen, abhängig von der Oberflächenstruktur (die ihre anatomische Ursache in der Rindenentwicklung und Zellteilung hat): ▶ Glattrinde, ▶ Ringelkork, ▶ Massenkork, ▶ Schuppen-, ▶ Netz- und ▶ Streifenborke. Dabei wird als Borke der abgestorbene Bereich außerhalb des letzten lebenden ▶ Korkkambiums bezeichnet. Ihre Funktion liegt im Schutz vor mechanischen Verletzungen, vor Befall durch Pilze und Insekten, Temperaturextremen, Feuereinwirkung und Wasserverlusten. Nur bei wenigen Baumarten behält das erste Korkkambium seine Funktion zeitlebens bei (z. B. bei Buche, Birke und Kirsche). Die Borke wird ständig an der Oberfläche durch Verwitterung abgelöst und gleichzeitig durch die neuen, tiefer in der Rinde liegenden ▶ Periderme ersetzt.

## Braunfäule

Braunfäule ist eine Holzzersetzungsart, die ausschließlich durch Basidiomyceten (Ständerpilze) verursacht wird. Sie tritt viel seltener als ▶ Weißfäule auf und ist weitgehend mit Nadelbäumen assoziiert (Weißfäule hingegen vor allem mit Laubgehölzen). Im Holzsubstrat werden ▶ Zellulose und Hemizellulosen abgebaut, während das ▶ Lignin in leicht verän-

*Braunfäule und Zerfall einer Eiche nach Befall mit dem Schwefelporling*

derter Form erhalten bleibt. Durch den bevorzugten Abbau von Kohlenhydraten erhält das Holz eine rötlich-braune Farbe und brüchige Konsistenz, zerbricht würfelähnlich und zerfällt schließlich pulverig. Dabei gibt der Verbleib von modifiziertem Lignin dem zersetzten Holz seine charakteristische Farbe und Konsistenz. Es findet vor allem eine starke Verminderung der Zug-, ▶ Bruch- und Biegefestigkeit statt.

## Brettwurzeln

Als Brettwurzeln bezeichnet man besonders weit ausladende, brettartige Wurzelanläufe. Sie sind bei Baumarten zu finden, die von Natur aus häufiger auf ganzjährig nassen Standorten wachsen, da so die Verankerung des Baumes wesentlich verbessert wird. Einige Baumarten behalten diese Erscheinung auch bei, wenn sie auf trockeneren Standorten wachsen, wie z. B. die Flatter-Ulme. Dann hat im Laufe vieler Baumgenerationen eine Anpassung stattgefunden, die inzwischen genetisch fixiert ist und vererbt wird. Umwelt- und genetische Einflüsse gehen bei solchen Erscheinungen oft fließend ineinander über und sind nicht in jedem Fall eindeutig zu unterscheiden.

*Brettwurzeln an einer Flatter-Ulme*

## Bruchfestigkeit/-sicherheit

Als Bruchfestigkeit bezeichnet man das Verhindern des Stamm- oder Astbruches durch ausreichend intaktes Holz. Der Stamm ist gegen das Bruchrisiko optimiert, diese Optimierung kann jedoch durch ▶ Holzfäule vermindert sein, so dass das Bruchrisiko steigt. Vgl. ▶ Standfestigkeit.

*Bruchfestigkeit/-sicherheit: Versagen an einer Fichte nach Fäulebefall*

Cellulose s. ▶ Zellulose

## Chi-chi

Als Chi-chi werden beim Ginkgo Auswüchse an der Unterseite von Ästen bezeichnet, deren Entstehungsursache und Funktion ungeklärt ist. Alte Ginkgobäume können solche wurzelartigen Wucherungen ausbilden, die bis zu einem Meter lang werden und in ihrer Form an Zitzen erinnern. Bisweilen wird vermutet, dass es sich um Stützwurzeln handelt, die zur Unterstützung des gesamten Baumes auf weichem Grund dienen, denn gelegentlich erreichen sie den Erdboden und dringen in diesen ein.

*Chi-chi an Ginkgo*

## Chlorophyll

Das Chlorophyll (Blattgrün) bezeichnet eine Klasse natürlicher Farbstoffe, die von ▶ Photosynthese betreibenden Organismen gebildet werden. Insbesondere Blätter erlangen durch Chlorophyllmoleküle ihre grüne Farbe. Da Magnesium und Stickstoff Bestandteil des Chlorophyllmoleküls sind, wirkt sich Mangel an diesen beiden Nährstoffen i. d. R. auf die Photosyntheserate und die Blattfarbe aus. ▶ Schattenblätter haben meist höhere Chlorophyllgehalte pro Einheit Blattfläche als ▶ Lichtblätter und sind daher satter grün.

## Cladoptosis s. ▶ Absprünge

## C/N-Verhältnis Blätter s. ▶ Zersetzung

## CODIT

Für die Darstellung und das Verständnis von Wundreaktionen im Holz wurde das sog. „CODIT-Prinzip" entwickelt (Compartmentalisation of Damage in Trees). Danach stehen dem Baum vier anatomische Hindernisse („Wände") zur Verfügung: „Wand 1" begrenzt die Ausbreitung von ▶ Pathogenen/Schäden in axialer Richtung, „Wand 2" schottet radial ab und „Wand 3" behindert tangential das Vordringen. Diese Strukturen sind bereits im Holz durch den anatomischen Aufbau vorgegeben, weshalb sich bei der ▶ Abschottungsqualität eine Rangfolge ergibt. Demnach ist die „Wand 1" das am schlechtesten abschottende Hindernis, da in axialer Richtung die Wasserleitungsbahnen verlaufen, die einer Schadens- und Schädlingsausbreitung nur geringe natürliche Grenzen entgegensetzen können. Die „Wand 2" ist effektiver, da in radialer Richtung die einzelnen ▶ Jahrringe eine intensivere Grenze bilden, insbesondere das ▶ Spätholz, das kleinere Zelllumina und dickere Zellwände besitzt sowie stärker ▶ lignifiziert ist. Vergleichsweise stark schottet die „Wand 3" ab, denn in tangentialer Richtung sind zahlreiche Zellwände vorhanden. Zudem findet in dieser Richtung der geringste Sauerstoff- und Stofftransport statt. Insbesondere das Strahlparenchym stellt hier eine effektive Grenze dar. Die drei „Wände" bilden die sog. ▶ Reaktionszone um das geschädigte Holz herum, sie ist durch chemische Modifizierung bereits vorhandener Holzzellen charakterisiert und wird ausschließlich im ▶ Splintholz gebildet. Von den noch lebenden Kambiumzellen werden nach der Verwundung Zellen produziert, die eine Grenze zwischen dem verletzten und dem neu gebildeten, gesunden Holz bilden können („Wand 4", sog. ▶ Barrierezone).

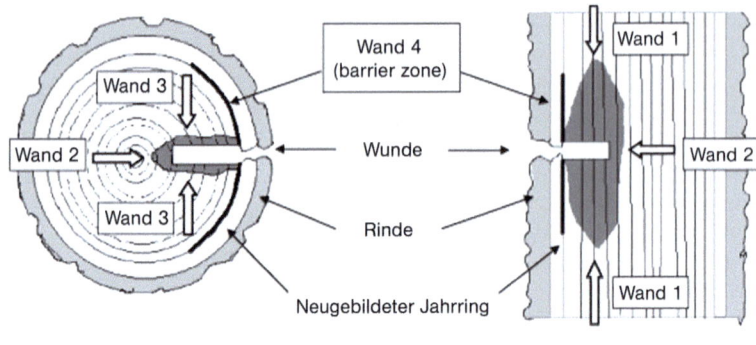

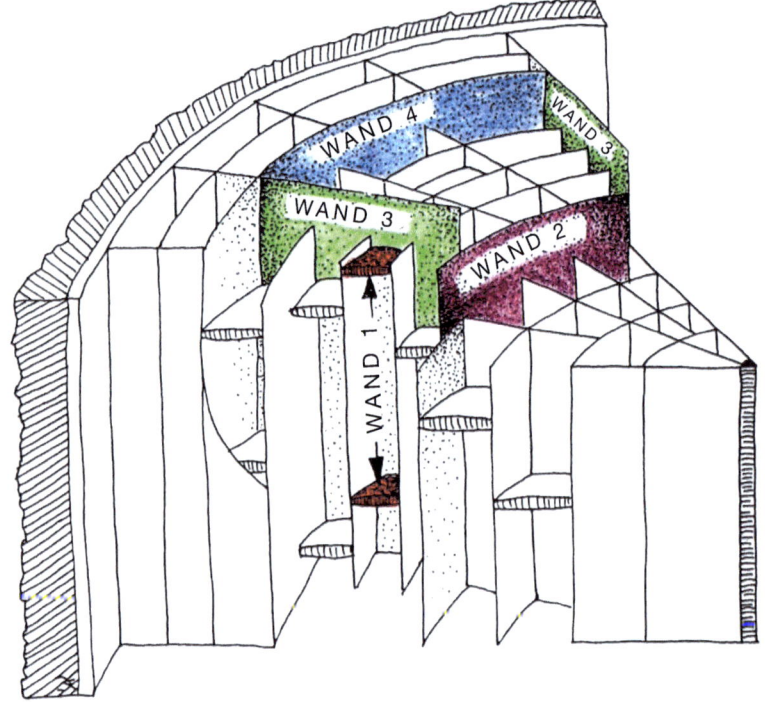

CODIT: vereinfachte Darstellung des Wandmodells mit Reaktionszonen (1–3) und Barrierezone (4) (Grafik oben: Susanne Albrecht, unten nach SIEWNIAK und KUSCHE 2002)

## CO$_2$-Erhöhung und Photosynthese

Mit kurzfristig zunehmender CO$_2$-Konzentration der Umgebungsluft (z. B. im Experiment) nimmt die Netto-CO$_2$-Aufnahmerate zu, parallel dazu sinkt die ▶ Transpirationsrate infolge stärker geschlossener ▶ Spaltöffnungen. Eine solche Zunahme der ▶ Photosynthese ist jedoch i. d. R. vorübergehend. Denn andere Ressourcen wie Lichtenergie, ▶ Nährelemente und Wasser dürfen das Wachstum nicht begrenzen. Häufig wurde daher festgestellt, dass die Photosynthese- und Produktionsleistung bereits nach ca. zwei Jahren unter erhöhter CO$_2$-Versorgung auf das Ausgangsniveau vor der Erhöhung zurückfällt. Entsprechendes kann auch für die Spaltöffnungsweiten und die Transpiration eintreten. Der ▶ Gaswechsel insgesamt bleibt dann trotz hoher CO$_2$-Versorgung im Vergleich zur Ausgangssituation unverändert. Pflanzen nehmen offensichtlich nur soviel Kohlendioxid auf, wie sie tatsächlich beim Wachstum verarbeiten können. Dies begrenzt das Kohlenstoff-Bindungsvermögen der Holzpflanzen unter ▶ Klimawandel-Bedingungen.

## Cuticula

Die aus Cutin (einer fettartigen Substanz) und ▶ Wachsen bestehende Oberflächenhaut auf der ▶ Epidermis von Blättern und anderen (meist jungen) oberirdischen Organen wird als Cuticula bezeichnet. Diese ist bei allen Gehölzen vorhanden, aber bei sommergrünen Laubbäumen nimmt man sie mit bloßem Auge kaum wahr. Immergrüne Laubbaumarten wie die Stechpalme schützen ihre Blätter vor zu großen Verdunstungsverlusten (und damit vor dem Risiko von ▶ Trockenstress) durch eine Verdickung der Cuticula auf den Blättern. Die Wachsschicht stellt eine sehr effektive Verdunstungsbarriere dar und wird um so dicker entwickelt, je wichtiger dieser Schutz ist – also auf trockenen oder strahlungsreichen Standorten und bei Baumarten, deren Blätter bzw. Nadeln mehrere Jahre alt werden (sollen) wie bei den meisten Nadelbaumarten und immergrünen Laubgehölzen. Dadurch können diese Blätter dann auch trocken-heiße Perioden ohne Schäden überstehen. Zugleich werden sie vor zu großer Austrocknung im Winter während Frostperioden geschützt.

*Cuticula mit Wachsauflagerungen bei Stechpalmenblättern*

## Cyclophysis

Als Cyclophysis bezeichnet man die Erscheinung, dass ▶ Pfropfreiser oder Stecklinge nach dem Pfropfen oder Bewurzeln immer oder für einige Zeit das Wachstumsverhalten der Altersphase der Entnahmepflanze entsprechend fortsetzen. So behalten Pfropfreiser aus der Krone blühender Altbäume ihre Blühwilligkeit auch nach der Pfropfung auf junge Unterlagen bei.

## Degenerationsphase

In der sog. Degenerationsphase (s. ▶ Wachstumsphasen) bildet die ▶ Terminalknospe zwar noch alljährlich – wenn auch kurze – ▶ Langtriebe, aber aus allen Seitenknospen, also auch aus den obersten, entstehen fast ausnahmslos ▶ Kurztriebe (▶ Kurztriebketten). Es findet dadurch eine deutliche Verarmung der Verzweigung statt, und es bilden sich „Spieße" (längliche, flaschenbürstenartige Strukturen), die aus der Kronenperipherie herausragen und an denen dicht und rundherum die Blätter angeordnet sind (am Ende der seitlichen Kurztriebe bzw. Kurztriebketten). Geschwächte Bäume der ▶ Vitalitätsstufe 1 zeigen Wipfeltriebe in der Degenerationsphase. Die Krone wirkt außen zerfranst, da der zwischen den Spießen befindliche Luftraum nicht oder nicht mehr vollständig durch Verzweigung und Blätter ausgefüllt wird. In dieser Vitalitätsstufe überwiegen in der Kronenperipherie noch die geraden, durchlaufenden Hauptachsen der Wipfeltriebe, die Kronen wirken allerdings nicht mehr so harmonisch, da einzelne Äste aus der Oberkrone deutlich herausragen.

*Degenerationsphase (Vitalitätsstufe 1) mit Spießstrukturen an einer Rot-Buche*

## Dendrochronologie

Mit der Dendrochronologie werden ausgehend vom jüngsten ▶ Jahrring die Jahrringbreiten eines Stamm-/Holzquerschnittes ermittelt, dies kann auch an einem Bohrspan erfolgen. Besonders auffällige Jahrringe werden als Weiserjahre bezeichnet, wenn sie bei vielen Bäumen eines Bestandes oder einer Region ähnlich, z. B. besonders schmal oder breit ausfallen. Mit Abfolgen verschiedener Jahrringbreiten, sog. Ringbreitenmustern, kann man dann z. B. an Balken aus Fachwerkhäusern datieren, wann die für die Balken verwendeten Bäume gefällt wurden, da Jahrringbreiten und Weiserjahre über einen langen Zeitraum niemals in derselben Abfolge auftreten. Für eine jahrgenaue Angabe muss man allerdings den äußersten Jahrring unter der Rinde mit erfassen/finden können. Unter Zuhilfenahme einer Vergleichskurve von Jahrringbreiten aus Proben unterschiedlichen Alters und schließlich alter

*Dendrochronologie: Baumscheibe einer 20-jährigen Gemeinen Kiefer*

noch lebender Bäume kann dann die Rückrechnung von heute aus gelingen. Mit speziellem Know-how lässt sich so im Idealfall (auf indirektem Weg) die gesamte Gebäudegeschichte rekonstruieren oder das Alter von Holzgegenständen datieren – dies ist eine Aufgabe der Dendrochronologie, mit deren Hilfe auch schon Bilderfälschungen entlarvt wurden und überprüft werden kann, ob der Solist wirklich auf einer Stradivari-Geige gespielt hat. Die Vergleichskurven (sog. Chronologien) für Eiche in Deutschland reichen (mit Hilfe von Mooreichen) bis über 8000 Jahre in die Vergangenheit.

## Dendroklimatologie

Die Dendroklimatologie erforscht den Einfluss der Witterung auf den ▶ Jahrring, um so z. B. das Klima und seine Veränderungen in vergangenen Zeiten (von denen es keine schriftlichen Wetterbeobachtungen gibt) zu rekonstruieren und die ökologischen Folgen menschlichen Handelns (vor dem Hintergrund einer erwarteten Klimaänderung) auf Bäume vorherzusagen. Vor allem die Temperatur und der Niederschlag sind entscheidende Einflussgrößen für das Baumwachstum und damit auch auf die Jahrringbreite. Durch den Vergleich von Jahrringzeitreihen mit Witterungsdaten lassen sich die Zusammenhänge von Zuwachs und Klima bestimmen, man spricht von der Klima/Wachstums-Beziehung. Zudem bedient man sich einer weiteren Technik, der sog. Radiodensitometrie, bei der mit Röntgenstrahlen die Dichte von Jahresringen gemessen wird. Auf diese Weise

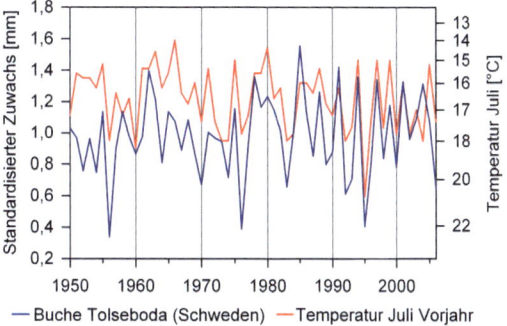

Dendroklimatologie: übereinstimmender Verlauf von Jahrringbreiten und Julitemperatur des Vorjahres (invers) an 270-jährigen Buchen in Südschweden (Grafik: Britt Maria Grundmann)

können u. a. Klimasignale innerhalb eines Jahrringes analysiert werden. Vgl. ▶ Dendrochronologie.

## Dendroökologie

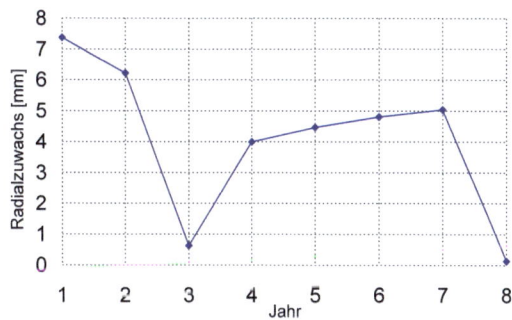

Dendroökologie: Jahrringbreiten (Radialzuwachs) eines Ahorns mit Zuwachseinbruch (Pflanzschock) und Absterben im 8. Jahr (Grafik: Stephan Bonn)

In der Dendroökologie geht es darum, aus den ▶ Jahrringbreiten eines Baumes oder mehrerer Bäume Umweltinformationen herauszulesen, um z. B. die Lebensgeschichte des Baumes bzw. Bestandes zu rekonstruieren und frühere Einflüsse durch das Klima und den Menschen zu differenzieren. Die ökologischen Zusammenhänge zwischen Baum und Umwelt können wertvolle Hinweise auf Witterungsanomalien und Freignisse im Baumleben wie Verpflanzung/Verschulung/Konkurrenzentwicklung oder Überflutung liefern. So kann sich z. B. die Anzahl der Verpflanzungen in der Baumschule nachweisen lassen. Vgl. ▶ Dendrochronologie, ▶ Dendroklimatologie.

## Dickenzuwachs

Mit dem Begriff Dickenzuwachs (Durchmesserzuwachs) wird die Eigenschaft der meisten Bäume (aller der gemäßigten Breiten) bezeichnet, jedes Jahr im Stammdurchmesser zuzunehmen. Dies kommt, ausgehend vom ▶ Kambium, durch die Bildung von Holzzuwachs in Form der ▶ Jahrrin-

ge zustande und kann in einzelnen Jahren durch das Schrumpfen des Stammes infolge längerer Trockenheit überlagert werden. Genau genommen handelt es sich dabei um das sog. sekundäre Dickenwachstum. Diesem geht im Anfangsstadium der Sprossenstehung noch ein primäres voraus, das bei den meisten Gehölzen auf den ▶ Vegetationskegel bzw. die Triebspitze beschränkt ist, bei ▶ Palmen aber am Beginn ihrer Entwicklung für die endgültige Dicke des Stammes verantwortlich ist.

## Diözie s. ▶ Zweihäusigkeit

## Dornen

Dornen dienen entweder sehr effektiv als ▶ Verbissschutz, oder sie sind ein Zeichen von Anpassung an Trockenheit. Bei Dornen handelt es sich immer um umgewandelte (Blatt- oder Spross-)Organe, anderenfalls sind es ▶ Stacheln. Dornen können aus ganzen Blättern entstehen (z. B. beim Stechginster), aus ▶ Nebenblättern (Robinie) oder aus Seitensprossen (Wild-Birne). Viele Straucharten sind bedornt, da sie nie aus der Verbisshöhe herauswachsen und sich auf diese Weise vor Fraß schützen. Im Extremfall entstehen so für Menschen und viele Tierarten undurchdringliche Dickichte, die zu Verletzungen führen können – dies ist der „Stacheldraht der Natur". Bei Baumarten tritt die Erscheinung oft vor allem in der Jugend auf, wenn die Bäume noch klein sind (z. B. bei vielen Wildobst-Arten), um sie so vor Verbiss zu schützen.

*Dornen am Stamm einer Amerikanischen Gleditschie*

## Drehwuchs

Drehwuchs tritt bei einigen Baumarten als Charakteristikum auf (z. B. Hainbuche, Rosskastanie, Edel-Kastanie), bei anderen nur bei einzelnen Bäumen oder auf bestimmten Standorten (z. B. auf Felsen). Es gibt unterschiedliche Theorien, wie es dazu kommt. Eine besagt, dass bei hoher mechanischer Beanspruchung vorwiegend aus einer Richtung (z. B. auf Wind exponierten Standorten) Drehwuchs von Vorteil ist, wie bei einem gedrehten Seil. Dies trifft eingeschränkt wohl auch zu, da man auf solchen Standorten tatsächlich einen höheren Anteil drehwüchsiger Bäume findet. Allerdings kann diese Eigenschaft auch vererbt werden, da Drehwuchs bei einigen Baumarten sehr verbreitet ist, bei anderen weniger. Außerdem ist dies ein Merkmal, das in der Forstwirtschaft natürlich als ungewollt „herausgesägt" wird. Und die Holznutzung spielt z. B. auf Felsstandorten keine große Rolle – drehwüchsige Bäume bleiben dort also auch deshalb häufiger im Bestand erhalten. Weiterhin wird der Einfluss der Sonnenwanderung über den Tag als Ursache diskutiert, da auf der Südhalbkugel anderer Drehwuchs dominiert als auf der Nordhalbkugel.

*Drehwuchs an einer Hainbuche (Rechtsdrehwuchs)*

## Druckholz

Das ▶ Reaktionsholz der Nadelbäume wird i. d. R. auf der Unterseite der Äste und der Wind abgewandten Seite (Lee) schief stehender oder Wind ausgesetzter Stämme gebildet. Es entsteht Druckholz. Dabei fallen eine Verbreiterung der ▶ Jahrringe, dickere Zellwände und rötliche Verfärbungen auf. Chemische Analysen zeigen einen erhöhten ▶ Ligningehalt im Druckholz bei abnehmender ▶ Zellulosekonzentration. Bei der Holzverwendung zeigt das Druckholz erhöhtes Schwindverhalten und ist wegen seiner Neigung zum Verwerfen und zur Rissbildung wenig beliebt. Vgl. ▶ Zugholz.

*Druckholz an der Unterseite eines schief stehenden Eibenstammes*

## Drüsen

Drüsen sind spezialisierte Schuppen, Haare oder Zellen, die der Ausscheidung von Stoffen zur Dufterzeugung, Schädlingsabwehr, Transpirationsminderung oder Entschlackung dienen. Drüsenhaare weisen meist ein Köpfchen auf, das den auszuscheidenden Stoff ggf. freisetzt. Diese Köpfchen kann man bei einigen Arten, z. B. bei der Haselnuss, schon mit dem bloßen Auge erkennen. Drüsen können flächig auf jungen Trieben und auf Blättern vorkommen oder auch nur an Blatträndern und -stielen. Baumarten mit intensiven Geruchsmerkmalen besitzen oft solche Drüsen. Sie haben meist besondere Bedeutung in der Naturheilkunde eben wegen dieser speziellen Inhaltsstoffe. Bei vielen Obstgehölzen gibt es am Blattrand oder –stiel Drüsen zur Nektarabsonderung (s. ▶ Nektarien).

*Drüsen am Blattstiel der Gemeinen Traubenkirsche (extraflorale Nektarien)*

## Durchmesserzuwachs s. ▶ Dickenzuwachs

## Durchwachsen nach Pfropfung

Bei gepfropften Bäumen kann es zu interessanten Phänomenen infolge „Durchwachsens" der Unterlage kommen. Dabei treiben aus dem Stammstück unterhalb der ▶ Pfropfstelle ▶ Knospen aus, die dann zu Zweigen in die darüber befindlichen Kronenteile einwachsen und zu einem bisweilen kuriosen Zusammentreffen zweier sehr verschiedener Blattformen oder Blütenfarben führen können, nämlich derjenigen aus der Pfropfunterlage und derjenigen des Pfropfreises. Eindrucksvoll ist dies z. B. bei gepfropften Rotblühenden Rosskastanien, wenn dann Zweige mit Blüten der Gemeinen Rosskastanie gleichzeitig in der Krone vorhanden sind (s. Foto).

*Durchwachsen nach Pfropfung: weiß blühender Ast (Bildmitte) der Gemeinen Rosskastanie (Pfropfunterlage) in der Krone einer Roten Rosskastanie*

## Eidechsen-Prinzip

Ähnlich dem Abwurf der Schwanzspitze einer Eidechse bei Gefahr und der nachfolgenden Regeneration werden in Bäumen bei Gefahr durch ▶ Trockenstress ▶ Embolien außerhalb des Stammes bzw. Wipfeltriebes in den peripheren, oberirdischen Organen erleichtert. Nach Abwurf von Blättern oder Absterben von Zweigen infolge Vertrocknung können später unter günstigeren Bedingungen wieder neue Organe nachwachsen, ähnlich der nachwachsenden Schwanzspitze der Eidechse. So ist auch die Funktion von ▶ Absprüngen zu verstehen. Vgl. ▶ Programmierter Zelltod.

*Eidechsen-Prinzip (Absterben von Kronenteilen) in der Krone einer Winter-Linde*

## Einschichtige Blattanordnung (Monolayer-Baumarten)

Die Buche und einige andere Baumarten kommen von Natur aus fast ausschließlich in Bestandessituationen vor, in denen sie am Beginn und lange Zeit ihres Lebens mit Schatten zurechtkommen müssen: durch ▶ waagerechtes Zweigwachstum, ▶ zweizeilige Blattstellung, ▶ Schattenblätter und einschichtige Blattanordnung sind sie ggf. daran angepasst. Besonders eindrucksvoll ist dies bei der Rot-Buche realisiert, die damit eine typische Monolayer-Baumart ist. Mit einschichtiger Blattanordnung ist gemeint, dass die Blätter nicht wie z. B. bei Birken sehr licht und verstreut im Luftraum verteilt sind (s. ▶ mehrschichtige Blattanordnung) und viel Licht durchlassen, sondern in einer Schicht sehr dicht beieinander angeordnet sind, um das wenige vorhandene Restlicht optimal auszunutzen.

*Einschichtige Blattanordnung der Rot-Buche (Monolayer-Baumart)*

## Einwachsen von Gegenständen

Ortsfest an einem Baum stehende oder mit ihm verbundene Gegenstände wachsen allmählich in diesen ein, da der Baum jedes Jahr dicker wird und den Fremdkörper umwächst. So sind schon ganze Statuen und Fahrräder in Bäumen „verschwunden" – allerdings kann dieser Prozess Jahr-

zehnte dauern. Erfahrene Baumsachverständige werden dann später noch an den Rindenmerkmalen erkennen, was sich hier abgespielt hat. Solche einwachsenden Gegenstände können niemals am Baum nach oben „wandern", da er sich nach Abschluss des ▶ Längenwachstums in der ersten Vegetationsperiode nicht mehr streckt.

*Einwachsen von Gegenständen: Grabstein in einer Esche*

## Elefantenfuß

Befinden sich direkt am Wurzelanlauf eines Baumes große Steine oder Felsen, so können sie für die mechanische Verankerung des Baumes mit genutzt werden. In der Folge bildet sich oft ein „Elefantenfuß" aus (Foto), der die mechanischen Kräfte in diesem Bereich unter Einbeziehung des Steines optimiert. Die Wurzeln auf der anderen Seite des Stammanlaufes müssen entsprechend verstärkt werden, da im Bereich des Felsens keine Durchwurzelung möglich ist. Auf diese Weise können sich beeindruckende Wuchsanomalien am Stammfuß entwickeln. Kleinere Steine werden umwachsen und verschwinden schließlich ganz im Wurzelanlauf. Physiologisch ist bedeutsam, dass sich an Steinen oft lange Zeit ein Feuchtigkeitsfilm hält, den der Baum mit als Wasserquelle nutzen kann.

*Elefantenfuß einer Esche auf einem Felsen*

## Elektrische Signale

Es hat sich gezeigt, dass die elektrische Signalleitung nicht ausschließlich dem Tierreich vorbehalten ist, sondern dass sich auch in Bäumen eine Erregung durch Umweltreize (z. B. Verletzungen, Hitze) in Form einer elektrischen Spannungsänderung fortpflanzt und von Regulationsmechanismen ähnlich denen des tierischen Systems gesteuert wird. In der Rinde ist es Bäumen möglich, über den ▶ Assimilat-Transport hinaus innerhalb verschiedener Organe auch über weite Distanzen zu kommunizieren. Die Ursache dafür liegt höchstwahrscheinlich in der Notwendigkeit, auch in entfernten Geweben des Pflanzenkörpers auf externe Umweltreize durch elektrische Signalleitung schnell reagieren zu können. Im Gegensatz zu chemischen Botenstoffen wie beispielsweise ▶ Hormonen können mittels elektrischer Signale Informationen z. B. über die Beschädigung von Organen bedeutend schneller über weite Distanzen übermittelt werden. In den letzten Jahren mehren sich Hinweise, dass diese schnelle Kommunikation mittels elektrischer Signale essentielle Bedeutung für verschiedene pflanzenphysiologische Vorgänge hat.

## Embolie

Der Eintritt von Luft in die Wasser leitenden ▶ Gefäße oder ▶ Tracheiden wird als Embolie bezeichnet. Dadurch ist den betroffenen Gefäßen keine ▶ Wasserleitung mehr möglich, und sie werden bei ▶ ringporigen Baumarten meist dauerhaft funktionslos. Embolien entstehen durch tiefe Temperaturen bzw. durch Gefrieren der Gefäße im Winter, Trockenstress oder durch Verletzungen. Kleinere Gefäße und Tracheiden (bei zerstreutporigen und Nadelbaumarten) können oft wieder repariert und mit Wasser gefüllt werden.

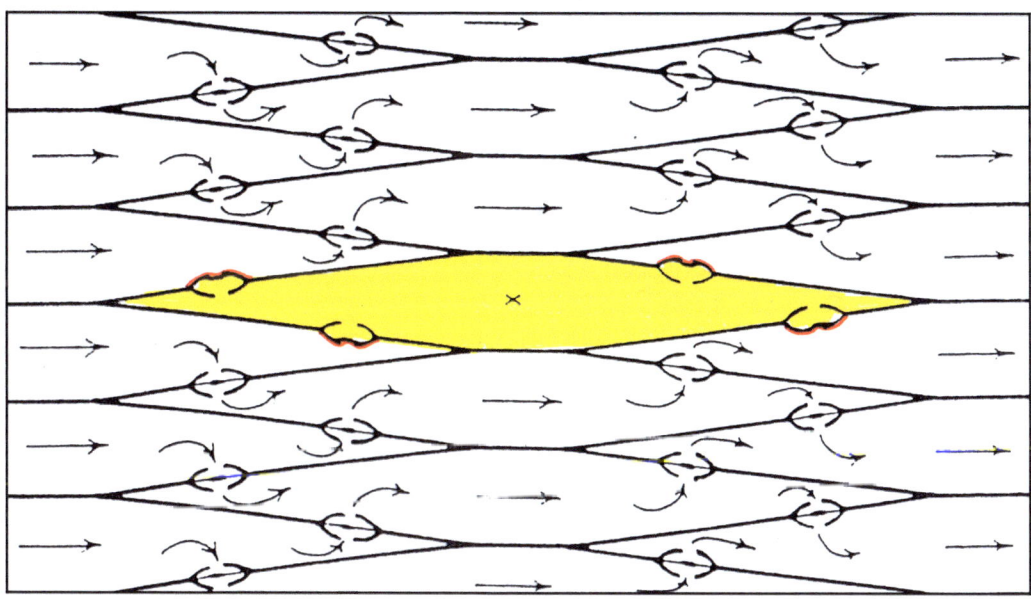

Embolie einer Tracheide (x), mit Tüpfelverschluss (Pfeile: Wasserfließrichtung im Stamm) (Grafik nach TYREE und ZIMMERMANN 2002)

## Endodermis

Die innerste Zellschicht der Wurzelrinde fungiert als physiologische Scheide. Diese sog. Endodermis ist bis auf einzelne dünnwandige Zellen wasserundurchlässig und kontrolliert den Übertritt der Nährsalze und anderen Ionen in das Wurzelxylem. Auch in Nadeln gibt es eine Endodermis als Abgrenzung vom Assimilations- und die Leitbündel umgebenden Gewebe.

## Epidermis

Die Epidermis stellt die äußere Zellschicht des Pflanzenkörpers dar. Sie tritt an Blättern, Blüten, Früchten, Samen und auch an jungen Sprossachsen auf. Die Funktion dieses meist nur eine Zellschicht dicken Gewebetyps mit fast lückenlos aneinander grenzenden Zellen liegt primär im mechanischen Schutz sowie im Verdunstungsschutz. Die Außenwände der Epidermiszellen sind von der ▶ Cuticula bedeckt.

*Epidermis an Walnussfruchthüllen, Spross und Blättern*

## Epiphyten

Pflanzen, die auf anderen Pflanzen wachsen, bezeichnet man als Epiphyten (Aufsitzerpflanzen, vgl. ▶ Baumbewuchs). Auf Bäumen sind die bekanntesten Beispiele Moose und Flechten. Sie werden gefördert bei hoher Luftfeuchtigkeit sowie günstiger Borke (mit tiefen Ritzen und günstigen chemischen Eigenschaften) und entwickeln keine Wurzeln zur Nährstoffaufnahme, sondern nur wurzelähnliche Organe zur Befestigung auf den Oberflächen der Trägerpflanze. Solche Epiphyten ernähren sich fast nur von den Nährstoffen aus der Luft und dem Regen, denn sie gehen mit dem Trägergehölz keine Stoffwechselverbindung ein (Ausnahme: die Mistelgewächse). Sie erlangen Vorteile durch ihre erhöhte Position in der Krone und brauchen so nicht in den ▶ Konkurrenzkampf mit der Bodenvegetation einzutreten. Daher profitieren sie von den dort besseren Lichtverhältnissen, der Baum hat aber i. d. R. keine Nachteile (höchstens bei der Besiedelung von Blättern oder im Fall des ▶ Parasiten Mistel in Trockenperioden).

*Epiphyten (Moose) auf dem Stamm einer Edel-Kastanie*

## Epitonie

Die Förderung von Seitenzweigen höherer Ordnung auf der Oberseite von Ästen bezeichnet man als Epitonie. Sie ist bei Sträuchern mit bogenförmigen Trieben wie z. B. Rosen und bei alten Obstbäumen (Foto) weit verbreitet, um wenigstens noch ein gewisses Höhenwachstum zustande zu bringen, wenn sich die ursprünglich aufrechten Wipfeltriebe durch ihr Gewicht immer wieder herunter biegen. Die Förderung oberseitiger Triebe führt dann zu Mehrfachbögen (im Obstbau als „Fruchtbögen" bezeichnet). Das Fehlen von nennenswertem Höhenwachstum (und von einem längeren Stamm) ist ja vor allem für Sträucher charakteristisch. Bei diesen ist die Epitonie daher besonders wichtig und verbreitet, um wenigstens einige Meter hoch wachsen zu können.

*Epitonie (Fruchtbögen) in der Krone eines alten Birnbaumes*

## Ersatztriebe bei Nadelbaumarten

Die Nadeln vieler Koniferen erreichen nach einigen Jahren ihr maximales Lebensalter (z. B. bei Fichte nach ca. 7, bei Tanne nach ca. 10 Jahren). Dorthin, wo sich die ältesten Nadeln an den Zweigen befinden, gelangt aber oft noch sehr viel Licht, so dass in diesen Kronenbereichen Möglichkeiten der ▶ Photosynthese verloren gehen. Um diese Situation zu kompensieren, treiben ▶ schlafende Knospen aus, die sog. Ersatztriebe mit neuen jungen Nadeln hervorbringen (helle Zweiglein im Foto). Dadurch kann in diesen Kronenbereichen dann weiter Photosynthese betrieben werden, und die Krone wird effektiver genutzt. An alten Fichten und Tannen können sich bis zu 90 % der Nadeln an solchen Ersatztrieben befinden, ohne dass dafür eine Schädigung des Baumes verantwortlich ist. Es handelt sich um eine Form von ▶ Reiterationen.

*Ersatztriebe (hellere Zweiglein) an einer Weiß-Tanne*

Exotonie s. ▶ Hypotonie

## Explorationsphase

In der sog. Explorationsphase entsteht ein Verzweigungssystem, wie es für die Baumart typisch ist und in dem die ▶ Langtriebe dominieren. An jedem Jahresabschnitt nehmen die seitlichen Trieblängen von oben nach unten ab (▶ Akrotonie), nur unten befinden sich einige ▶ Kurztriebe und ▶ schlafende Knospen. So entstehen stockwerkartige Absätze in der ▶ Verzweigung, die gut erkennen lassen, wie viel Höhenzuwachs ein Baum in den letzten Jahren hatte. Denn die Jahresgrenzen (s. ▶ Triebbasisnarben) befinden sich immer an den Absätzen in den seitlichen Trieblängen, an dem abrupten Übergang von langen zu kurzen Trieben. Diese Explorationsphase ist der Normalfall für die Wipfeltriebe vitaler Bäume bis ins hohe Alter. Denn nur so kann der Gipfeltrieb seine Hauptaufgabe für den Baum erfüllen und mit den Langtrieben ständig neuen Luftraum erobern, durch seitliche Verzweigung ausfüllen und sich gegen Konkurrenten durchsetzen. Vitale, ungeschädigte Laubbäume zeigen Wipfeltriebe in der Explorationsphase, dies ist die ▶ Vitalitätsstufe 0. Dadurch entwickelt sich eine recht gleichmäßige, netzartige Verzweigung, die bis tief in das Kroneninnere reicht. Die Kronen sind meist harmonisch geschlossen und gewölbt und weisen keine größeren Zweiglücken auf, sofern nicht gerade ein stärkerer Eingriff im Bestand vorgenommen wurde, da solche Lücken durch die intensive Verzweigung innerhalb kürzester Zeit wieder geschlossen werden können.

*Explorationsphase (Vitalitätsstufe 0) mit Netzstruktur der Langtriebe an Winter-Linde*

## Extremsituationen

Bei einem Baum in einer Felsritze oder Hausfassade fragt man sich: wie überlebt der Baum diese Situation? So etwas bringen erstens nur ▶ Pionierbaumarten fertig, die darauf spezialisiert sind, mit Extremsituationen umzugehen. Aber auch solche Pioniere schaffen dies zweitens nur, ähnlich in Felsritzen, wenn sie von Anfang an damit aufgewachsen sind. Denn der Same, der im Beispiel in der Fassadenritze gekeimt ist, hat sich mit seinen Wurzeln kleinste feuchte Mauerritzen gesucht (und gefunden), in denen er wenigstens etwas Feuchtigkeit und gelöste ▶ Nährstoffe (aus dem Putz und Niederschlagswasser) finden kann. Da die ▶ Anpassung von Anfang an stattgefunden hat, ist alles an diesem Baum auf diese Extremsituation hin spezialisiert bzw. angepasst.

*Extremsituationen: etwa 20-jährige Sand-Birke in Fassadenritze auf der Südseite eines Gebäudes*

## Fahnenbäume/-kronen

Bäume mit einseitigen, fahnenförmigen Kronen kommen entweder durch extreme Windbelastung zustande (s. ▶ Windflüchter) oder bei sehr lichtbedürftigen Baumarten durch einseitige starke Beschattung. Wenn ein Baum einer lichtbedürftigen Baumart z. B. an einem bewaldeten Steilhang aufwächst, so dass er nur von einer Seite Licht erhält, führt dies im Laufe der Kronenentwicklung dazu, dass sich die Zweige vorzugsweise in Richtung des Lichtes entwickeln. Für den Baum ist dies kein allzu großes Problem, solange er wenigstens von einer Seite noch genügend Licht erhält. In Waldbeständen an Steilhängen sind die Kronen fast immer stark einseitig entwickelt, allerdings nicht so extrem, da die ▶ Konkurrenz der Nachbarbäume den Lichteinfluss überlagert. Außerdem fällt das Phänomen im geschlossenen Bestand nicht so auf wie am Waldrand.

*Fahnenbäume/-kronen: Windflüchter der Schwarz-Kiefer in exponierter Lage*

## Faserstauchungen

Faserstauchungen sind Schadstellen im Stammholz eines Baumes, an denen die Wände der Fasern durch übermäßigen, in Längsrichtung einwirkenden Druck mehr oder minder gestaucht oder geknickt worden sind, so dass das Holz den Zusammenhalt und damit die Festigkeit an dieser Stelle zum Teil oder völlig verloren hat. Sie treten vor allem an Nadelbäumen auf. Hervorgerufen werden sie auf der druckbelasteten Stammseite z. B. durch Sturmbelastung, Nassschneeauflagen und Eisanhang. Oft bilden sich in der Folge Wülste über den gestauchten Stammquerschnittsflächen (z. B. auf der Wind abgewandten Stammseite). Bei einer zu starken Biegung des Stammes kommt es auf der druckbelasteten Stammseite zu Faserstauchungen, lange bevor Faserzerreißungen auf der zugbelasteten Stammseite auftreten. Da die Zugfestigkeit der gestauchten Fasern vermindert ist, kann es zum Brechen des Stammes kommen.

## Feinwurzeln

Feinwurzeln mit einem Durchmesser von maximal 2 mm stellen den lebensentscheidenden Kontakt zwischen Baum und Boden her. Sie dienen in erster Linie der Wasser- und Nährstoffaufnahme und müssen für diese Funktion insbesondere eine große Oberfläche haben. Diese wird vor allem durch Wurzelhaare erreicht, feinste Härchen und Ausstülpungen kurz hinter der wachsenden Wurzelspitze. Sie bleiben meist nur wenige Tage am

*Feinwurzeln der Silber-Weide (durch Hochwasser freigespült)*

Leben und werden dann durch neue ersetzt, da die Wurzelspitzen inzwischen weiter gewachsen sind – ständig im Boden die günstigsten Bedingungen suchend und ihnen folgend, z. B. beim austrocknenden Boden dem sich zurückziehenden Wasser. Die per Definition festgelegte Obergrenze von 2 mm ist nicht unproblematisch, da die aufnehmenden Wurzelabschnitte verschiedener Baumarten unterschiedlich dick sind (z. B. von Nadelbäumen i. d. R. dicker als von Laubbäumen). Wurzelhaare sind oft durch ▶ Mykorrhiza ersetzt.

## Feuerkeimer

Einige Baumarten (z. B. einige Kiefernarten und der Riesenmammutbaum) entlassen die Samen aus ihren ▶ Zapfen oder ▶ Früchten erst nach einem Feuer. Dies kommt in Regionen vor, in denen regelmäßig Waldbrände auftreten und als Bodenfeuer durch die Bestände wandern, z. B. im Westen Nordamerikas. Im Laufe der Anpassungsgeschichte von Baumarten an diese Umwelt hat sich hier herausgestellt, dass die besten Keimungsbedingungen für eine Naturverjüngung nach einem solchen Bodenfeuer vorhanden sind: Dann ist die Bodenvegetation beseitigt, und die Keimlinge können frei von ▶ Konkurrenz und Beschattung im nährstoffreichen Aschebett aufwachsen. So kommt es, dass die reifen Zapfen der Kiefer im Foto bereits seit 10 Jahren (wie der dicke Zweig zeigt) geschlossen in der Krone hängen und „sehnsüchtig" auf das nächste Feuer warten, das ihre Öffnung und das Herausfallen der Samen zur Folge haben wird.

*Feuerkeimer: Zweige der Dreh-Kiefer mit 10 Jahre alten, noch geschlossenen Zapfen*

## Feuerschutz Borke

In Regionen mit regelmäßigen Waldbränden, insbesondere Bodenfeuern, ist die ▶ Borke der wichtigste Schutz für die Bäume. Besonders ausgeprägt ist dieser Schutzmechanismus z. B. beim Riesenmammutbaum in Nordamerika. Die bis zu 50 cm dicke Borke eines älteren Baumes ist praktisch unzerstörbar durch Feuer. Kritisch wird es höchstens dann, wenn das Feuer die Kronen erreicht (was bei ausgewachsenen Mammutbäumen eher selten ist).

*Feuerschutz Borke beim Riesenmammutbaum (Foto: Ulrich Pietzarka)*

Fiederblätter s. ▶ gefiederte Blätter

## Flachspross

Flachsprosse (sog. Phyllokladien) stellen blattartig verbreiterte grüne Triebe dar (an ariden Standorten, z. B. beim Mäusedorn), die in den Achseln zu Schuppen reduzierter Blätter entspringen und der ▶ Photosynthese dienen. Sie werden als Anpassung für eine erhöhte ▶ Trockenheitstoleranz gedeutet.

*Flachspross (blattartig verbreiterter Spross) am Stacheligen Mäusedorn mit Fruchtansatz am „Blatt"*

## Flachwurzeln

Oberflächennahe Wurzeln sind für die Wasser- und Nährstoffaufnahme besonders wichtig. Gründe dafür sind, dass viele Nährstoffe besser im Oberboden verfügbar sind (z. B. alle, die mit fallenden Blättern auf den Waldboden gelangen) und dass hier die Zersetzerorganismen aufgrund der höheren Temperaturen viel wirkungsvoller arbeiten, die Sauerstoffversorgung günstiger ist und Kurzzeitniederschläge in trockenen Sommern oft nur den Oberboden befeuchten. Normalerweise bleiben diese Flachwurzeln in der Streuschicht und im Oberboden verborgen, aber auf Wegen von flachgründigen, z. B. felsigen Standorten oder in Mooren werden sie bei ständigem darüber Laufen schnell freigelegt oder durch Windwurf (s. ▶ Wurzelteller). Dann kann man sich die Ausmaße der Wurzelentwicklung annähernd vorstellen und auch erkennen, dass Wurzeln von Nachbarbäumen miteinander verwachsen (s. ▶ Wurzelverwachsungen).

*Flachwurzeln (oberflächennahe Wurzeln) einer Trauben-Eiche*

## Flächenkallus

Wenn bei Anfahrschäden an Bäumen die neu freigelegte Holzoberfläche dunkel und feucht bleibt, wie es auch bei schmalen Stammrissen der Fall ist, so kann sich aus dem „nackten" Holz heraus neue Rinde entwickeln. Dies wird als Flächenkallus bezeichnet, und die neu entstehende Rinde an solchen zuvor ungeschützten Holzoberflächen hat schließlich einen Aufbau wie normale Rinde. Daher sollte man z. B. frische Anfahrschäden umgehend (innerhalb von 14 Tagen) für etwa ein Jahr mit dunkler Folie abdecken, um diesen Selbstheilungsprozess zu fördern. Der Flächenkallus entsteht aus den lebenden ▶ Parenchymzellen des Holzes vor allem der jüngeren Jahrringe – es ist also wichtig, diese möglichst lange vor Austrocknung zu schützen.

*Flächenkallus an Stiel-Eiche (links im Bild die reguläre Borke, rechts Flächenkallus auf nackter Holzoberfläche nach langjähriger Rissbildung)*

## Flaschenbauch

Eine flaschenförmige Ausbauchung des Stammfußes ist fast immer ein Zeichen für eine innere Fäule in diesem Bereich. Der Baum versucht, die durch die Fäule bedingten Verluste der Leitfähigkeit und mechanischer Stabilität durch verstärkten Zuwachs zu kompensieren, was zur Flaschenform führt. Bisweilen erkennt man die Fäule schon ohne weitere Hilfsmittel – i. d. R. ist sie von außen jedoch nicht sichtbar, und man muss Diagnosegeräte bzw. -methoden einsetzen, um sich Klarheit zu verschaffen. Immerhin handelt es sich in diesem Stammabschnitt um den für die ▶ Stand- und ▶ Bruchsicherheit des Baumes meist wichtigsten Bereich. In seltenen Fällen wie z. B. beim Urweltmammutbaum kann es sich bei dem angeschwollenen Stammfuß auch um ein arttypisches Merkmal handeln, was aber nichts an den gerade getroffenen Aussagen ändert.

*Flaschenbauch an Gemeiner Fichte mit Stammfäule (linker Baum)*

## Formschnitt

Beim Formschnitt von Bäumen ist ein entscheidender Reaktionsmechanismus der Gehölze, mit dem Austreiben ▶ schlafender Knospen zu reagieren. Dadurch verkraften sie solche Behandlungen relativ gut, wenn auch von Baumart zu Baumart unterschiedlich.
Durch den Schnitt verlieren die Bäume einen Teil ihrer Blattfläche und versuchen ihn schnellstmöglich wieder zu ersetzen. Für das erneute Austreiben nach der Schnittmaßnahme ist zum einen entscheidend der Wegfall der ▶ hormonellen Austriebshemmung durch die Zweigspitzen (die ja beim Schnitt entfernt wurden), zum anderen das Bestreben des Baumes nach einer Wiederherstellung der ausgewogenen ▶ Beziehung zwischen Wurzel und Krone (die ja durch den Schnitt zu Gunsten der Wurzel verschoben wurde).

*Formschnitt an Gemeinen Eiben*

## Freies Wachstum

Als freies Wachstum bezeichnet man das Verhalten von vielen, vor allem ▶ Pionierbaumarten, die gesamte Vegetationsperiode hindurch weiter zu wachsen. Damit können sie jederzeit zeitnah auf die Umweltverhältnisse (Wärme, Licht, Wasserangebot u. ä.) reagieren durch Verlangsamen oder Beschleunigen des Längenwachstums, was auf Freiflächen von Vorteil ist. Das Wachstum kommt dann erst im Spätsommer oder Frühherbst zum Stillstand, wenn bestimmte Temperaturen oder Tageslängen unterschritten werden (oder längerer ▶ Trockenstress auftritt). Andere Baumarten konzentrieren das Längenwachstum auf den Beginn der Vegetationsperiode direkt nach dem Austreiben, indem aus den Knospen der gesamte Jahrestrieb innerhalb von nur 2–4 Wochen herausschnellt (s. ▶ gebundenes Wachstum), wobei alle Anlagen des Vorjahres erscheinen. Bei freiem Wachstum kann die Blattform am Jahrestrieb unterschiedlich sein (s. ▶ Früh- und Spätblätter, ▶ Heterophyllie).

*Freies Wachstum am Zweig einer Silber-Pappel mit ▶ Heterophyllie durch ▶ Früh- (oben) und Spätblätter (unten)*

## Frosthärte

Die Grenztemperatur des Überlebens einer Gehölzart ohne Frostschäden wird als Frosthärte bezeichnet, wobei man von einem Überleben von 80 % der Individuen ausgeht. Sie wird i. d. R. in 5 °C-Stufen angegeben, ist durch ▶ Anpassungsprozesse modifizierbar und bei verschiedenen ▶ Herkünften unterschiedlich.

## Frostleiste

Spitznasige Rippen werden häufig als „Frostleisten" bezeichnet, was als Ursache einen Frostschaden nahe legt. Dies ist jedoch nicht zutreffend – richtig ist aber, dass sich hinter einer solchen Rippe im Stamminneren ein Riss verbirgt, der beim Überwallen wieder aufgerissen ist. Also handelt es sich um einen deutlichen Defekt der ▶ Biomechanik des Stammes. Ursache sind extreme Spannungen im Stamminneren in der Vergangenheit, die die Spannungstoleranz des Holzes überbeansprucht haben, entweder infolge von übermäßigem Wachstum (vor allem an jüngeren Bäumen auf nährstoffreichen Standorten oder nach Düngung), infolge von innerer Fäule und anderen Defekten oder infolge von Temperaturunterschieden im Winterhalbjahr: Die sonnenbeschienene Stammseite erwärmt sich tagsüber stark, während die abgewandte womöglich noch gefroren ist, was in Extremfällen zum Aufreißen des Stammes führen kann.

*Frostleiste (hervorstehende Rippe) an einer Winter-Linde*

## Frostschäden s. ▶ Kältestress

## Frostschutz beim Austreiben

Bei einigen spätfrostempfindlichen Baumarten, vor allem solchen mit dominantem Wipfeltrieb wie z. B. die Weiß-Tanne, treiben die Gipfelknospen erst bis zu vier Wochen später aus als die Seitenknospen, um im Falle eines Spätfrostes den Wipfel vor Frostschäden zu schützen. Der Nachteil ist natürlich die kürzere Ausnutzung der Vegetationszeit – dies wird jedoch durch den ▶ Assimilataustausch zwischen benachbarten Zweigen kompensiert. Da Spätfröste meistens Bodenfröste sind, ist dieser Schutzmechanismus besonders wichtig im ersten Lebensjahrzehnt, wenn die jungen Bäume noch klein sind. Das Austreiben der Gipfelknospe (▶ Terminalknospe) kann sich daher bis Ende Mai hinziehen. Im schlimmsten Fall

*Frostschutz beim Austreiben einer Weiß-Tanne durch verspätetes Öffnen der ▶ Terminalknospe*

werden so nur die neuen Seitenzweige durch Frost geschädigt.

## Frostschutz durch Blatteinrollen

Eine Möglichkeit des Schutzes vor Frostschäden an Blättern ist ihr Einrollen, was im Winter an vielen immergrünen Laubgehölzen bei sehr tiefen Temperaturen zu beobachten ist. Es geht dabei auch um einen Schutz vor weiterer Austrocknung, da mit sehr tiefen Temperaturen oft auch ▶ Trockenstress verbunden ist. Daher kann man diese Erscheinung ebenso im Sommer in sehr heißen und trockenen Perioden sehen. Durch das Einrollen wird oft die empfindlichere Blattunterseite geschützt, in der sich die ▶ Spaltöffnungen befinden. Die Blätter nehmen auf diese Weise interessanterweise fast Nadelform an – an Kälte und Trockenheit angepasste Gehölze auf regelmäßig sehr trockenen Standorten haben oft Nadeln statt Blättern. Bei Erwärmung bzw. Befeuchtung entrollen sich die Blätter wieder.

*Frostschutz durch Blatteinrollen an Catawba-Rhododendron*

## Froststress s. ▶ Kältestress

## Frosttrocknis

Eine besondere Form von Trockenheit, der vor allem Koniferen im Hochgebirge ausgesetzt sind, ist die sog. Frosttrocknis. An solchen Standorten kommt es aufgrund der starken Sonneneinstrahlung auch bei Frost zu einer Erwärmung der Nadeln auf Temperaturen, die ▶ Photosynthese ermöglichen. Zugleich öffnen sich die ▶ Spaltöffnungen der Blätter. Da aufgrund des Bodenfrostes jedoch kein Wasser von den Wurzeln aufgenommen werden kann, führt ein Öffnen der Spaltöffnungen unter diesen Bedingungen zu ▶ Trockenstress, die Nadeln können schließlich absterben und braun werden.

*Frosttrocknis an einer Andentanne*

## Frucht

Als Frucht ist die Blüte im Zustand der Samenreife definiert. Komplizierter wird es, wenn man genauer betrachtet, welche Organe/Gewebe noch an der Fruchtentwicklung beteiligt sind. Dann wird daraus schell eine Definition über 3–5 Zeilen, was hier vermieden werden soll. Vgl. ▶ Fruchttypen.

## Fruchtfarbe

Die Farbe von Früchten hat eine wichtige verbreitungsbiologische Funktion. Sie signalisiert Tieren den Reifezustand und sichert auf diese Weise das Sammeln oder Fressen zum richtigen Zeitpunkt. Die am häufigsten auftretenden Farben bei reifen Früchten sind rot (Foto) und schwarz. Unreife Früchte, die noch nicht ihre „endgültige" Farbe angenommen haben, werden von Tieren übersehen bzw. nicht beachtet. Dies kann man z. B. beobachten, wenn in einem Fruchtstand ein Teil der Früchte reif, ein anderer noch nicht reif ist – dann suchen die Tiere gezielt nur die reifen Früchte heraus. Die Entwicklung von Fruchtfleisch bedeutet für Gehölze eine erhebliche Investition von Reservestoffen. Die dadurch gesicherte Verbreitung ist aber diesen Aufwand meist wert.

*Fruchtfarbe als Lockmittel für Tiere an einer Süß-Kirsche*

## Fruchtknoten

Als Fruchtknoten bezeichnet man bei ▶ Bedecktsamern den bauchigen Teil des Stempels bzw. Fruchtblattes, in dem sich die Samenanlage mit den Eizellen befindet. Nach der Befruchtung der Eizelle durch den generativen Zellkern des Pollenschlauchs entwickelt sich in der Samenanlage des Fruchtknotens der Pflanzenembryo, der im Samen eingeschlossen ist. Aus der Fruchtknotenwand entwickelt sich oft bei der Reifung der Frucht das Fruchtfleisch, wie z. B. bei der Kirsche, oder die Fruchtwand, wie bei der Rosskastanie (Foto).

*Fruchtknoten: reifende Früchte der Rosskastanie*

# Fruchttypen

Bei den Bedecktsamern unterscheidet man folgende Fruchttypen:

1. *Schließfrüchte:*
   - Nuss (z. B. Haselnuss): Fruchtwand verholzt (wenn geflügelt: Flügelnuss, z. B. Birke)
   - Spaltfrucht (z. B. Ahorn): spaltet sich längs bei Reife
   - Bruchfrucht (z. B. Pfauenstrauch): zerbricht quer bei Reife
   - Steinfrucht (z. B. Kirsche): äußere Fruchtwand fleischig, innere verholzt („Kern")
   - Beere (z. B. Johannisbeere): Samen in fleischige Fruchtwand eingebettet
2. *Spring- und Streufrüchte:*
   - Kapsel (z. B. Rosskastanie): aus mehreren Fruchtblättern entstanden, bei Reife an „Sollbruchstellen" aufplatzend
   - Hülse (z. B. Robinie): aus einem Fruchtblatt entstanden, sich an Bauch- und Rückennaht öffnend
   - Balg (z. B. Geweihbaum): aus einem Fruchtblatt entstanden, sich nur an Bauchnaht öffnend
   - Schote (z. B. Steinkraut): aus zwei Fruchtblättern entstanden, sich an Längsscheidewand bauch- und rückenseits öffnend
3. *Sammelfrüchte:*
   - Fruchtblatt mehrsamig:
     - Apfelfrucht (z. B. Birne): mehrere Balgfrüchte sind in fleischige Blütenachse eingesenkt und mit ihr verwachsen
     - Balgzapfen (z. B. Magnolie): mehrere Balgfrüchte sind frei auf der Blütenachse vereinigt
   - Fruchtblatt einsamig: Sammelstein- und -nussfrüchte
     - von Achsengewebe umgeben (z. B. Rose): Vielzahl von Einzelfrüchten von eingesenktem Blütenboden umschlossen
     - auf fleischiger Achse (z. B. Brombeere): Vielzahl von Einzelfrüchten auf fleischigem Blütenboden vereinigt
4. *Scheinfrüchte:* auch noch andere Organe als nur Blütenbestandteile an der Fruchtbildung beteiligt (z. B. Feigenbaum)
5. *Zapfen:* Blütenstand verholzend (z. B. Erle)

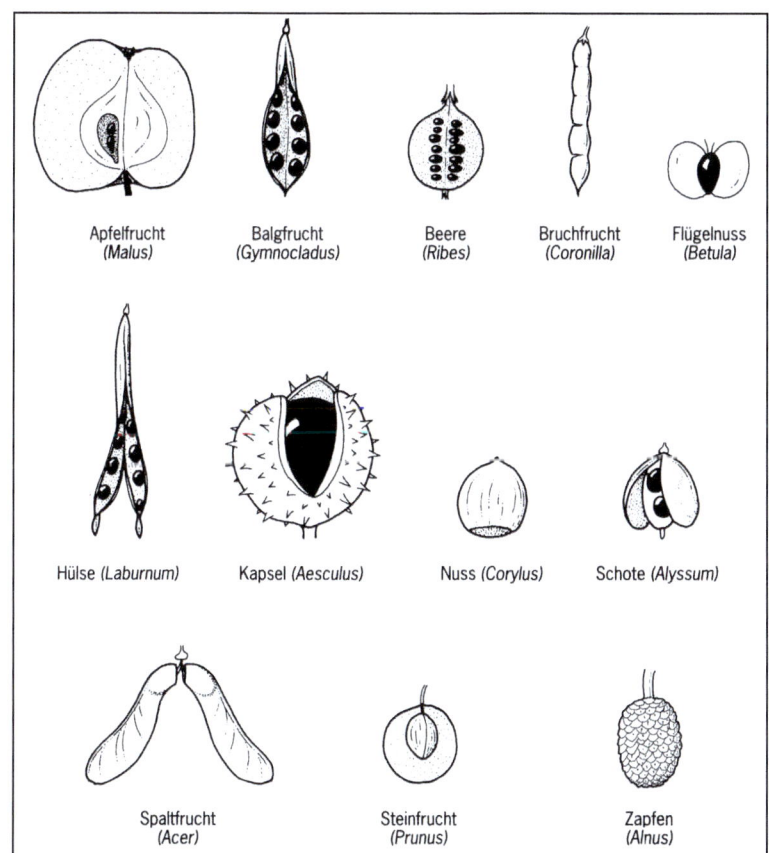

Fruchttypen (in alphabetischer Reihenfolge)

## Fruchtverbreitung durch Tiere

Viele Baumarten nutzen Tiere zur Frucht- und Samenverbreitung aus. Dafür werden die Früchte schmackhaft bzw. nahrhaft gemacht, so dass sie für Tiere attraktiv sind. Ein besonders eindrucksvolles Beispiel ist die Eberesche, auch als Vogelbeere bekannt. Wo auch immer eine wilde Vogelbeere keimt (z. B. in Dachrinnen), kann man davon ausgehen, dass dort zuvor ein Vogel kurze Zeit gesessen hat, der die Früchte verzehrt hatte und dann den Samen unversehrt wieder ausgeschieden hat. Bei manchen Baumarten bewirkt die Darmpassage sogar erst die notwendige Überwindung der ▶ Keimhemmung. In den Hochlagen der Mittelgebirge sind ganze Ebereschenwälder allein durch Vogelsaat entstanden – ohne Hilfe der Förster.

*Fruchtverbreitung durch Tiere: Vogelbeere*

## Früchte als Nahrung

Die Früchte vieler Baumarten sind relativ groß und dementsprechend nährstoffreich. Tiere legen sich Depots an, die sie nicht alle wiederfinden. In vielen Fällen werden die Früchte auch gefressen und die Samen unversehrt wieder ausgeschieden. Auf diese Weise können selbst große Früchte bzw. deren Samen über 10 km weit verfrachtet werden, was der Wind nicht schaffen kann. Dafür wird eine erhebliche Menge an ▶ Reservestoffen geopfert, die sonst für Blatt- und Zweigwachstum zur Verfügung stünden (vgl. ▶ Mastjahre).

*Früchte als Nahrung: Walnuss-Versteck eines Eichhörnchens*

## Früchte mit Flügeln

Flügel sind für Früchte sehr effiziente Verbreitungshilfen, die bei Wind zu Flugdistanzen von über 100 m führen können – auf gefrorener Schneedecke und an Hängen auch viel weiter. Diesen Mechanismus setzen Ahorne, Eschen, Linden und andere Laubbaumarten auf unterschiedliche Weise ein. Je nachdem wie die eigentliche Frucht und der daran befindliche Flügel ausgestaltet sind, kommt die Verbreitungseinheit beim Fall aus der Krone ins Segeln oder Trudeln. Auf diese Weise können Baumarten also einige Kilometer in zehn Jahren wandern. Viele Baumarten nehmen stattdessen Tiere zu Hilfe, dann müssen die Früchte aber nahrhafter und schmackhaft sein (s. ▶ Fruchtverbreitung durch Tiere, ▶ Früchte als Nahrung). Das ist bei Windverbreitung nicht nötig – im Gegenteil: die Frucht darf nicht zu schwer sein. Auch viele Nadelbaumarten haben an ihren Samen Flügel entwickelt.

*Früchte mit Flügeln: Flügelnüsschen (rechts frei präpariert) des Spitz-Ahorns*

## Früchte mit Lufteinschlüssen

Früchte von Baumarten, die an Gewässern verbreitet sind, weisen oft Lufteinschlüsse auf, die sie schwimmfähiger machen. Dies ist z. B. auch bei der Schwarz-Erle der Fall, die an vielen Fließgewässern wächst. Die reifen Früchte fallen dann im Idealfall aus den Kronen direkt ins darunter befindliche Wasser, werden fortgespült und irgendwo flussabwärts, oft mehrere Kilometer entfernt, wieder ans Ufer geschwemmt. Damit haben sie automatisch den für die Erle optimalen Standort gefunden. Dies ist der Grund dafür, warum sich oft Bänder von Erlen bachbegleitend durch die Landschaft ziehen. Bei Weiden kann Ähnliches durch ins Wasser fallende ▶ Absprünge geschehen, die flussabwärts ans Ufer gespült werden und sich dann dort bewurzeln (eine Form der ▶ vegetativen Fortpflanzung).

*Früchte mit Lufteinschlüssen: schwimmfähige Nüsschen der Schwarz-Erle mit Zapfen*

## Frühblätter/Spätblätter

Als Frühblätter bezeichnet man bei Baumarten mit ▶ freiem Wachstum die im Frühjahr erscheinenden Blätter, als Spätblätter die sich im Sommer entfaltenden. Oft unterscheiden sich beide Typen in der Form deutlich (z. B. bei Pappel und Ahorn, s. ▶ Heterophyllie). Die Frühblätter wurden im Vorjahr in den Knospen angelegt, die Spätblätter hingegen erst in der laufenden Vegetationsperiode ihrer Entfaltung. Vgl. ▶ freies Wachstum.

*Frühblätter und Spätblätter des Berg-Ahorns (oben im Bild die helleren Spätblätter mit schmaleren und längeren Lappen, unten Frühblätter)*

## Frühholz/Spätholz

Als Frühholz wird das bis zum Juli gebildete Holz bezeichnet, das weitlumigere und dünnwandigere Leitelemente aufweist als das danach gebildete Spätholz mit dickeren Zellwänden und engeren Zelllumina. Der Übergang vom Früh- zum Spätholz ist meist fließend, wohingegen die Jahresgrenzen durch eine abrupten Übergang vom zuletzt gebildeten Spätholz im Herbst zum Frühholz im Frühjahr scharf markiert sind (s. ▶ Jahrringe). Bei ▶ ringporigen Laubbäumen werden die großen ▶ Gefäße nur im Frühholz gebildet.

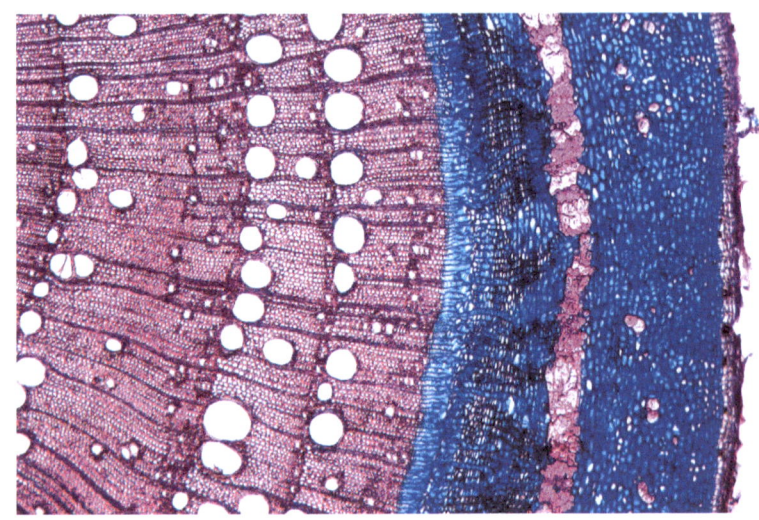

*Früh- und Spätholz (Rot-Eiche): links im Bild 3 Jahrringe mit weitlumigen Frühholzgefäßen, Bildmitte: Kambium (Grenze rot/blau), rechts davon: Rinde (Foto: Doris Berger, Rico Kniesel)*

## Frühjahrssaft

Birke, Ahorn und Hainbuche sind bekannt dafür, dass sie im Frühjahr „bluten" können (Foto): Aus Verwundungen an Zweigen und am Stamm tritt ab Anfang März eine Flüssigkeit aus, die etwas trübe ist und süßlich schmeckt, der sog. Frühjahrssaft. Er enthält eine relativ hohe Zuckerkonzentration (▶ Reservestoffe für das Austreiben, bei Birke 1 % Fruktose, beim Zucker-Ahorn 3 % Saccharose), die dazu führt, dass der Stamm durch Wassereinstrom infolge ▶ Osmose durch Freisetzung von Zuckerverbindungen ins ▶ Xylemwasser unter Druck gerät. Denn noch ziehen ja keine Blätter am Wasser im Stamm und führen zu Unterdruck bzw. Sog. Das „Bluten" hört schlagartig mit dem Tag des Austreibens auf, da der Stamm dann unter Unterdruck gerät. In Nordamerika wird dies für die Gewinnung des Ahornsirups ausgenutzt, indem man die Stämme vor dem Austreiben 5 cm tief anbohrt und die austretende Flüssigkeit über Leitungsschläuche erntet (die dann in den sog. „Zuckerhütten" am Bestandesrand durch Verdunstung des Wassers noch zu Sirup eingedickt werden muss). Auch Birkensaft gewinnt man auf diese Weise und stellt daraus z. B. Haarwasser und medizinische Getränke her. Aus Birken können bis zu 40 L Saft im Frühjahr gewonnen werden, beim Zucker-Ahorn bis zu 150 L.

*Frühjahrssaft einer Sand-Birke nach Verletzung des Stammes*

## Gallen

Viele Baumarten reagieren auf die Eiablage von bestimmten Insekten bzw. auf deren Larven (vor allem von Gallwespen, -milben, -fliegen, -mücken) in ihren Blättern mit der Entwicklung von Blattgallen. Dies sind charakteristische Wucherungen, bei denen durch Wuchsstoffe ein meist kugelförmiges oder längliches Organ an den Blättern entsteht, in dem sich oft die Larven dieser Insekten entwickeln. Form, Farbe und Größe der Blattgallen und die betroffene Baumart ermöglichen fast immer eine genaue Zuordnung zu einer Insektenart (Foto: Linden-Gallmilbe). Der Schaden für das Blatt ist i. d. R. gering, da das Gewebe um die Gallen herum meist intakt bleibt und weiter normal seine Funktionen erfüllen kann. Auch an Blüten/Früchten und Zweigen können Gallen entstehen, allerdings weit seltener bzw. meist weniger auffällig.

*Gallen der Linden-Gallmilbe an Sommer-Linde*

## Gattung

Die Gattung ist die systematische Hauptkategorie oberhalb der ▶ Art. Jede Art gehört einer Gattung an, in ihr werden eng verwandte Arten mit zahlreichen gemeinsamen Merkmalen zusammengefasst. Nah verwandte Gattungen werden zu Familien zusammengefasst.

## Gaswechsel

Als Gaswechsel bezeichnet man die vor allem an Blättern stattfindende Wasserdampfabgabe der ▶ Transpiration, die $CO_2$-Aufnahme und -abgabe während der ▶ Photosynthese und ▶ Atmung sowie die $O_2$-Aufnahme und -Abgabe während der Atmung und Photosynthese. Transpiration und Photosynthesebilanz sind abhängig von einer Reihe interner und externer Faktoren. Dazu gehören die Öffnungsweiten der ▶ Spaltöffnungen und Umweltfaktoren, wie z. B. Licht, Temperatur, Luftfeuchte und Wasserversorgung sowie die $CO_2$-Konzentration in den Interzellularen des Blattes. Der typische Tagesverlauf des Gaswechsels an einem trocken-warmen Sommertag ist von einer „Zwei-Gipfeligkeit" geprägt (s. ▶ Mittagsdepression).

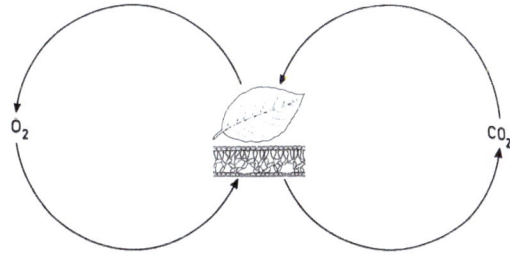

*Gaswechsel: $CO_2$- und $O_2$-Aufnahme und -Abgabe der Blätter bei der Photosynthese und Atmung*

## Gebundenes/freies Wachstum

In Bezug auf die Wachstumsdauer und den Zeitraum der Entstehung der Knospenanlagen unterscheidet man gebundenes (determiniertes) und freies (indeterminiertes) Trieb-Wachstum. Bei determiniert wachsenden Arten („Eichen-Typ") sind die im Frühjahr zur Entfaltung kommenden Knospenanlagen bereits vollständig im Vorjahr angelegt worden, das Wachstum ist daher an die Vorjahresanlagen gebunden (s. ▶ Morphogenetischer Zyklus) und wird schon wenige Wochen nach Austriebsbeginn wieder beendet. Bekannte Beispiele für diesen Wachstumstyp sind Eiche und Buche. Bei optimalen Bedingungen kann es im Sommer zu einem zweiten Wachstumsschub kommen, dem ▶ Johannistrieb. Bei Arten mit ▶ freiem Wachstum („Pappel-Typ") hingegen treiben zwar zunächst im Frühjahr auch die in den Knospen enthaltenen Vorjahresanlagen aus. Das Wachstum hält dann aber über die Vegetationsperiode hin weiter z. T. bis zum Spätsommer an, indem die laufend neu entwickelten Knospenanlagen bereits wenige Wochen später zum Austreiben gelangen (bis abnehmende Tageslängen, Tagestemperaturen oder Trockenstress das Wachstum beenden). Bekannte Beispiele sind Pappel, Weide, Birke oder Erle. Bei freiem Wachstum treten an den Jahrestrieben oft ▶ Frühblätter und Spätblätter unterschiedlicher Gestalt auf.

## „Gedächtnis" von Bäumen

Bäume „merken" sich in einem weithin unbekannten oder unterschätzten Ausmaß, was sie bisher erlebt haben. Von der Keimung an müssen sie versuchen, durch ▶ Anpassungs- und Optimierungsprozesse ein möglichst effizientes Überleben zu erreichen. So speichern sie die Information über Trockenjahre, Frostperioden und andere Umwelteinflüsse und sind auf ähnliche Ereignisse und Einflüsse in der Zukunft dann meist besser vorbereitet. Dies ist z. B. zu berücksichtigen, wenn Bäume in der Stadt an extreme Standorte gepflanzt werden: die verwendeten Pflanzen sollten auf diese Extremsituation möglichst vorbereitet sein. Das sind sie nicht unbedingt, wenn sie zuvor in einer Baumschule bei optimaler Wasser- und Nährstoffversorgung angezogen wurden.

„Gedächtnis" von Bäumen: Schwarz-Erlen in salzigem, nährstoffarmem und zeitweise austrocknendem Sand

## Gefäße

Im Holz der Laubbäume befinden sich Gefäße (Tracheen), die aus einzelnen Elementen bestehen, welche zu röhrenartigen, axial verlaufenden Leitungsbahnen mit wenigstens teilweise aufgelösten Querwänden zusammengesetzt sind. Wasser kann somit mit deutlich geringerem Widerstand innerhalb dieser Leitungsbahnen fließen, da es nicht wie bei den ▶ Tracheiden der Nadelbäume ▶ Tüpfelmembranen passieren muss und die Reibungswiderstände an den Gefäßwänden minimiert sind. Die Länge der Gefäße (markiert durch konisch auslaufende, nicht aufgelöste, aber reichlich mit Tüpfeln besetzte Endwände) kann sehr stark variieren: einzelne Gefäße können 0,5–5 m lang sein, bei der Eiche sogar bis 18 m. Die Größe und Verteilung der Gefäße innerhalb eines Jahrrings ist für die Holzartenbestimmung von großer Bedeutung, da man diesbezüglich ▶ Ringporer und ▶ Zerstreutporer unterscheidet. Die Gefäße sind im ausgewachsenen Zustand nicht mehr lebend, zur Reduktion des Fließwiderstandes für den Wassertransport. Zusätzlich sind in Vertikalrichtung die oberen und unteren Zellwände der Gefäßelemente perforiert oder weitgehend abgebaut, wodurch sie sich zu zusammenhängenden lange Röhren verbinden können. Bei ▶ Nacktsamern dienen ausschließlich Tracheiden der Wasserleitung, bei den ▶ Bedecktsamern treten neben den Tracheiden vermehrt Gefäße auf. Aufgrund der größeren Durchmesser sowie der erwähnten Perforationsplatten setzen die Gefäße dem Wasserfluss einen deutlich geringeren Widerstand entgegen, so dass hier die Leitgeschwindigkeit sowie die Transportraten wesentlich höher liegen als bei Tracheiden. Vgl. ▶ Wassertransport.

## Gefiederte Blätter

Gefiederte Blätter wie die der Esche und Walnuss können als Wegwerftriebe interpretiert werden: Wenn sie im Herbst abgeworfen werden, entledigt sich der Baum im Grunde genommen auch gleich der feinsten Verzweigungsordnung. Dadurch wird die Verzweigung solcher Baumarten im Winter relativ grob, und sie brauchen keinen Aufwand für Frostschutz der Feinverzweigung zu betreiben. So können solche Baumarten effektiver auf die Lichtverhältnisse reagieren, da jedes Jahr die Feinverzweigung neu geschaffen und damit den Erfordernissen angepasst werden kann. Außerdem können sich so nicht nur die ganzen Blätter, sondern auch noch die einzelnen Fiederblättchen neu zum Licht ausrichten. Fiederblätter erwärmen sich an heißen Sommertagen weniger als ganzrandige Blätter derselben Blattfläche, was zur ▶ Trockenstresstoleranz beiträgt. Beim herbstlichen Blattfall fallen zuerst die Fiederblättchen und erst dann die Blattspindeln (die Stiele) ab.

*Gefiederte Blätter der Walnuss*

## Gelappte Blätter

Gelappte Blätter haben im Verhältnis zu ihrem effektivem Durchmesser eine relativ große Blattfläche, lassen aber zwischen den Lappen noch Sonnenlicht hindurch, so dass die darunter befindlichen Blätter weniger beschattet werden als wenn dieselbe Blattfläche ohne Lappen im Luftraum ausgebreitet wäre. Blattlappen sind daher ein Weg, den Lichthaushalt in der Krone zu optimieren. Außerdem erwärmen sich stark gelappte Blätter an heißen Sommertagen weniger als ganzrandige Blätter derselben Blattfläche, was zur ▶ Trockenstresstoleranz beiträgt. Aus diesen Gründen kann man feststellen, dass die Blätter in der Wipfelregion eines Baumes meist stärker gelappt sind als die in unteren Kronenbereichen und der Baum dadurch die Kernschatten seiner Blätter minimiert. Sehr schattentolerante Arten haben nur selten gelappte Blätter. Bekannte Beispiele für Baumarten mit gelappten Blättern sind die meisten Ahorn- und Eichenarten.

*Gelappte Blätter des Amerikanischen Amberbaumes*

## Glattrinde

Nur wenige Baumarten entwickeln als Schutz des empfindlichen Zellteilungsgewebes im Außenstamm, des ▶ Kambiums, eine so dünne glatte Rinde wie Haselnuss, Hainbuche und Rot-Buche. Denn damit ist die wichtige Schutzfunktion der Rinde nur eingeschränkt möglich, und es kommt leicht zu Verletzungen bis in den Holzkörper. Die genannten Baumarten erhalten ihr erstes ▶ Periderm dauerhaft („Peridermbäume"). Diese Rindenart wird bei Park- und Straßenbäumen regelmäßig zum Einritzen von Zeichen genutzt, und die Rinde kann sich bei direkter Sonneneinstrahlung so stark erhitzen, dass im darunter befindlichen Gewebe der Zelltod eintritt („▶ Sonnenbrand"). All dies deutet darauf hin, dass dieser Rindentyp (der natürlich wenig Aufwand für Anlage und Erhalt erfordert) nur bei Baumarten erfolgreich sein kann, die von Natur aus immer geschützt im Bestand stehen. Genau das ist z. B. bei der Buche der Fall.

*Glattrinde der Rot-Buche mit Gravuren*

## Grasstadium von Kiefernarten

Einige nordamerikanische Kiefernarten wachsen in den ersten (bis zu 20) Lebensjahren kaum in die Höhe, sondern verharren im sog. „Grasstadium" an der Bodenoberfläche (vorne im Foto). Bei ihnen wächst zunächst vor allem die Wurzel – das Höhenwachstum setzt erst später ein, allerdings dann recht rasant. Dies ist ein besonders interessanter Anpassungsmechanismus an regelmäßige Bodenfeuer auf trockenen Standorten. Die Kiefern schützen dort in den ersten Lebensjahren ihre empfindlichen Knospen durch die dichten feuerresistenten Nadelbüschel, entwickeln Wurzeln und sammeln ▶ Reservestoffe an. Wenn ein bestimmter Zustand erreicht ist, schießen sie in die Höhe und wachsen so sehr schnell aus der Bodenfeuerzone heraus in die Höhe (hinten im Foto).

*Grasstadium der Sumpf-Kiefer (Foto: Horst Bartels)*

## Grenzschicht

Die Grenzschicht trennt nach einer Verletzung das abgestorbene bzw. vom Baum aufgegebene Gewebe vom gesunden, funktionsfähigen Holz und bewirkt die ▶ Abschottung. Sie ist oft dunkler als die Nachbarbereiche und wird von lebenden oder absterbenden ▶ Parenchymzellen gebildet.

## Großbaumverpflanzung

Das Verpflanzen von großen Bäumen ist heute eigentlich nur noch eine Frage der eingesetzten Maschinen, denn theoretisch kann inzwischen fast jeder Baum zu jeder Jahreszeit verpflanzt werden, wenn man das nötige Geld bereitstellt. So lassen sich immer wieder wertvolle Bäume, selbst ganze Alleen erhalten, die von ihren bisherigen Standorten weichen müssen. Vor dem und beim Verpflanzen ist allerdings eine Reihe von Dingen zu beachten, wenn die Großbaumverpflanzung erfolgreich verlaufen soll (korrekte Vorbereitung, Sorgfalt beim Ausgraben/Verpflanzen, nachfolgende Pflege). Insbesondere können Probleme durch Wurzelverluste entstehen, mittels Wurzelsuchgrabungen lässt sich dieses Risiko meist zuvor abschätzen. Die Vorbereitungen sollten möglichst ein bis zwei Vegetationsperioden vor dem Verpflanzen beginnen. Das Anwachsrisiko eines großen verpflanzten Baumes ist i. d. R. größer als bei kleineren, da die Anpassung an den neuen Standort bzw. die veränderte Umwelt umso schwieriger wird, je älter ein Baum ist.

*Großbaumverpflanzung einer Winter-Linde*

## Grünastabbruch

Besonders einzelne Silber-Ahorne und Pappeln neigen gelegentlich zum Abbruch grüner (belaubter) Starkäste ohne äußerlich erkennbare Einwirkung wie Sturm o. ä. Dies kann beispielsweise nachmittags an vollkommen windstillen Sommertagen geschehen, besonders in warm-trockenen Perioden. Es wird vermutet, dass das Abbrechen durch die Abnahme des Wassergehaltes im Astholz initiiert wird, das dann an mechanischen Schwachstellen abbricht. Grünastabbrüche sind nicht vorhersehbar.

*Grünastabbruch an einer Kanadischen Bastard-Schwarz-Pappel*

## Grüne Zweige

Grüne Zweige zeigen durch ihre Farbe, dass sie zur ▶ Photosynthese in der Lage sind. Bekannte Beispiele sind der Besen-Ginster und unter den Baumarten Ebereschen, Eschen und Linden. Untersuchungen haben ergeben, dass der Anteil der Zweig-Photosyntheseleistung solcher Arten zwar über das ganze Jahr gesehen relativ gering ist, sie aber erhebliche Bedeutung im Winterhalbjahr, vor dem Austreiben im Frühjahr oder nach Trockenperioden im Sommer haben kann, wenn die Blätter abgeworfen worden sind bzw. nach Regenperioden wieder Photosynthese möglich wäre.

Bei vielen Baumarten sind die Triebe im jungen Zustand zunächst grün und verfärben sich dann im zweiten Jahr, womit auch die Möglichkeit der Zweigphotosynthese verschwindet. Sie ist ja aber weiterhin an den danach neu erscheinenden jungen Trieben möglich.

*Grüne Zweige an einer Sommer-Linde*

## Grüner Blattfall

Baumarten wie die Erle, die wegen der ▶ Wurzelknöllchen nie an Stickstoffmangel leiden, werfen ihre Blätter oft ohne jede Verfärbung grün ab. Denn sie können sich den Aufwand sparen, den grünen Blattfarbstoff (▶ Chlorophyll) vor dem Blattfall abzubauen. Dies tun andere Baumarten, um den im Chlorophyll enthaltenen Stickstoff (und das Magnesium) in den Zweigen zu deponieren und im Frühjahr beim Austreiben sofort wieder am Ort des Bedarfes zur Verfügung zu haben. Die Ursache für die ständige gute Stickstoffversorgung der Erle ist die Tatsache, dass an ihren Wurzeln Bakterien mit dem Baum in ▶ Symbiose leben, die den (auch im Boden reichlich vorhandenen) Luftstickstoff binden und nutzbar machen können, so dass daran kein Mangel mehr herrscht. Wenn aber das Chlorophyll nicht abgebaut wird, verfärben sich die Blätter nicht auffallend.

*Grüner Blattfall der Schwarz-Erle*

## Harfenbaum

„Harfenbäume" entstehen durch Schiefstellung im höheren Alter. Dann treiben auf der Stamm-/Astoberseite schlafende Knospen aus, was im Extremfall wie auf dem Foto zu einer dichten Galerie aufrechter kleiner „Einzelbäumchen" führen kann. Damit verschafft sich der Baum die Möglichkeit, auf die veränderte Situation zu reagieren (s. ▶ Reiterationen) und den Luftraum besser auszunutzen, sich also letztlich gegen Konkurrenten durchzusetzen. Hier spielt auch ein veränderter ▶ Hormonspiegel nach der Schiefstellung eine Rolle, da die Hemmwirkung der dominierenden Zweigspitzen auf die Knospen nachlässt – sie hatten zuvor deren Austreiben verhindert (s. ▶ Apikaldominanz).

Harfenbaum: eine Knack-Weide

## Harz/Harzkanäle

Harz ist ein zähflüssiger, klebriger Inhaltsstoff vor allem vieler Nadelbaumarten, der besondere wundbiologische Bedeutung hat. Durch Verharzen von Organen wie z. B. ▶ Zapfen und von Wundrändern wird der Befall mit Schädlingen, vor allem Insekten, wirkungsvoll verhindert (antibiotische Wirkung). Harz ist bei den meisten Nadelbaumarten und wenigen Laubbaumarten im Holz, in der Rinde oder in den Nadeln (oder in allen drei Bestandteilen) vorhanden und wird in speziellen Harzkanälen gebildet und transportiert. Verwundung forciert bei solchen Baumarten die Harzkanalbildung (traumatische Harzkanäle). Die industrielle Harznutzung war in früheren Jahren weit verbreitet, um das Harz für Produkte zu gewinnen, die inzwischen synthetisch hergestellt werden oder für die das Harz jetzt in anderen Ländern gewonnen wird. Man erkennt heute noch in vielen Kiefernbeständen am Stamm die frühere Harznutzung, da die Rinde in charakteristischen V-förmigen Kerben entfernt wurde. Auf dem Bild ist eine von Spechten bearbeitete Kiefer zu sehen, die darauf mit Harzaustritt reagiert hat.

Harzkanäle: Austritt von Harz an einer Gemeinen Kiefer nach Spechtbearbeitung

## H/D-Wert

Als H/D-Wert bezeichnet man das Verhältnis von Höhe zu Durchmesser (an der Stammbasis in Brusthöhe) eines Baumes oder Länge zu Basisdurchmesser eines Astes. Dieser Wert kann in Beständen Werte von 100 erreichen (z. B. eine 20 m hohe Plantagen-Pappel mit einem Stammdurchmesser von 20 cm), oder bei frei stehenden sehr alten Bäumen auch 10 betragen (z. B. eine 20 m hohe Alt-Eiche mit einem Stammdurchmesser von 2 m). Der H/D-Wert ist ein Maß für die ▶ Abholzigkeit eines Stammes/Astes und gibt eingeschränkt Auskunft, wie sturmsicher der Baum ist (je niedriger der Wert, desto größer die Sicherheit, die aber noch stärker von anderen Faktoren abhängt). Allerdings lässt sich hierfür kein Grenzwert für eine ausreichende ▶ Bruch- oder ▶ Standsicherheit festlegen, selbst wenn als solcher gelegentlich ein H/D-Wert von 50 genannt wird.

*H/D-Wert von 20 eines alten Berg-Ahorns*

## Herkunft/Herkunftsgebiet

Als Herkunft oder Provenienz von Bäumen wird die Region, das Gebiet oder der Ort bezeichnet, wo sie aufgewachsen sind. Das Herkunftsgebiet kann erhebliche Auswirkungen für die Verwendung haben, da bestimmte Herkünfte z. B. an Winterfröste, Spätfröste, Trockenperioden oder ▶ Pathogene besser ▶ angepasst sind als andere (je nach Klima ihres natürlichen Areals). Die Verwendung bestimmter Herkünfte ist im Wald und in der freien Landschaft in vielen Ländern (z. T. einzelnen Bundesländern) gesetzlich geregelt. Gerade unter dem Aspekt des ▶ Klimawandels erhält dieser Begriff eine neue Aktualität, die zu diskutieren ist. Besonders bekannt bei Waldbaumarten ist die Bedeutung der Herkunftswahl bei Europäischer Lärche (vier völlig voneinander getrennte Herkunftsareale: Alpen-, Tatra-, Polen- und Sudeten-Lärche) und Douglasie (drei höhenzonale Herkünfte: Grüne, Graue, Blaue Douglasie).

## Herzwurzel s. ▶ Wurzeltypen

## Heterophyllie

Bei einer Reihe von Baumarten kann man an ein und derselben Pflanze sehr unterschiedliche Blattformen finden, ein Beispiel ist die Stechpalme mit ganzrandigen und gezähnten Blättern. Was zunächst wie eine Spielerei der Natur aussieht, kann Bedeutung für das Überleben haben. Bei der Stechpalme hat sich z. B. gezeigt, dass die Blätter vor allem im unteren Kronenbereich gezähnt sind und sich die Art damit erfolgreich vor Verbiss schützen kann. Das funktioniert allerdings nur, wenn die Blätter ausgereift sind – beim Austreiben werden sie trotzdem verbissen, da sie dann noch sehr weich sind. Solche Verschiedenblättrigkeit kann also Anpassung (Schutz) sein, aber auch Folge einer unterschiedlichen Belichtung oder Entstehungsgeschichte der Blätter (in der Knospe). An Jahrestrieben frei wachsender Baumarten (z. B. Pappel) kann man unterschiedliche Formen von ▶ Frühblättern und Spätblättern unterscheiden, oder beim Efeu sog. Jugend- und Altersblätter – letztere entwickeln sich erst, wenn die Pflanze in höherem Alter blüht.

Heterophyllie an Blättern der Stechpalme

## Heterosis

Heterosis bezeichnet die Befähigung von Hybriden zur, verglichen mit den Elternarten, ausgeprägteren oder leistungsstärkeren Ausbildung eines strukturellen oder funktionellen Merkmals (z. B. des Stammwachstums). Sie ist besonders für die erste Tochtergeneration bestimmter Pappelkreuzungen bekannt.

## Hexenbesen

Als Hexenbesen bezeichnet man durch Pilze, Bakterien oder Mutationen hervorgerufene Wuchsanomalien, die zu solchen Strukturen in der Krone wie im Foto führen: Durch das ▶ Pathogen wird eine Miniaturisierung der Verzweigung hervorgerufen, da sich auf engstem Raum ungewöhnlich viele Knospen entwickeln, die anschließend austreiben. Für den Baum ist der Schaden relativ gering, lediglich an den betroffenen Ästen kommt es zu Zuwachsveränderungen. Andere Formen solcher „Mutationen" sind Knospen- und Zapfensucht (eine anormale Häufung von Knospen oder ▶ Zapfen) und ▶ Verbänderungen, bei denen benachbarte Austriebe miteinander verwachsen und so verbunden das Längenwachstum erfolgt. Im Gartenbau vermehrt man solche Anomalien häufig vegetativ, um begehrte Gartenformen zu züchten.

Hexenbesen an einer Sand-Birke

## Hitzestress/Hitzeschäden

Baumarten der gemäßigten Klimazone erleiden spätestens bei Organtemperaturen von ca. 50 °C irreversible Hitzeschäden, das Ausmaß der Hitzetoleranz hängt dabei i. d. R. vom Lebensraum ab, in dem sich die Baumart entwickelt hat (s. ▶ Herkunft). Schattenpflanzen können schon bei 40 °C geschädigt werden. Bedeutsam sind kleinräumige, mikro-klimatische Überhitzungen in Bodennähe bis über 60 °C, etwa über Geröll- und Sandböden, meist begünstigt durch südexponierte Hanglagen, oder im thermischen Abstrahlungsbereich von Beton- oder Asphaltoberflächen. Besonders gefährdet sind Sämlinge von ▶ Pionierarten auf dunklen Böden. Vermeidung von Hitzestress wird erzielt u. a. durch eine Änderung der Blattstellung, etwa durch „Hängenlassen" der Blätter (Senkung der Einstrahlungsdichte, z. B. bei Vogel-Kirsche) oder ihr Einrollen („Rollblätter", Senkung der Aufnahme von Strahlungsenergie und damit Erhitzung, z. B. bei Buche). Ähnliche Wirkung zeigen ▶ weiße Rinde (Birke) und weiß-silbrige Blattbehaarung (Mehlbeere) oder eine glänzende ▶ Cuticula (Buchsbaum), die jeweils das Sonnenlicht reflektieren, bevor es in die Blätter eindringt und diese aufheizt. Sofern die Wasserverfügbarkeit es zulässt, können auch hohe Transpirationsraten durch Verdunstungskühlung die Blatt-Temperatur senken, und auch kleine Blattdimensionen und bestimmte Blattformen (z. B. Nadeln, Schuppen- und Fiederblätter, Schlitzblättrigkeit/starke Lappung) und Blattbewegung (Zitter-Pappel) erleichtern die Abgabe von Wärmeenergie durch Windbewegung an die Umgebungsluft.

## Hochblätter

Hochblätter wie z. B. beim Taschentuchbaum sollen Blütenblätter vortäuschen, um Insekten besser anzulocken und zu lenken. Dieses Phänomen ist bekannt von der Zimmerpflanze Weihnachtsstern, bei dem es die roten Blätter sind, die genau genommen gar nicht zur Blüte gehören. In solchen

*Hochblätter des Taschentuchbaumes*

Fällen handelt es sich vielmehr um Laubblätter, die im Blütenstandsbereich durch auffällige (beim Taschentuchbaum weiße) Färbung Aufmerksamkeit erregen. Der „richtige" Blütenstand ist im Foto in der Mitte zwischen den Hochblättern als kleines Köpfchen zu erkennen und eher unauffällig. Solche Gehölze sind in Gärten relativ attraktiv, da sie viel länger „blühen" – die Hochblätter sind lange Zeit so auffallend gefärbt, und das Gehölz kann über und über mit ihnen verziert sein.

## Hohler Stamm

Man könnte meinen, dass ein hohler (oder innen fauler) Stamm in jedem Falle ein Risiko für die ▶ Bruchsicherheit von Bäumen sein muss. Hingegen zeigen eingehende Berechnungen, Untersuchungen und Beobachtungen, dass dies nicht zutrifft. Das kann man sich am Pariser Eiffelturm und an jedem Grashalm sofort klarmachen, denn auch 3 m hohe Gräser (z. B. Schilf oder Bambus) überstehen Stürme problemlos, obwohl sie weitgehend hohl sind. Auch Bäume streben an, mit einem Minimum an Aufwand und Material ein Maximum an Bruchsicherheit zu erreichen. Dafür reicht es meist, wenn der äußere Holzmantel noch einen bestimmten Mindestdurchmesser erreicht (10–30 %) und intakt ist (s. ▶ Restwandstärke).

*Hohler Stamm einer Kanadischen Hemlocktanne*

## Holz Arbeitsteilung

Als Holz (Xylem) wird der Teil eines Stammes/Astes bezeichnet, der sich innerhalb des ▶ Kambiums befindet, da die Zellen vom Kambium nach innen abgegliedert wurden. Es hat vielfältige Funktionen und Aufgaben. Die erste ist die Leitung von Wasser und der darin gelösten ▶ Nährstoffe und ▶ Hormone von der Wurzel aufwärts in die Krone. Dafür sind spezialisierte Leitungselemente und -bahnen zuständig (s. ▶ Gefäße, ▶ Tracheiden). Die zweite ist die mechanische Funktion, die Krone zu tragen und möglichst hoch in den Luftraum zu exponieren. Dafür sind Bestandteile des Holzkörpers wichtig, die Zug- und Druckfestigkeit ermöglichen (vor allem ▶ Zellulose und ▶ Lignin in den Zellwänden). Außerdem hat der Holzteil des Stammes zeitweise die Funktion der Wasser- und Stoffspeicherung (s. ▶ Wasserspeicher Stamm). So wird er als Zwischenspeicher im Jahreslauf, Depot für Krisenzeiten, Quelle von Abwehrstoffen und als Entschlackungsdepot genutzt. Für den Quertransport zwischen Rinde und Holz und innerhalb des Holzes sind die Strahlen (s. ▶ Holzstrahlen) zuständig, die im Stamm horizontal von innen nach außen verlaufen.

## Holzanatomie

Es gibt drei verschiedene holzanatomische Möglichkeiten für Bäume, mit den Anforderungen zur Sicherung der Wasserversorgung umzugehen, die bei Nadelholz (im Foto oben) sowie ▶ ringporigem (unten links) und ▶ zerstreutporigem Laubholz realisiert sind. Der entscheidende Unterschied dabei ist einerseits die Dimension der größten Wasserleitungselemente, und andererseits ihre Verteilung über den Stammquerschnitt (s. ▶ Ring- und Zerstreutporer). Dabei gilt grundsätzlich: je größer die Leitungsdurchmesser sind, desto effektiver ist die Leitung, aber zugleich wird auch das Risiko von Embolien bei Trockenstress entsprechend größer. Es hängt also u. a. von der Verbreitung einer Baumart ab, ob sie eher auf Effizienz und Schnelligkeit oder auf Sicherheit setzen muss. Schnelligkeit muss langfristig nicht effektiv sein, wenn auf trockenen Standorten z. B. zu häufig ▶ Embolien auftreten.

*Holzanatomie: Stammscheiben eines Nadelbaumes (Lärche, oben), Ringporers (Esche, unten links) und Zerstreutporers (Birke, unten rechts)*

## Holzfäule s. ▶ Braunfäule, ▶ Moderfäule, ▶ Weißfäule

## Holzparenchym s. ▶ Parenchym

## Holzstrahlen

Die in radialer Richtung verlaufenden Holzstrahlen dienen der Stoffleitung und ▶ Speicherung (z. B. Austausch zwischen Rinde und Holzteil) sowie nach neueren Erkenntnissen auch der mechanischen Stabilität des Baumes. Verlaufen sie bis ins Mark des Stammes/Astes, bezeichnet man sie als Markstrahlen. Vgl. auch ▶ Bast.

## Hormone

Hormone entscheiden über die Wuchsform eines Baumes, also über die Wachstumsrichtung von Zweigen und steuern z. B. das Austreiben von Knospen, die Fruchtreife und den Blattfall. Die wichtigsten Bildungsorte dieser pflanzlichen Botenstoffe sind Zweig- und Wurzelspitzen. So werden im Wipfeltrieb und dort speziell an der Sprossspitze Hormone produziert, die zum einen verhindern, dass die Seitenknospen schon im laufenden Jahr austreiben und dadurch dem Wipfeltrieb Konkurrenz machen könnten (▶ Apikaldominanz). Mit demselben Ziel bewirken diese Hormone außerdem ein Herabdrücken der Seitenzweige (▶ Apikalkontrolle). Dies erfolgt unterschiedlich erfolgreich, da die Kombination verschiedener Hormone und ihr Verhältnis zueinander am Ort in der Krone entscheidend sind. Die wichtigsten Hormongruppen, ihre Bildungsorte (in Klammern) und ihre Funktionen sind:
– Auxine (in Knospen, Sprossspitzen, jungen Blättern): Apikaldominanz und -kontrolle, Fruchtentwicklung, Kambiumaktivität;
– Cytokine (in Wurzelspitzen): Zellteilung, Austreiben von Seitenknospen, Verzögerung der Blattalterung;
– Ethylen (in reifenden oder alternden Geweben): Fruchtreife, Blatt- und Blütenalterung, Blatt- und Fruchtfall;
– Abscisinsäure (in reifen Blättern und Wurzeln): Spaltöffnungsschluss, Blatt- und Fruchtfall, Embryoentwicklung;
– Gibbbereline (in jungen Sprossgeweben): Längenwachstum, Samenkeimung, Blüteninduktion.

## Hydraulic Lift

Eine besondere Situation existiert bisweilen kleinräumig im Bodenraum, wenn ein Wasserfluss von tiefen Bodenhorizonten durch das Wurzelsystem von Holzpflanzen hindurch in oberflächennahe Bodenhorizonte auftritt. Dies erfolgt vor allem nachts bei eingeschränkter ▶ Transpiration des Sprosses, wenn zunächst Wasser aus den tieferen Bodenbereichen in das Wurzelsystem einströmt. Ist gleichzeitig das ▶ Wasserpotenzial der oberen Bodenbereiche niedriger (negativer) als das der unteren und der Wurzel, so kann Wasser aus den oberflächennahen Wurzeln in die oberen Bodenhorizonte austreten. Es kommt dann dort demzufolge zu einer Fließrichtungsumkehr des Wassers von den Grobwurzeln in die Feinwurzeln – also umgekehrt als sonst typisch. Die Holzpflanze legt sich auf diese Weise einen externen Wasserspeicher im Oberboden an, der von ihr tagsüber durch die ▶ Feinwurzeln für die Transpiration des Sprosses genutzt werden kann, allerdings gleichzeitig auch von anderen, konkurrierenden Pflanzen mit flachem Wurzelsystem. Dieses Phänomen bezeichnet man als „hydraulic lift" (oder „diurnale Wasserhebung"). Es ist besonders effektiv in ariden Gebieten oder Perioden, in denen der Oberboden stark austrocknet und dann ein sehr niedriges Wasserpotenzial aufweisen kann.

## Hydraulische Architektur

Die Wassermenge, die ein Baum in seinen Leitungsstrukturen transportiert, hängt davon ab, wie stark der Verdunstungsanstoß an den Blättern ist, wie groß die verdunstende Fläche ist, wie viel Wasser zur Verfügung steht und aufgenommen werden kann und wie gut dieses Wasser zu den Orten des Verbrauchs geleitet werden kann. Das Zusammenwirken der Wasser aufnehmenden, transportierenden und abgebenden Strukturen des Baumes beschreibt seine hydraulische Architektur. Damit fasst man alle Parameter im Baum zusammen, die für den ▶ Wassertransport bedeutsam sind. Dazu gehören Durchmesser, Anordnung und Leitfähigkeit der Transportstrukturen (▶ Tracheiden, ▶ Gefäße). In Bäumen unterscheiden sich die Leitungswiderstände des ▶ Xylems zwischen Grobwurzeln und Stamm wenig, sie steigen jedoch in Richtung Astachsen und Blattstielen an. Dieses Muster ist Ausdruck der hydraulischen Architektur und ein Merkmal der „Betriebssicherheit" des ▶ Langstreckentransportes für Wasser: Da das Risiko der ▶ Emboliebildung bei Trockenstress stets gegeben ist, wird diese möglichst in periphere Baumorgane gelenkt, also in Zweige und Blattstiele. Der resultierende Verlust durch Austrocknung und Abwurf kann vergleichsweise leicht (relativ zu Stamm und Grobwurzeln) durch Neuaustrieb wieder ersetzt werden (s. ▶ Absprünge, ▶ Eidechsenprinzp, ▶ gefiederte Blätter).

## Hypotonie

Bei vielen Baumarten werden, so erstaunlich das zunächst klingen mag, überwiegend die astunterseitigen Seitenzweige höherer Ordnung gefördert. Dies sind nämlich zugleich die nach außen weisenden, weshalb man diese Erscheinung als Hypotonie (oder Exotonie) bezeichnet. Sie entsteht durch die Tatsache, dass bei einer Baumkrone freier Luftraum nur außen vorhanden ist (wenn der Baum frei steht). Denn oberhalb ist immer die darüber befindliche eigene, Schatten werfende Krone – es hätte wenig Sinn, dorthin vorzugsweise die Verzweigung zu entwickeln und damit in der eigenen Krone zu unterliegen. Also werden die größten Blätter und die längsten Seitenzweige nach unten/außen entwickelt, um dort den freien Luftraum zu erobern bzw. zu nutzen. Besonders ausgeprägt ist das Phänomen bei Ahorn und Rosskastanie.

*Hypotonie an einem Berg-Ahorn*

## Immergrüne/Wintergrüne

Als immergrün bezeichnet man Baumarten, deren Blätter länger als ein Jahr (mindestens bis zum zweiten Winter) am Baum bleiben. Bei Wintergrünen bleiben sie bis in den ersten Winter hinein erhalten. Die meisten Nadelbaumarten sind immergrün (Ausnahmen z. B.: Lärche, Sumpfzypresse, Urweltmammutbaum). Immergrüne Laubbaumarten (z. B. Stechpalme, Buchsbaum) haben Vorteile in wintermilden Regionen, besonders wo die Sommer so heiß und trocken sind, dass sie nur zeitweise für die ▶ Photosynthese genutzt werden können (wie z. B. im Mittelmeerraum). Winter- und immergrüne Bäume können so auch warme Perioden im Winterhalbjahr ausnutzen, die dort über das gesamte Jahr betrachtet ebenfalls wichtige Zeiträume für die Photosynthese darstellen. Solche Laubbaumarten deuten daher auf ein Verbreitungsgebiet auch oder schwerpunktmäßig in wärmeren oder zumindest wintermilden Gebieten hin. Die ▶ Frosthärte ist bei diesen Arten oft geringer, da für den Frostschutz der Blätter Aufwand notwendig ist. Bei regelmäßig tiefen Wintertemperaturen sind ▶ Blattfall oder ▶ nadelförmige Blätter der beste Schutz vor Frostschäden.

*Immergrüner/wintergrüner Laubbaum: eine Stechpalme*

## Innenwurzeln

An sehr alten Bäumen kann man häufig beobachten (z. B. bei Linde, Eibe), dass sich im hohlen und/oder faulen Stamminneren Innenwurzeln gebildet haben, die in einer Höhe von bis zu 3 m am noch intakten Innenmantel des Stammes entspringen und im Halbdunkel des Hohlraumes bzw. im faulen Holz nach unten gewachsen sind. Falls sie schließlich die Erde erreichen, führen sie zur sekundären Bewurzelung des Stammmantels und sorgen zusätzlich für seine Stabilisierung und Wasser-/Nährstoffversorgung. Diese ▶ Adventivwurzeln haben also durchaus wichtige Funktionen für die komplizierten Stoffwechselvorgänge in solchen Baumgreisen. Sie sind vor allem bei alten Linden häufig zu finden und mit ein Grund, warum gerade Linden so alt werden können.

*Innenwurzeln im hohlen Stamm einer alten Winter-Linde*

## Insektenbestäubung

Insektenbestäubung ist von Vorteil in Situationen, in denen viele Baumarten miteinander auf engem Raum gemischt vorkommen. Dann muss nur wenig Pollen produziert werden, und dieser wird gezielt zum richtigen Zeitpunkt zu anderen Bäumen derselben Art gebracht, da Insekten an einzelnen Tagen vorzugsweise dieselbe Art aufsuchen. Dafür muss der Blütenbesuch durch Nektar oder ▶ Pollen attraktiv gemacht und das Auffinden durch auffälligere Schauapparate (große farbige Blütenblätter u. ä.) oder Duft erleichtert werden. Insektenbestäubung ist in wärmeren Regionen, vor allem in den Tropen dominant: in dortigen Regenwäldern kommen oft Hunderte von Arten auf engstem Raum vor, die einzelne Art jedoch nur in wenigen Exemplaren. Dann wäre ▶ Windbestäubung aussichtslos. Zwischen Blüten und Tieren haben vielfältigste bemerkenswerte Anpassungen aneinander stattgefunden (s. ▶ blütenökologische Anpassung).

*Insektenbestäubung an einer Süß-Kirsche*

## Internodien

Als Internodium bezeichnet man den Abschnitt der Sprossachse zwischen zwei Blattansatzstellen (Knoten, Nodium). Gelegentlich werden damit auch bei Nadelbäumen die Abstände von Seitenast zu Seitenast bezeichnet, was aber botanisch nicht korrekt ist.

*Internodien am Trieb einer Sommer-Linde*

## Jahrringe

Durch die saisonale Aktivität des ▶ Kambiums wird in den gemäßigten Breiten meist in jedem Jahr ein Jahrring gebildet. Die Jahrringgrenzen werden durch den abrupten Übergang von dickwandigen, englumigen Zellen des ▶ Spätholzes zum ▶ Frühholz markiert.

*Jahrringe einer Kanadischen Hemlocktanne*

## Jahrringbreite

Die Jahrringbreite hängt von der Summe bzw. Kombination der im Vorjahr und laufenden Jahr einwirkenden Umweltfaktoren ab. Sind diese für das Wachstum günstig, wird ein breiter ▶ Jahrring ausgebildet – sind sie ungünstig, fällt er schmaler aus. Jahrringbreiten dokumentieren so für immer die ökologischen Verhältnisse, unter denen ein Baum in einem bestimmten Jahr gewachsen ist. Aus der Abfolge der Jahrringbreiten in einem Stamm lassen sich daher unter gewissen Voraussetzungen und bei Berücksichtigung von Randbedingungen ablesen: die ▶ Konkurrenz- und Lichtverhältnisse, die Klima- und Witterungsbedingungen, Schädlingsbefall und Katastrophen, Beschädigungen und waldbauliche Maßnahmen. Außerdem lässt sich so neben seiner Lebensgeschichte natürlich auch das Alter eines Baumes sicher bestimmen (wenn der Stamm im Inneren nicht hohl ist). Vgl. ▶ Dendrochronolgie, ▶ Dendroökologie.

## Johannistriebe

Als Johannistrieb bezeichnet man das erneute Austreiben von Zweigen ab Ende Juni (Johannistag: 24. Juni). Es erfolgt bei optimalen Bedingungen, um diese auszunutzen (viel Licht, genügend Wasser u. ä.). Besonders bekannt ist die Erscheinung bei den Eichen, aber auch bei anderen Baumarten kommt es in der Jugend häufig zu einem solchen zweiten Austrieb im Jahr. Johannistriebe treten nur bei Baumarten mit ▶ gebundenem Wachstum auf, die ihren Frühjahrstrieb bereits nach weni-

*Johannistriebe an Mitteleuropäischer Eiche*

gen Wochen beendet haben. Oft erkennt man die Johannistriebe an der helleren Zweigfarbe oder ihrer starken Behaarung. Da alle Blätter im Foto direkt am Zweig sitzen (auch die unten im Bild), muss der untere Zweigabschnitt der Frühjahrstrieb des laufenden Jahres sein und kann bei einer sommergrünen Art nicht vom Vorjahr stammen.

## Jugend- und Altersblätter

Bei einigen Baumarten treten sog. Jugend- und Altersblätter auf, die sich in der Form und z. T. auch in der Blattstellung unterscheiden und ein Typ der ▶ Heterophyllie sind. Das ist z. B. bei Eukalyptus sowie einigen Wacholder- und Araukarienarten der Fall und auch beim Efeu. Die Altersblätter erscheinen i. d. R. an älteren blühenden und voll besonnten Individuen. Beim Blauen Eukalyptusbaum bestehen zwischen Blättern an alten und an jungen Trieben erhebliche Unterschiede: Die auffallend blau gefärbten, eilanzettlichen bis eiförmigen Blätter des Jugendstadiums findet man bei Jungbäumen bis ins Heisterstadium (ca. 1,5 m Höhe) sowie bei Stockausschlägen und Wasserreisern. Sie stehen an vierkantigen Trieben, sind 8–16 cm lang, 4–8 cm breit, haben eine herzförmige Spreitenbasis, kaum erkennbare Blattnerven, sind ungestielt bis Stängel umfassend und gegenständig. Blätter älterer Triebe sind ebenfalls ganzrandig, aber sichelförmig, 3–4 cm lang gestielt, wechselständig angeordnet und haben deutlich erkennbare Blattnerven.

*Jugend- und Altersblätter am Virginischen Wacholder (oben schuppenförmige Altersblätter, unten nadelförmige Jugendblätter während der Umwandlungsphase)*

Kadaververjüngung s. ▶ Ammenverjüngung

## Kältestress

Laubbäume der gemäßigten Klimazone sind weniger kältetolerant (–25 bis –35 °C) als Nadel- und Laubbäume hoher Breiten/Lagen. Das Ausmaß der Kältetoleranz hängt von der Höhenlage und Klimazone ab, in der sich eine Pflanzenart entwickelt hat (s. ▶ Herkunft). Daher erleiden tropische Holzpflanzen der Tieflagen meist schon zwischen +5 und –2 °C Kälteschäden. Bereits unterhalb von 5 °C beeinträchtigen tiefe Temperaturen die Funktion von Pflanzen, z. B. durch die Viskosität des Wassers – alle chemischen Prozesse verlaufen langsamer. Selbst wenn Wasser bei vielen Baumarten in einigen Geweben auch bei Temperaturen unter 0 °C noch flüssig ist, so gefriert es bei andauernd niedrigen Temperaturen letztlich meist doch. Die Eisbildung beginnt außerhalb der Zellen und entzieht diesen Wasser, so dass diese Art von Frostschäden mit ▶ Trockenschäden vergleichbar ist. Eine für die Zelle tödliche Komplikation des Kältestresses bedeutet Eisbildung im Protoplasten, falls vor allem die Wasser gefüllte ▶ Vakuole gefriert: Die Volumenzunahme bei Eisbildung zerstört dann die Membransysteme und zerreißt die Zelle. Besondere Situationen sind Frühfröste im Herbst und Spätfröste im Frühjahr, die zu Schäden führen können, wenn die Abhärtung noch nicht weit genug bzw. das Austreiben schon zu weit fortgeschritten sind. Vgl. ▶ Frosttrocknis.

*Kältestress an Berg-Ahorn im Hochgebirge*

## Kätzchen

Kätzchen sind die optimierte ▶ Blütenstandsform für frühe Blütezeitpunkte im Jahr. Der kompakte Blütenstand kann zusammengezogen frei sichtbar (nackt) oder in separaten Knospen überwintern, und schon eine geringfügige Streckung sorgt für die Bestäubungsfähigkeit und das Hervortreten der Blüten. Zu diesem Zeitpunkt behindern noch keine Blätter den Pollentransport durch den Wind. Kätzchen sind daher vor allem bei ▶ windbestäubten Baumarten weit verbreitet, aber auch bei einigen ▶ insektenbestäubten vorhanden, z. B. einer Reihe von Weidenarten. Die Einzelblüten sind relativ klein und unscheinbar, und die bei einigen Arten auffällige Färbung der Kätzchen kommt durch die Farbe der Staubbeutel zustande. Auf große Schauapparate durch Blütenblätter wird verzichtet.

*Kätzchen der Schwarz-Erle*

## Kallus

Als Wundgewebe (Kallus) werden undifferenzierte, ▶ parenchymatische Zellkomplexe mit ungerichtetem Wachstum nach einer Verwundung bezeichnet, die i. d. R. aus dem ▶ Kambium entstehen. Kallus entsteht an Wundrändern durch intensive Zellteilungen, die Zellen sind dünnwandig und rundlich. Nach einer gewissen Zeit beginnen sich die Zellen in verschiedene Gewebe zu differenzieren (z. B. Kambium, ▶ Korkkambium, ▶ Xylem, ▶ Phloem). Die mechanische Verletzung eines

*Kallus an Schwarz-Pappel um eine Astschnittwunde*

Baumes bis in den Holzkörper löst eine Überwallung der Wundfläche mit ▶ Kallus von den Seiten her aus. Durch intensive Zellteilungen der Randgewebe vor allem des Kambiums bildet sich ein Wulst (sog. Wundkallus), der sich über die Wunde schiebt und sie im besten Fall wieder schließt (oft erst nach Jahren). Dabei ist meist zu beobachten, dass dieser Prozess am Stamm vor allem von den Rändern rechts und links der Wunde her einsetzt und voranschreitet. Hingegen klappt es längst nicht so gut am oberen und vor allem am unteren Rand, da die seitlichen Ränder besser mit ▶ Assimilaten versorgt werden, was für die Zellteilung wichtig ist. Außerdem sind dies auch für die Zugfestigkeit die wichtigsten Bereiche. Daher sind die Wundränder rechts und links der Beschädigung für eine schnelle Überwallung besonders wichtig und müssen intakt sein. In Stammrichtung ovale Wundformen werden schneller überwallt als horizontale derselben Größe. Vgl. ▶ Flächenkallus.

## Kambium

Unter der Rinde verbirgt sich bei den Baumarten der gemäßigten Breiten an der Grenze zum Holz ein hoch spezialisiertes Gewebe, das für das ▶ Dickenwachstum, die ▶ Jahrringbildung und Zelldifferenzierung sorgt – das Kambium. Es ist mit dem bloßen Auge höchstens indirekt als feine Grenze zwischen Rinde und Holz sichtbar, da es nur aus einer bis wenigen Zelllagen besteht. Bei ausreichender Temperatur und Wärme teilen sich diese Zellen fortwährend parallel zur Rindenoberfläche und gliedern nach innen spezialisierte Holz- und nach außen Rindenzellen ab. Verletzungen bzw. Schäden des Kambiums wirken sich demzufolge auf Holz- und Rindenbereiche aus. Die Steuerung der Zellteilungen erfolgt durch den Wasser-, Zucker- und ▶ Hormongehalt der angrenzenden Leitgewebe, vor allem des ▶ Bastes. Durch die Zellabgliederung nach innen zum Holz wandert das Kambium selbstständig nach außen und muss daher fortwährend seinen Umfang erweitern.

*Kambium an Kanadischer Hemlocktanne (über Bildmitte, oberhalb des jüngsten Jahrringes)*

## Kammfichten

An Fichten kann man verschiedene Verzweigungstypen unterscheiden: bei der Kammform (Foto) hängen die Seitenzweige höherer Ordnung schlaff und lang herab, beim Bürstentyp sind sie rundherum um die Hauptzweige angeordnet und beim Plattentyp überwiegend waagerecht beidseitig der Hauptäste ausgerichtet. Z. T. ist diese Differenzierung vererbt. Sie kann aber durch die Umwelt grundlegend modifiziert werden: „Lamettafichten" (ausgeprägte Kammfichten) wird man nie in Wind exponierten Lagen antreffen, da dort die herabhängenden Seitenzweige vom Wind abgeschlagen würden. Ein anderer wesentlicher Einflussfaktor ist Schnee, der bei regelmäßigem und reichlichem Auftreten Bürstenfichten wegen der größeren Auflagefläche eliminiert und zu Astbruch führen kann. Hier greifen also Vererbung und Umwelteinflüsse ineinander.

*Kammfichte: kammförmig herabhängende Seitenzweige höherer Ordnung an Seitenästen der Fichte*

## Kampfzone

In der Kampfzone kämpfen Bäume um ihr Überleben. Dies sieht man ihnen i. d. R. an ihrem krüppelförmigen Wuchs an, oft erreichen sie dann nur eine geringe Größe (s. ▶ Zwergenwuchs). Immer wieder sterben einzelne Äste ab, neuer Austrieb ersetzt die Verluste teilweise. Solche Kampfzonen gibt es vor allem im Hochgebirge und an Wind exponierten Küstenstreifen, aber auch an anderen ▶ Baumgrenzen. Bisweilen schützen sich die Bäume gegenseitig durch Gruppenbildung (s. ▶ Rottenstruktur).

*Kampfzone mit Gemeiner Fichte im Hochgebirge (in ca. 2000 m Seehöhe)*

## Kappung

Als Kappung wird ein unsachgemäßes, Baum zerstörendes Absetzen der gesamten Krone ohne Rücksicht auf den Habitus oder baumbiologische Erkenntnisse bezeichnet. Es handelt sich um keine fachgerechte ▶ Baumpflegemaßnahme, sondern um das Verstümmeln von Bäumen mit der Folge einer verringerten Lebenserwartung und eines erheblichen dauerhaften Pflegeaufwandes, da sie zu deutlichem Fäulefortschritt im Stamm und zum Absterben von Wurzeln führt (s. ▶ Kappungs-Reaktion). Vgl. ▶ Kopfbäume.

*Kappung alter Winter-Linden (Verstümmelung und in Folge erhebliche Stammfäule)*

## Kappungs-Reaktion

Auf ▶ Kappung reagieren Bäume sehr unterschiedlich. In jedem Fall wird dadurch die zwischen Wurzel und Krone sowie Blattmasse und leitender Stammfläche bestehende Beziehung vollkommen gestört, und der Baum braucht Jahre (bis Jahrzehnte), um diesen Schaden wieder zu kompensieren. In den meisten Fällen wird es in der Folge zu erheblicher Fäuleentwicklung kommen (aufgrund der großen Schnittflächen und deren fehlender Versorgung von oben mit ▶ Assimilaten und von unten mit Wasser und ▶ Nährstoffen). Außerdem wird ein Teil der Wurzeln absterben, da sie aus der Krone für einige Zeit keine Assimilate mehr erhalten. Denn diese werden in der Krone wegen fehlender Blattmasse vorerst nicht mehr produziert bzw. zunächst für das Regenerationswachstum in der Krone selbst verbraucht.

*Kappungs-Reaktion an Winter-Linde*

## Katastrophen

Katastrophen in Wäldern sind für den stehenden ▶ Bestand und den bewirtschaftenden Betrieb bzw. Eigentümer fast immer fatal. Solche Ereignisse können Waldbrände, Windwurf (Foto), Schädlingsbefall, Krankheiten und Flutwellen sein. Für das Ökosystem müssen sie jedoch nicht auf Dauer nachteilig sein, da einige Baumarten auf einen Neubeginn der Sukzession angewiesen sind. Besonders deutlich wird dies bei Feuer angepassten Ökosystemen, wie sie z. B. in Nordamerika weit verbreitet sind. Eine Reihe von Baumarten ist dort für ihre Naturverjüngung auf Waldbrandflächen angewiesen (s. ▶ Feuerkeimer). Einige konkurrenzschwache Pionierbaumarten (z. B. einzelne Weidenarten) benötigen Katastrophenflächen, um Bestände bilden zu können.

*Katastrophen: Sturmschäden in einem Fichtenbestand auf vernässtem Standort*

## Keimblätter

Keimblätter (Kotyledonen) haben die wichtige Funktion, den Start eines Baumlebens zu ermöglichen und zu optimieren. Dafür ist eine Variante die epigäische Keimung, bei der sie sich entfalten (Foto: Buchenkeimlinge), ▶ Photosynthese betreiben und so selbst schnell für die Produktion von ▶ Assimilaten sorgen. In ihnen enthaltene ▶ Reservestoffe können zudem dem Keimling über erste Schwierigkeiten hinweghelfen, bis er durch Wurzeln und weitere Blätter selbständig geworden ist. Bei schwerfrüchtigen Baumarten wie Eiche und Kastanie entfalten sich die Keimblätter aber gar nicht mehr (hypogäische Keimung), sondern haben nur noch die Aufgabe der Nährstoffspeicherung und -versorgung. So können junge Eichen bis zu etwa einem Jahr allein von den Reservestoffen der Eichel überleben. Dies kann man bei Albino-Eichen mit einem ▶ Chlorophyll-Defekt nachweisen, die immerhin etwa ein Jahr alt werden können, ohne selbst zur Photosynthese in der Lage zu sein.

*Keimblätter an Keimlingen der Rot-Buche*

## Keimhemmung

Viele Samen sind nach ihrem Abfallen vom Baum zunächst keimgehemmt, d. h. sie beginnen trotz günstiger Umweltbedingungen (Licht, Feuchtigkeit, Wärme) nicht sofort mit der ▶ Keimung. Bei Spätsommer- und Herbstreife der Früchte ist dies ein Schutz vor dem nahen Winter und den bei sofortiger Keimung eintretenden Frostschäden. Daher benötigen die Samen vieler Baumarten zunächst eine längere Kälteperiode (2–4 Wochen um oder unter 5 °C), die die Keimhemmung bricht. Bei anderen Baumarten (z. B. Arve, Esche) ist zudem der Embryo noch gar nicht fertig entwickelt, wenn die Frucht abfällt. Dies kann zur Verzögerung um ein Jahr führen. Ein weiterer Grund der Keimhemmung kann eine harte Fruchtwand sein, die erst durch Mikroorganismen zersetzt werden muss (z. B. bei Haselnuss, Hainbuche, Linde). Vgl. ▶ Stratifikation.

*Keimhemmung durch unfertigen Embryo und holzige Fruchtwand an Esche*

## Keimung

Die Keimung ist eine sehr kritische Lebensphase eines Baumes. Wenn die Samen/Früchte bis dahin überlebt haben und nicht z. B. schon gefressen wurden oder erfroren sind, warten mehrere weitere Hürden auf den Keimling. Erstens müssen die Bedingungen günstig sein, dass es überhaupt zur Keimung kommt (Wärme, Licht, Überwindung der ▶ Keimhemmung etc.). Zweitens müssen sie dann während der Keimung günstig bleiben (Licht, Wärme, Feuchtigkeit etc.), und es dürfen in dieser Zeit keine Fröste oder Schädlinge auftreten. Und drittens muss der kleine Baum seinen Stoffwechsel in Gang bringen, vor allem die ▶ Photosynthese. Defekte hierbei erkennt man z. B. an weißen Blättern („Albinos" durch Chlorophyll-Defekt, s. ▶ Keimblätter).

*Keimung eines Ginkgos*

## Kern- und Splintholz

Bei vielen Baumarten lassen sich schon optisch zwei verschiedene Bereiche des Holzkörpers unterscheiden: Kern- und Splintholz. Im Splint erfolgt die ▶ Wasserleitung, aber auch die ▶ Speicherung von Reservestoffen. Er ist meist deutlich heller als das Kernholz, befindet sich außen (aber innerhalb der Rinde und des ▶ Kambiums) und wird von den jüngsten ▶ Jahrringen gebildet. Der Kern enthält keine lebenden Zellen mehr, kann aber noch der Wasser- und Stoffspeicherung dienen, biomechanische Funktion haben und wichtige Aufgaben der Entschlackung erfüllen. Er ist oft dunkler als der Splint. Für die Nutzung ist das Kernholz i. d. R. interessanter und wichtiger, für den Baum hingegen eindeutig das Splintholz, sowohl physiologisch als auch die ▶ Biomechanik betreffend. Im Splintholz sind noch lebende Zellen vorhanden (▶ Parenchym). Die dunkle Farbe des Kernholzes kommt durch Umwandlung oder Einlagerung von Stoffwechselnebenprodukten und Pilz hemmenden Substanzen in die Zellwände und/oder -lumen zustande. Dadurch wird es auch recht wirksam gegen den Abbau durch ▶ Pathogene geschützt. Kernholzbildner sind z. B. Edel-Kastanie, Eiche, Esche, Gleditschie, Götterbaum, Kirsche, Nussbaum, Platane, Robinie, Tulpenbaum, Ulme, Weide, Zürgelbaum, Douglasie, Eibe, Kiefer und Lärche. Vgl. ▶ Splintholzbäume.

*Kern- und Splintholz an Eiche (Splintholz: heller äußerer Ring)*

## Kladoptosis s. ▶ Absprünge

## Kletterpflanzen

Für die Kletterpflanze besteht der Vorteil des Kletterns darin, ohne Aufwand für einen eigenen Stamm günstigere Lichtverhältnisse erreichen zu können. In der Natur kommen sehr unterschiedliche Varianten von Kletterpflanzen an Bäumen vor: einige klettern mit ▶ Ranken (Waldrebe, Weinrebe), mit ▶ Stacheln (Rose) oder mit Wurzeln (Efeu), andere winden sich um den Baum (Geißblatt). Sehr unterschiedlich sind die Auswirkungen auf den Trägerbaum: Windende Lianen können ihn strangulieren und Rankenkletterer ihn durch ihr Gewicht niederreißen, während der Efeu sich nur mit Haftwurzeln in der Rinde festhält und dabei keinen Schaden anrichtet. Das ändert sich höchstens, wenn er die Oberkrone erreicht hat und durch Beschattung Äste zum Absterben bringt.

*Kletterpflanze Efeu an einer Rot-Buche*

## Klimawandel

Unter dem Stichwort Klimawandel fasst man die zunehmende Erwärmung und den steigenden $CO_2$-Gehalt der Umgebungsluft (s. ▶ $CO_2$-Erhöhung) zusammen. Beides kann erhebliche Auswirkungen auf das Leben und Wachsen von Bäumen haben, z. B. durch eine (z. T. vorübergehende) Steigerung der ▶ Photosynthese, ▶ Atmung und ▶ Transpiration, Veränderungen der Konkurrenzkraft/Areale und der Dauer der Vegetationsperiode. Zusammengenommen dürfte die Bilanz für die meisten Baumarten an ihren heutigen Standorten eher negativ sein, vor allem durch den zunehmenden ▶ Trockenstress. Einige, vor allem ▶ Pionierbaumarten werden aber von den Veränderungen sicher profitieren.

## Klimaxbaumarten

Als „Klimaxbaumarten" bezeichnet man solche, die am Ende der ▶ Sukzession zur Dominanz gelangen und einen dauerhaften Endzustand herbeiführen können. Sie sind meist charakterisiert durch hohe ▶ Schattentoleranz und sehr lichtundurchlässige Kronen (die anderen Baumarten das Leben schwer machen). Das bekannteste Beispiel in Mitteleuropa ist die Rot-Buche, die ohne menschlichen Einfluss auf einem Großteil der Fläche den Endzustand der Wälder dominieren würde. Es käme damit einhergehend zur großflächigen Reinbestandsbildung und zu Artenverlusten aufgrund der starken Beschattung: Lichtbedürftige und konkurrenzschwache Arten haben dann nur noch auf Extremstandorten und am Beginn von Sukzessionen z. B. nach ▶ Katastrophen eine Chance. Der Endzustand ist allerdings nur selten statisch, sondern kann durch kleinflächige Entwicklungszyklen hochdynamisch sein (Mosaik-Zyklus-Ablauf).

*Klimaxbaumart Rot-Buche auf Kreidefelsen an der Ostsee*

## Knieholz

Sonst aufrechte Baumarten wachsen unter ungünstigen Bedingungen bisweilen nur noch strauchförmig, im Extremfall kommt es nur noch zu kniehohem ▶ Zwergwuchs oder gar zu kriechenden/niederliegenden Varietäten (z. B. Hochgebirgsform des Gemeinen Wacholders). In einigen Fällen behalten solche Varietäten ihr Wuchsverhalten sogar weiter bei, wenn man sie unter günstigeren Bedingungen kultiviert. Der Alpen-Wacholder ist solch ein Beispiel. Die niederliegende Form (Knieholz) hat im Hochgebirge Vorteile, ja ist sogar die einzige Möglichkeit des Überlebens, da das Gehölz dadurch jeden Winter unter der schützenden Schneedecke verborgen bleibt. Die niedrigen Temperaturen (bis unter −50 °C) in über 3000 m Höhe erreichen den Wacholder dann nicht, denn Schnee isoliert hervorragend. Auch dauerhaft extreme Wind- oder Verbissbelastung kann zu Knieholzformen führen.

*Knieholz aus Alpen-Wacholder (Hochgebirgsform des Gemeinen Wacholders)*

## Knollen am Stamm s. ▶ Beulen

## Knospen

Zum Überstehen sehr ungünstiger Zeitabschnitte (in den gemäßigten Breiten ist dies regelmäßig der Winter) ist die effektivste Überlebensstrategie das Überdauern in Form von Knospen. Knospen enthalten in Miniaturform bereits fast alles für den Austrieb im nächsten Frühjahr, bei vielen Baumarten sogar den gesamten nächsten Jahrestrieb mit Blättern und ggf. Blüten (s. ▶ gebundenes Wachstum). Sie werden im Vorjahr angelegt und sind besonders gut gegen Austrocknung und Beschädigung geschützt. So kann der Baum ohne großen Stoffwechselaufwand „abwarten", bis die Bedingungen wieder günstiger werden, und ist dann sehr schnell zur Stelle, wenn Wachstum wieder möglich ist. Auch zum Überstehen von extremen Trockenheitsperioden (z. B. in den Tropen) ist das Knospenstadium eine erfolgreiche ▶ Strategie.

*Knospen der Winter-Linde und Rot-Buche*

## Körpersprache

Als Körpersprache der Bäume bezeichnet man die Tatsache, dass Bäume durch ihre Gestalt und äußerlich sichtbare Merkmale viel über ihre ▶ Lebensgeschichte und ihren derzeitigen inneren Zustand zeigen. So kann man mit geschultem Auge eine Reihe von ▶ Symptomen für Defekte der ▶ Biomechanik (▶ Stand- und ▶ Bruchsicherheitsrisiken) erkennen und für die Sicherheitsbeurteilung nutzen, sowie ▶ Stress, Schäden und Veränderungen wahrnehmen. Vgl. z. B. ▶ Schubriss, ▶ Unglücksbalken, ▶ Zuwachsnasen.

## Kohlenstoff-Bindung

Bäume binden in einem besonderen Ausmaß Kohlenstoff, der aus dem Kohlendioxid der Luft stammt. Dies geschieht beim Prozess der ▶ Photosynthese, zunächst durch die Festlegung in ▶ Assimilaten und nach deren Weiterverarbeitung und -verwendung vor allem beim Einbau in Zellwände in Form von ▶ Zellulose. Auf diese Weise wird, solange ein Baum wächst, $CO_2$ dauerhaft festgelegt (bei Kräutern wird es nach ihrem Absterben im Herbst wieder freigesetzt), was in der heutigen Zeit der Zunahme des $CO_2$-Gehaltes der Atmosphäre eine nicht nebensächliche Bedeutung hat. Ein Teil dieses Kohlenstoffes wird allerdings bei der Atmung wieder freigesetzt, und in Waldbeständen wird nur solange zusätzliches $CO_2$ gebunden, wie der Bestand an Holzmasse zuwächst. In Altbeständen und Urwäldern können sich schließlich Auf- und Abbau von Holz die Waage halten, allerdings erreicht der gespeicherte Kohlenstoff dann Maximalwerte.

## Kompartimentierer s. ▶ Kompartimentierung

## Kompartimentierung

Wenn Pilze das Holz lebender Bäume befallen haben und darin vordringen, müssen sie zunächst die vorhandenen anatomischen Hindernisse wie Zellwände, Jahrringgrenzen u. a. (sog. ▶ Reaktionszonen, s. ▶ CODIT) überwinden. Wurde das ▶ Kambium des Baumes verletzt und ein Pilz dringt von außen in das Holz ein, kann sich der Baum auch mit einer sog. ▶ Barrierezone schützen. Im ▶ Splintholz stehen dem Gehölz neben passiven auch einige aktive Mechanismen zur Verfügung, um eine Wunde zunächst gegenüber dem restlichen Holzkörper abzuschotten, zu kompartimentieren. Eine erste Funktion übernimmt hierbei der ▶ Harzfluss bei Nadelgehölzen oder das Austreten von gummiartigen Substanzen bei einigen Laubgehölzen auf die Wundoberfläche. Die Kompartimentierung (Abschottung) erfolgt dann durch den Aufbau einer ▶ Grenzschicht der Wunde gegenüber dem unverletzten Holzkörper, damit sich die eingetretenen ▶ Embolien nicht ausdehnen können. Dazu werden aus den angrenzenden lebenden Zellen Substanzen in die vormaligen Wasserleitungsbahnen abgegeben, die diese verstopfen. Die Grenzschicht ist meist deutlich als dunkle Linie zu erkennen, die sich von dem hellen, unversehrten Holz und dem durch Oxidationsvorgänge dunkel gefärbtem Holz abhebt (s. Foto). Es werden Stoffe eingelagert, die als starke Zellgifte auf das Wachstum von Schadpilzen und Bakterien zumindest hemmend, in höherer Konzentration tödlich wirken. Wasserleitungsbahnen können bei den meisten Laubgehölzen im Falle einer Verwundung auch durch ▶ Thyllenbildung verschlossen werden. Bei dieser Abschottung handelt es sich also zumeist um aktive Vorgänge, die Energie erfordern. Damit ist die Geschwindigkeit und Effektivität vom Zeitpunkt des Schnittes, als auch von der ▶ Vitalität des Gehölzes abhängig. Zudem gibt es artspezifische Unterschiede im Gehalt von lebenden Zellen (▶ Parenchymzellen) im Holzkörper, von denen die Kompartimentierung ausgeht. Man unterscheidet unter den Baumarten

*Kompartimentierung: eingefaulter aber effektiv kompartimentierter Grobast (oben) und eng kompartimentierte Schnittwunde (unten) an Hainbuche (Foto: Ulrich Pietzarka)*

effektive und schwache Kompartimentierer: zu den effektiven gehören viele Ahornarten, Platane, Hainbuche, Buche, Eiche, Linde, Eibe, Ginkgo und Kiefer, zu den schwachen zählen Rosskastanie, einige Ahornarten, Birke, Esche, Obstbäume, Pappel und Weide.

## Kompensationspunkt der Photosynthese

Als Licht-Kompensationspunkt bezeichnet man bei der ▶ Photosynthese die Beleuchtungsstärke, bei der die Kohlenstoff-Bilanz beginnt positiv zu werden. Denn bei zu starker Beschattung sind die Atmungsverluste größer als die Energiegewinne durch die Photosynthese, so dass ein bestimmtes Mindestlichtangebot gegeben sein muss. Dieses liegt bei schattenangepassten Blättern und Individuen viel niedriger als bei lichtbedürftigen, weshalb erstere auch im Schatten noch Gewinne erzielen, letztere hingegen Freilandstrahlung viel besser ausnutzen können. Denn ▶ Schattenblätter/-bäume können schon viel früher als ▶ Lichtblätter/-bäume zusätzliches Licht sich gar nicht mehr nutzbar machen. So haben beide Ausprägungen ihr Optimum bei unterschiedlichem Lichtangebot. Und beides ist in Baumkronen fast immer gegeben, da ein Kronenbereich (die Lichtkrone) viel, ein anderer Teil (die ▶ Schattenkrone) wenig Licht erhält.

## Konkurrenz

Treibende Kraft der natürlichen Waldentwicklung ist die Konkurrenz – das Streitigmachen von lebensnotwendigen Ressourcen. Die wichtigsten Mechanismen der Konkurrenz zwischen Baumarten und Einzelbäumen sind ihr Höhenwachstum (möglichst schnell und lange anhaltend), ihre ▶ Schattentoleranz (möglichst groß) und ihre ▶ Lebenserwartung (möglichst hoch). Dabei muss man unterscheiden zwischen der Konkurrenz auf bereits besiedelten Flächen, wo die zuvor genannten Faktoren entscheidend sind und der Neubesiedelung einer Fläche: dann spielt z. B. auch die Samenzahl und -flugdistanz eine Rolle. Konkurrenz kann zum Absterben von Einzelbäumen und zum Ausfall einer ganzen Baumart führen, sie bedeutet Selektionsdruck mit dem Effekt der Optimierung. Unterschiedliche Baumarten haben sich auf verschiedene Nischen in der Sukzession spezialisiert (s. ▶ Pionier-/▶ Klimaxbaumarten).

*Konkurrenz zwischen Rotbuche und Eberesche in einer Naturverjüngung im Wald*

## Kopfbäume

Als Kopfbaum i. e. S. wird der regelmäßige Schnitt eines Baumes an immer wieder derselben Stelle des Stammes (oder der Hauptäste) im Abstand weniger Jahre bezeichnet, beginnend beim Jungbaum. Da die Neuaustriebe regelmäßig entfernt werden, bildet sich im Laufe der Zeit eine Verdickung unterhalb der Schnittstelle, der „Kopf". Relativ häufig wird dies mit Linden gemacht, da sie sich besonders gut dafür eignen. Die Schnittflächen bleiben aufgrund der begrenzten

Aststärken relativ klein. Kopfbäume i. w. S. waren früher weit verbreitet und landschaftsprägend wie z. B. Weiden, die zur Gewinnung von Flechtruten genutzt wurden. Dafür eignen sich besonders Silber- und Korb-Weide: man kappte sie in ca. 2 m Höhe und erntete dann alle 2–3 Jahre die schnell und zahlreich erscheinenden Neuaustriebe. Da der Bedarf an Flechtruten heute kaum noch besteht, kommt es zur Überalterung dieser Ständer mit der Folge, dass sie früher oder später abbrechen. Denn die Verbindung zum unteren Stammabschnitt ist aufgrund umfangreicher Fäule nicht bruchsicher, die Stämmlinge werden mit zunehmendem Alter immer schwerer und neigen sich aufgrund gegenseitiger Beschattung zunehmend nach außen. Daher müssten diese Bäume weiter mindestens etwa alle zehn Jahre geschnitten werden, sonst können sie nicht auf Dauer erhalten werden. Kopfbäume sind ein wertvoller Lebensraum für eine Vielzahl von Tieren, Pflanzen und Pilzen. Vgl. ▶ Kappung.

*Kopfbäume am Berg-Ahorn*

## Kork

Als Kork bezeichnet man ein sekundäres Abschlussgewebe aus abgestorbenen Zellen, deren Wände durch Korkstoff (Suberin) weitgehend wasser- und luftundurchlässig sind. Korkzellen werden in der Rinde vom ▶ Korkkambium im ▶ Periderm produziert und nach außen abgegeben. Zum Gasaustausch werden ▶ Lentizellen in die Rinde eingebaut. Korkzellen werden auch vermehrt beim Abschluss von Wunden gebildet (z. B. an Blatt- und Astnarben).

*Kork: Flaschenkorken aus Kork-Eiche*

## Korkkambium s. ▶ Periderm

## Kotyledonen s. ▶ Keimblätter

## Krebs

Auch bei Bäumen gibt es Krebs. Dabei handelt es sich um unkontrollierte Zellteilungen, die im Gegensatz zu gutartigen ▶ Tumoren keine abgeschlossenen „Pseudo-Organe" (Knollen o. ä.) zur Folge haben. Vielmehr bricht die Oberfläche, z. B. die Rinde (Foto) auf, und es kommt zu Folgeschäden (Fäule, Stoffwechselstörungen usw.). Bäume können sehr lange mit solchen Geschwüren leben, aber auch schließlich daran absterben. Hervorgerufen werden Baumkrebse je nach Baumart und befallenem Organ durch Pilze, Bakterien, andere Mikroorganismen oder durch ▶ Mutationen. Ein Herausschneiden der Krebswucherung ist i. d. R. nicht möglich oder sinnvoll, da die Verletzung zu groß wäre und der Baum zu langsam Ersatzgewebe bildet.

*Bakterienkrebs an Pappel*

## Kriechbäume infolge von Verbiss

In der Bildmitte ist eine kriechende Kiefer zu erkennen. Auf Flächen mit Beweidung (hier durch Schafe) und mit einer Schicht von Zwergsträuchern, hier Heidekraut, schaffen es Bäume nicht emporzukommen, da sie jedes Jahr wieder vollständig verbissen werden. Sie können jedoch „versteckt" in den Zwergsträuchern dahin kriechen, im Extremfall bis zu 20 m. Irgendwann gelingt es schließlich dann doch einmal einzelnen Zweigen, aus der Verbisszone herauszuwachsen, und in deren Schutz schaffen es dann weitere. Die Folge sind extrem breitkronige, mehrstämmige Heide-Kiefern (hinten links im Foto) und -Eichen, deren ungewöhnliche Kronenform auf die frühere Lebens- (und Leidens-)Geschichte hinweist.

*Kriechbäume infolge von Verbiss an einer Gemeinen Kiefer*

Krone-Wurzel-Beziehung s. ▶ Beziehung Krone/Wurzel

## Kronenabstand

Die Kronen von Bäumen in geschlossenen ▶ Beständen halten einen scheinbar mysteriösen Abstand voneinander ein, so dass sie sich fast nicht berühren. Dieses Phänomen der Crown Shyness („Kronenscheu") ist nicht nur durch gegenseitige Beschädigung bei Sturm zu begründen und bisher nicht widerspruchsfrei geklärt. Zu einem Teil wird die gegenseitige Beschattung mit beteiligt sein, aber dies kann das Abstandhalten nicht vollständig erklären. Es wird angenommen, dass auch pflanzliche Inhaltsstoffe mitverantwortlich sind, die sich bei Freisetzung in die Luft wuchshemmend auswirken können.

*Kronenabstand in einem Bestand aus Sand-Birke, Zitter-Pappel und Fahl-Weide*

## Kronenauslichtung

Bei einer Kronenauslichtung werden gesunde Äste insbesondere im Bereich der feinen und schwachen Äste entnommen, z. B. zum Verringern des Schattenwurfs, oder auch überzählige ▶ Wasserreiser.

## Kroneneinkürzung

Schnittmaßnahmen bis in den Grobastbereich (5–10 cm Durchmesser) von Bäumen (z. B. wenn deren ▶ Bruch- und ▶ Standsicherheit gefährdet oder die Krone nicht mehr ausreichend versorgt ist) bezeichnet man als Kroneneinkürzung. Es wird deutlich, dass schon per Definition eine fachgerechte Schnittmaßnahme nur Äste entnimmt, die einen maximalen Durchmesser von 10 cm haben. Alle Maßnahmen, die in den Starkastbereich eingreifen, sind Notmaßnahmen oder als nicht fachgerecht einzustufen. Auch als Notmaßnahme stellen sie die absolute Ausnahme dar, bei der wegen der begrenzten Lebenserwartung eine Fällung und Ausgleich oder Ersatz auch aus ökonomischen Erwägungen zumeist vorzuziehen sind. Bei schlechten ▶ Kompartimentierern können selbst Eingriffe in den Grobastbereich problematisch sein, da sich die Fäule immer weiter ins Stammholz ausbreiten wird. Die Intensität einer Schnittmaßnahme ist daher in jedem Fall möglichst gering zu halten, und es ist notwendig zu prüfen, ob dass gewünschte Ziel auch durch andere Maßnahmen z. B. der ▶ Kronensicherung zu erreichen ist. Die Praxis zeigt allerdings, wie schwierig dies häufig ist. Unsachgemäße Schnittmaßnahmen der Vergangenheit oder unvorhersehbare Ereignisse machen es immer wieder erforderlich, auch in den Starkastbereich einzugreifen. Dabei muss man sich der daraus resultierenden eingeschränkten Lebenserwartung des Gehölzes bewusst sein. Vgl. ▶ Kronenpflege, ▶ Kronensicherung, ▶ Kronensicherungsschnitt.

## Kronenpflege

Als Kronenpflege wird das Ausschneiden von toten, kranken, gebrochenen, beschädigten, sich kreuzenden und reibenden Ästen im Feinast- (1–3 cm Durchmesser) und Schwachastbereich (3–5 cm) bezeichnet, sowie das Vorbeugen von Fehlentwicklungen durch Schnittmaßnahmen in diesem Durchmesserbereich und bei Bedarf auch das Nachschneiden von Aststummeln. Vgl. ▶ Kroneneinkürzung, ▶ Kronensicherung.

*Kronenpflege an Eschen in der Stadt*

## Kronenschirmfläche

Als Kronenschirmfläche bezeichnet man die von den Umrissen der Krone überschirmte Bodenfläche. Zu ihrer Messung projiziert man den Kronenumriss auf den Boden.

## Kronenschnitt s. ▶ Kronenpflege, ▶ Kroneneinkürzung, ▶ Schnittmaßnahmen, ▶ Schnittzeitpunkt

## Kronensicherung

Seit Jahrzehnten wird versucht, Bäume mit technischen Lösungen vor dem mechanischen Versagen zu bewahren. Die Materialien und die Einbaumethoden veränderten sich im Zuge des wissenschaftlich-technischen Fortschritts, der gedankliche Ansatz blieb dabei gleich: Wurfgefährdete Bäume und bruchgefährdete Baumteile sollen durch geeignete technische Vorrichtungen vor einer Überlastung geschützt und damit mögliche Schäden verhindert werden. Nachdem man zunächst versuchte, mögliche Kräfte durch statische Elemente (z. B. Stahlstangen, -stifte, -bänder, -seile, -stützen) von einem geschwächten Baumteil auf technische Konstruktionen umzuleiten, wird heute möglichst weitgehend auf den Selbstreparaturmechanismus der Bäume gesetzt. Dabei werden übergroße Spannungen bei Lastspitzen durch dynamische Sicherungssysteme (Seile, Taue) gedämpft, kleinere Spannungen, die nicht zum Bruchversagen führen, lassen die Systeme durch elastische oder durchhängende Komponenten aber weiterhin zu, so dass der mechanische Reiz an den bruchgefährdeten Schwachstellen zum verstärkenden Kompensationswachstum führen kann.

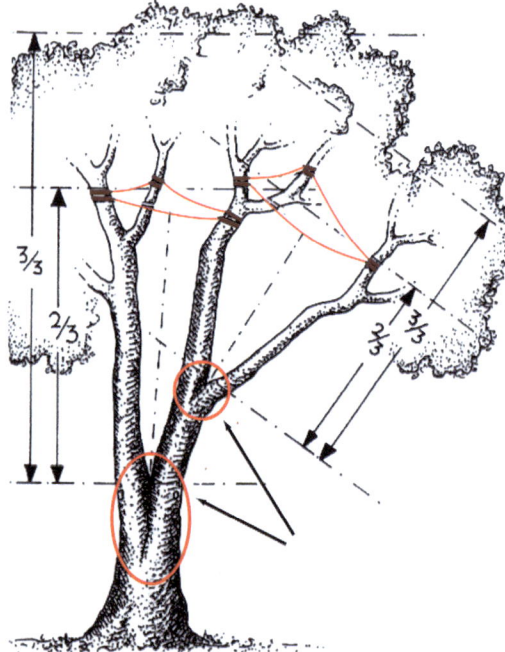

*Kronensicherung: Einbauhöhe von dynamischen Bruchsicherungen (rote Kreise: Bruch gefährdete Defektstellen; Grafik Henrik Weiß, nach FLL 2006)*

## Kronensicherungsschnitt

Als Kronensicherungsschnitt bezeichnet man eine Notmaßnahme, bei der ein extremer Rückschnitt ohne Rücksicht auf den Habitus durchgeführt wird, z. B. zur sofortigen Herstellung der Verkehrssicherheit (s. ▶ Kroneneinkürzung). Es ist im Einzelfall zu prüfen, ob man den Baum nicht besser ersetzen sollte.

*Kronensicherungsschnitt an einer Winter-Linde*

## Kronentransparenz

Verschiedene Baumarten haben eine sehr unterschiedliche Lichtdurchlässigkeit ihrer Kronen. Sog. ▶ Lichtbaumarten wie z. B. Weide und Birke benötigen nicht nur mehr Licht, sondern lassen auch mehr Licht durch ihre Krone hindurch als ▶ Schattenbaumarten wie die Buche und Eibe. Dabei ist die ▶ Schattentoleranz einer Baumart entscheidend dafür, bei welchen Lichtbedingungen die Blätter noch Gewinne der ▶ Photosynthese erreichen. Rekordhalter sind hier Buche, Eibe und Buchsbaum, die auch bei nur 1 % der Freilandstrahlung noch dauerhaft überleben. Eine Birke hingegen stirbt in höherem Alter schon bei weniger als 15 % ab. Die meisten Baumarten erreichen die maximale Photosyntheserate ihrer Blätter bereits bei nur 25 % der Feilandstrahlung, denn in Kronen ist immer Schatten, und daran müssen Bäume angepasst sein. Vgl. ▶ Blattverlust.

*Kronentransparenz an jungen, voll vitalen Kiefern*

## Kronenstruktur s. ▶ Vitalitätsbeurteilung

## Kurzlebigkeit

Baumarten wie z. B. die Sand-Birke setzen vor allem auf eine ▶ Strategie, schnell überall zur Stelle zu sein, schnell zu wachsen und schnell Nachkommen zu erzeugen. Sie sind deshalb immer wieder auf neue Nischen angewiesen, denn z. B. eine Sand-Birke hat nach 80 Jahren bereits ihre Lebenserwartung erreicht. Sie produziert daher jedes Jahr eine Unmenge von Früchten (es können mehrere Millionen sein), um sofort zur Stelle zu sein, wenn eine neue Fläche zur Eroberung bereit steht, z. B. durch eine ▶ Katastrophe. Kurzlebigkeit ermöglicht außerdem eine viel schnellere Anpassung von Generation zu Generation an sich ändernde Umweltbedingungen – nur die Erfolgreichsten überleben und pflanzen sich fort. So sind kurzlebige Baumarten nicht weniger erfolgreich als langlebige, haben aber ein ganz anderes Konzept. Im Bild hat die Birke ihre Nische auf einem Felsen gefunden.

*Kurzlebigkeit bei Sand-Birke*

## Kurztrieb

Kurz- und ▶ Langtriebe erfüllen in einer Baumkrone vollkommen unterschiedliche Funktionen. Letztere entwickeln vollständige Seitenknospen, die im Folgejahr austreiben und selbst wiederum Langtriebe oder Kurztriebe hervorbringen. Langtriebe dienen also vor allem der Luftraumeroberung und damit letztlich dem Durchsetzen gegen ▶ Konkurrenten. Kurztriebe hingegen werden maximal 3 cm lang (durch gestauchte ▶ Internodien) und tragen seitlich nur ▶ schlafende Knospen. Sie verzweigen sich daher in den Folgejahren nicht, sondern dienen der vorübergehenden Ausnutzung des eroberten Luftraumes durch Blätter, die ▶ Photosynthese betreiben. Die Lebensdauer von Kurztrieben ist begrenzt, da sie nach wenigen Jahren in der weiter wachsenden Verzweigung ihre Funktion erfüllt haben und beschattet werden. Kurztriebe an der Spitze von Hauptachsen sind ein Krisensignal des Zweiges. Bei einzelnen Gattungen haben die Kurztriebe spezielle Funktionen, indem sie z. B. bei Kirsche und einer Reihe weiterer Obstgehölze die Blüten und damit die Früchte tragen, bei Kiefern die Nadeln.
Vgl. ▶ Lineartriebe.

## Kurztriebketten

Eine weit verbreitete Möglichkeit für Bäume, auf vorübergehend oder dauerhaft ungünstige Umweltbedingungen wie Beschattung oder Trockenstress zu reagieren, besteht in der Ausbildung von ▶ Kurztrieben: Knospen bringen dann nur einen maximal 3 cm langen Trieb hervor, der sich in seiner weiteren Entwicklung nicht verzweigt (er trägt seitlich höchstens einige schlafende Knospen). Wenn die Endknospe jedes Jahr wiederholt Kurztriebe hervorbringt, spricht man von einer Kurztriebkette (auf dem Foto sämtliche Seitentriebe). Solche Kurztriebketten können maximal etwa zehn Jahre alt werden, dann sterben sie ab – in diesem Fall müssen ja auch schon zehn Jahre ungünstige Bedingungen geherrscht haben, womit die Aussicht auf Besserung kaum noch gegeben ist. Kurztriebe findet man bei fast allen Laub-, aber nur bei wenigen Nadelbaumarten, da letztere die länger lebenden Nadeln als „Puffer" ausnutzen können. Vgl. ▶ Kurztrieblebensdauer.

*Kurztriebketten an einer Rot-Buche (alle Seitentriebe)*

## Kurztrieblebensdauer

Das maximale Alter von ▶ Kurztriebketten, d. h. die durchschnittliche maximale Kurztrieblebensdauer wichtiger Baumarten beträgt (in Jahren): bei Elsbeere 30, Rot-Buche und Zucker-Ahorn 15, Rosskastanie 13, Berg-Ahorn und Hainbuche 10, Spitz-Ahorn 7, Winter-Linde 6, Sommer-Linde 5, Esche und Stiel-/Trauben-Eiche 4, Kiefer, Schwarz-Erle und Platane 3, Moor- und Sand-Birke 2. Viele Nadelbaumarten (Ausnahme: z. B. Kiefer, Lärche, Zeder) sowie Robinie und Sal-Weide entwickeln keine Kurztriebe.

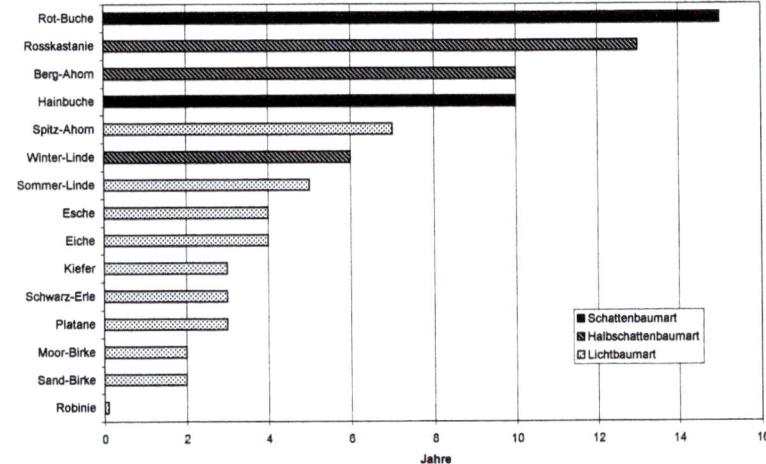

*Kurztrieblebensdauer verschiedener Baumarten (Angabe in Jahren)*

LAI s. ▶ Blattflächenindex

## Lang- und Kurztriebe

Lang- und Kurztriebe erfüllen in einer Baumkrone vollkommen unterschiedliche Funktionen. Erstere entwickeln vollständige Seitenknospen, die im Folgejahr austreiben und selbst wiederum Langtriebe oder Kurztriebe hervorbringen. Langtriebe dienen also vor allem der Luftraumeroberung und damit letztlich dem Durchsetzen gegen ▶ Konkurrenten. Kurztriebe hingegen werden maximal 3 cm lang und tragen seitlich nur schlafende Knospen. Sie verzweigen sich daher in den Folgejahren nicht, sondern dienen der Ausnutzung des eroberten Luftraumes durch Blätter, die ▶ Photosynthese betreiben. Die Lebensdauer von Kurztrieben ist begrenzt (s. ▶ Kurztrieblebensdauer), da sie nach wenigen Jahren in der weiter wachsenden Verzweigung ihre Funktion erfüllt haben und beschattet werden. Kurztriebe an der Spitze von Hauptachsen sind ein Krisensignal des Zweiges. Vgl. ▶ Lineartriebe, ▶ Vitalitätsbeurteilung.

*Lang- und Kurztriebe an einer Winter-Linde*

## Langlebigkeit

Die ältesten lebenden Bäume der Erde sind Grannen-Kiefern im Hochgebirge Nevadas, USA (linkes Foto). Einzelne Exemplare sind über 4800 Jahre alt, möglicherweise spielt dafür die kurze Vegetationszeit an ihrem Standort mit eine Rolle, so dass sie einen großen Teil des Jahres wie „tiefgekühlt" und geschützt vor Schädlingen dort verbringen. Bei so alten Bäumen darf man nicht mehr davon ausgehen, dass sie eine vollständig intakte Baumgestalt haben, sondern i. d. R. haben nur einzelne Teile des Baumes so lange überlebt. Oft steht dann nur noch ein Torso mit einem Teil des Stammmantels, der Rest ist durch ▶ Holzfäule zersetzt oder herausgebrochen. Wichtig für dieses Überleben sind das alljährliche Austreiben, Wurzel- und Dickenwachstum sowie die dadurch erfolgende ständige Neubildung von Sprossen, Blättern, Wurzeln und Leitgeweben. Das absolute Alter von Bäumen ist also durch diese fortlaufende

*Langlebigkeit*

Erneuerung nur eingeschränkt interpretierbar (vgl. ▶ Alterung). Langlebigkeit kann durch eine hohe ▶ Lebenserwartung, aber auch durch lange keimfähige Samen erreicht werden. Dies führt dazu, dass eine Art, selbst wenn die Eltern längst verstorben sind, immer noch in der „Samenbank" des Bodens anwesend ist und bei Eintreten günstiger Bedingungen keimen kann. So fand man Magnoliensamen, die noch nach 2000 Jahren zum Keimen gebracht werden konnten. Dies ist z. B. möglich, wenn die Samen lange dunkel gelegen haben, da viele Arten Licht zum Keimen benötigen. Die lange Keimfähigkeit ist insofern ein ▶ Konkurrenzvorteil, der aber Aufwand erfordert. Die Größe des Samens ist allerdings kein entscheidendes Kriterium zum Abschätzen der Keimfähigkeitsdauer. Viel wichtiger sind die Bedingungen während der Lagerung und die Anfälligkeit gegenüber Parasitenbefall.

## Langstreckentransport

Für eine effektive Verteilung von Wasser, ▶ Nährstoffen, ▶ Assimilaten, ▶ Hormonen etc. im Baum müssen Langstreckentransportsysteme entwickelt werden. Es kam in der Evolution daher zur Entwicklung der Leitungsbahnen des ▶ Xylems und des ▶ Phloems. Im Xylem (Holzteil des Stammes) übernehmen diese Funktion ▶ Gefäße und ▶ Tracheiden, im Phloem (Bast) die Siebzellen und -röhren.

## Langtriebe s. ▶ Lang- und Kurztriebe

## Laubfärbung s. ▶ Blattverfärbung

## Laubverlust s. ▶ Blattverlust

## „Lebende Fossilien"

Wenige Baumarten wie beispielsweise der Ginkgo kommen auf der Erde seit fast 200 Millionen Jahren äußerlich nahezu unverändert vor. Das belegen fossile Blattfunde, die dem heutigen Ginkgo zum Verwechseln ähnlich sind. Hier ist also nicht das Lebensalter des Einzelbaumes entscheidend, sondern die Tatsache, dass solche „lebenden Fossilien" (deren Vorfahren also schon die Dinosaurier erlebt haben) nicht merklich an der Evolution teilgenommen haben. Ihnen ist es vielmehr gelungen, ohne grundlegende äußere Veränderungen Krankheiten, Klimawandel und Katastrophen zu überdauern. So verwundert es vielleicht weniger, dass

„Lebende Fossilien": Ginkgo im Herbst

ausgerechnet der Ginkgo besonders immissionsresistent ist und auch von radioaktiver Strahlung kaum geschädigt wird, wie es sich in Hiroshima nach dem Atombombenabwurf 1945 zeigte: ein Ginkgo ergrünte dort bereits kurze Zeit danach wieder.

## Lebenserwartung

Einige Baumarten erreichen Langlebigkeit durch eine sehr hohe Lebenserwartung ihrer Individuen, wie z. B. in Europa Wacholder und Eiben mit bis zu 2.000 Jahren. Das bedeutet, dass ein heute noch lebendes Exemplar dieser Arten schon zur Zeitenwende gekeimt sein kann und seitdem alle Krankheiten, Katastrophen und Klimaschwankungen überlebt haben muss. Es ist wohl kein Zufall, dass die langlebigsten Baumarten der Erde allesamt Nadelbaumarten sind, die bei ihrer Lebensstrategie auf Sicherheit setzen (oft zu Lasten der kurzfristigen Effektivität): Wacholder und Eibe wachsen sehr langsam und riskieren nichts, indem sie stärker in die Wurzeln investieren. Dafür sind sie aufgrund ihres langsamen Wuchses relativ ▶ konkurrenzschwach. Wenn die Bedingungen jedoch nicht zu ungünstig sind, können sie auf diese Weise alle anderen Baumarten überleben. Für eine bestimmte Baumart eine genaue maximale Lebenserwartung anzugeben, ist meist schwierig oder unmöglich, da sie von Standortsbedingungen, Genetik und Lebensgeschichte abhängt und um bis zu 25 % (im Extremfall um bis zu 50 %) schwanken kann.

*Lebenserwartung: ein etwa 700 Jahre alter Wacholder (rechts hinten)*

## Lebensgemeinschaften zwischen Bäumen

Eine Lebensgemeinschaft der besonderen Art sind in diesem Beispiel (Foto) eine Weide und eine Birke eingegangen. Die Birke ist ursprünglich im Kopf der Weide gekeimt (zwischen den Stämmlingen in 2 m Höhe). Dann hat sie Wurzeln in den hohlen Stamm der Weide hinein entwickelt, die über die Jahre im feuchten, dunklen und faulen Stamminneren überlebt und schließlich beim

Nach-unten-Wachsen den Boden erreicht haben. Währenddessen ist der Stamm der Weide weiter verfault und schließlich aufgerissen, so dass das ganze Naturschauspiel nun frei erkennbar ist. Die Birke ist also nicht, wie man denken könnte, im Stammfuß der Weide gekeimt – dazu wäre es dort für eine Birke viel zu dunkel, und sie wäre sofort wieder abgestorben. Wenn im Kopf solcher Weiden andere, meist krautige Pflanzen wachsen (was häufiger vorkommt), nennt man sie „Aufsitzerpflanzen" (s. ▶ Epiphyten).

*Lebensgemeinschaft zwischen Bäumen: Sand-Birke in der Krone und im Stamm einer Kopfweide*

## Lebensgeschichte

Bäume können eindrucksvoll ihre Lebensgeschichte dokumentieren: Die Fichte im Foto hat eine bewegte Entwicklung hinter sich. Zunächst keimte sie und wuchs auf (vorne links im Bild), bis sich in der Jugend offensichtlich etwas Einschneidendes ereignet hat, wobei der Wipfel abgestorben oder abgebrochen ist und ein Seitenast ihn ersetzen musste. Da dieser jedoch schon relativ dick war, konnte er sich nicht mehr aufrichten, sondern wuchs seitdem nur an der Spitze aufrecht weiter (hinten rechts im Bild), mit der Folge eines jetzt mehrere Meter auf dem Boden dahin kriechenden „Stammes". Dieses Beispiel zeigt eindrucksvoll, wie reaktionsstark und anpassungsfähig Bäume sein können, hier mit dem Ergebnis einer lebenden Skulptur. Bei etwas genauerer Beobachtung kann man in solchen Fällen oft die Lebensgeschichte rekonstruieren. Bei diesem Beispiel könnte nur eine Stamm- und Jahrringanalyse sichere Erklärungen liefern.

*Lebensgeschichte: Fichten-Skulptur*

## Lebensraum Baum

Wie viele Pilze sind auch eine Reihe von Insektenarten auf lebende Bäume als Lebensraum angewiesen – selbst wenn sie uns nur als Schädlinge bekannt sind, wie z. B. der Eschen-Bastkäfer (Foto). Borken-, Bast- und Splintkäfer ernähren sich bzw. ihre Nachzucht von Rinde oder Holz. Dabei sind viele Arten sehr wählerisch und halten sich an eine ganz bestimmte Baumart. Klar ist, dass der Baum einen solchen flächendeckenden Gangfraß wie auf dem Foto nicht überlebt – die Leitungsbahnen für Wasser und ▶ Nährstoffe/▶ Assimilate sind unwiderruflich unterbrochen.

*Lebensraum Baum: Werk des Eschen-Bastkäfers an einer Esche*

## Lentizellen

Um den ▶ Gasaustausch durch die sonst sehr undurchlässige Rinde zu ermöglichen, findet man bei allen Baumarten verstreut Öffnungen darin, sog. Lentizellen. Erkennbar sind sie durch kleine Erhebungen in der Rinde oder eine kleinflächig andere Rindenfarbe bzw. -struktur. Da der Stamm fortlaufend in die Dicke wächst, werden diese Lentizellen desto mehr in die Breite gezerrt, je älter sie sind. So kann man ihr unterschiedliches relatives Alter bestimmen. Die Lentizellen können in höherem Baumalter als Artmerkmal nützlich sein wie z. B. bei der Sal-Weide (Foto), da sie sich von Baumart zu Baumart charakteristisch durch ihre Form und das Verzerren unterscheiden. Bei einigen Baumarten sind sie eher unauffällig, bei anderen sehr auffällig wie z. B. bei den Birken.

*Lentizellen am Stamm einer Sal-Weide*

## Lianen s. ▶ Würgepflanzen

## Lichtbaumart

Als Lichtbaumarten werden Baumarten bezeichnet, die viel Licht durch die Krone hindurch lassen (also einen geringen ▶ Blattflächenindex und eine hohe ▶ Kronentransparenz haben) und selbst viel Licht zum Überleben benötigen (s. ▶ Schattentoleranz). Beispiele sind Birken und Weiden, meist ▶ Multilayer- und ▶ Pionierbaumarten. Bei vielen Baumarten steigt der Lichtbedarf im Laufe des Lebens an: während sie in der Jugend noch schattentolerant(er) sind, benötigen sie im Alter volles Sonnenlicht für die Krone. In diesem Fall spricht man von Halbschattenbaumarten. Vgl. ▶ Schattenbaumart.

*Lichtbaumart Sand-Birke*

## Licht- und Schattenblätter

Eine Spezialisierung und Anpassung an die Lichtverhältnisse ist bei vielen Baumarten auf anatomischer Ebene zu beobachten: Licht- und Schattenblätter. Im Bild sieht man oben eine Lichtnadel der Eibe mit oberseits mehrschichtigem palisadenartigem Gewebe im Inneren (schwarz gefärbt), das für die ▶ Photosynthese zuständig ist. Dadurch wird die innere Oberfläche vergrößert und es kann mehr grüner Blattfarbstoff (▶ Chlorophyll) in den Zellen untergebracht werden, so dass die Photosynthese-Leistung steigt. Unten sieht man eine Schattennadel (aus der dunklen Schattenkrone einer Eibe), die oberseits ein einschichtiges, teilweise unterbrochenes Gewebe im Inneren entwickelt hat und damit gerade noch positive Photosynthese-Bilanzen erreicht. Schattenblätter sind i. d. R. größer, dünner und dunkler als Lichtblätter und können den größten Anteil an den Blättern haben, da mit Ausnahme des Kronenmantels überall Beschattung durch andere Blätter erfolgt.

*Licht- und Schattenblatt der Eibe (oben Lichtblatt mit mehrschichtigem Palisadenparenchym im oberen Teil, dunkel angefärbt; unten Schattenblatt) (Foto: Doris Berger)*

## Lichtdurchlässigkeit der Krone s. ▶ Kronentransparenz

## Lichtflecken

Lichtflecken spielen im dunklen Waldunterstand eine wichtige, für viele dort wachsende Pflanzen sogar eine (über)lebenswichtige Rolle. Das fleckenartig durch Lücken im Kronendach fallende Sonnenlicht wandert bei Windbewegung und mit dem Sonnenstand über den Waldboden bzw. die Krautschicht. So kommt es vor, dass einzelne Pflanzen oder Äste nur für wenige Minuten am Tag in den Genuss direkter Sonnenstrahlung kommen. Schon diese kurze Zeit kann für die ▶ Photosynthese-Bilanz im Bestandesschatten so entscheidend sein, dass die Energieverluste des restlichen Tages ausgeglichen werden. Denn nur wenn diese Bilanz über einen längeren Zeitraum zumindest wenigstens etwas positiv ist, können Blätter bzw. Bäume auf Dauer überleben. Daher haben selbst kleine Lücken im Kronendach oft eine große Wirkung und können entscheidend für das Überleben von Ästen und Pflanzen im Bestandesunterwuchs sein.

*Lichtflecken in einem Fichtenbestand*

## Lignin

Bei Ligninen handelt es sich um feste Stoffe, die in die pflanzliche Zellwand eingelagert werden und dadurch die Verholzung der Zelle bewirken (Lignifizierung). Etwa 20–30 % der Trockenmasse verholzter Pflanzen bestehen aus Ligninen. Da Lignine für die Festigkeit von pflanzlichen Geweben wesentlich sind, ist die Evolution der Bäume sehr eng mit der Bildung von Lignin verknüpft: Nur mit Lignin können Pflanzen Festigungselemente ausbilden, welche die Stabilität größerer Pflanzenkörper außerhalb des Wassers gewährleisten (im Wasser sorgt der Auftrieb für die nötige Stabilität). Lignin hat als Stützmaterial und verhärtetes Polymer eine Reihe von wichtigen Aufgaben für die Pflanze, es ist vor allem für die Druckfestigkeit von zentraler Bedeutung, während die eingelagerten Zellulosefasern die Zugfestigkeit gewährleisten. Als Analogie dazu sind auch technische Materialien wie Stahlbeton entsprechend aufgebaut.

## Lineartriebe

Als Lineartriebe bezeichnet man mehrjährige Triebabschnitte mit gestreckten Internodien, deren Jahreszuwächse länger als 3 cm sind und die sich nicht verzweigen, die also weder die Definition von ▶ Kurztrieben noch die von ▶ Langtrieben erfüllen.

*Lineartriebe der Eibe (oben 4 Jahre, unten 8 Jahre alt)*

## Lotos-Effekt

Als Lotos-Effekt bezeichnet man die Oberflächeneigenschaft von Organen (z. B. Blättern) einer Reihe von Pflanzen, wenn Wasser, Staub und Schmutz so gut von ihnen abperlen, dass die Oberfläche sich selbst reinigt (Foto). Dieser Effekt kommt durch die Struktur der Wachsschicht auf der ▶ Cuticula zustande, die (unter dem Mikroskop betrachtet) aus einer Vielzahl von Noppen besteht. So können Partikel nicht lange haften und werden spätestens bei Regen abgewaschen, da die runden Wassertropfen sie beim Abrollen mitreißen. Diesen bei der Lotosblume (einem Seerosengewächs) entdeckten Effekt versucht man sich in jüngster Zeit bei technischen Oberflächen und Materialien (Fenstern, Farben u. a.) zunutze zu machen, indem diese Struktureigenschaften imitiert werden. So konnten inzwischen Bahn brechende Verbesserungen in Bezug auf das Sauberhalten von Oberflächen erzielt werden. Bäume sind dabei allerdings bisher wenig berücksichtigt worden.

*Lotos-Effekt an Schirm-Magnolie (von der Blattoberseite abperlendes Wasser)*

## Luftbildinterpretation

In stereoskopischen Luftbildern kann man mit etwas Erfahrung neben der Bestandesstruktur und dem Baumstandort nicht nur die verschiedenen Baumarten an Formdetails und Farbe unterscheiden, sondern auch ihren Vitalitätszustand erfassen, da man die ▶ Verzweigungsstrukturen der Oberkrone (s. ▶ Vitalitätsbeurteilung) in der Ansicht von oben gut erkennt. Dies kann für eine Ursacheneingrenzung oder -findung der Vitalitätsverluste bedeutsam sein.

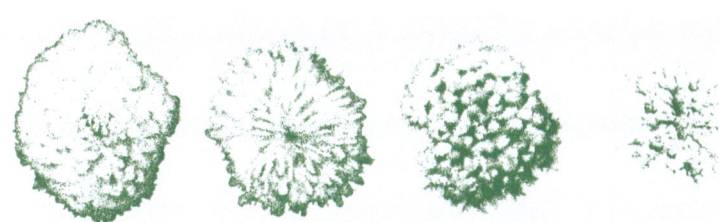

*Luftbildinterpretation: Vitalitätsstufen 0, 1, 2, 3 (von links nach rechts) der Buche*

## Massenkork

Einen ganz besonderen Fall des Stammschutzes entwickelt die Kork-Eiche, indem sie (ihrem Namen entsprechend) massenweise Kork auf der Rindenaußenseite (im ▶ Korkkambium) produziert, der sogar industriell genutzt wird. Diese Korkproduktion kann noch weiter angeregt werden, indem die erste Korkschicht einmal im Alter von 15–20 Jahren vorsichtig abgeschält wird. Dann bildet sich schneller wachsender, weicherer Kork, der alle 10–20 Jahre wiederum abgeschält und zu Flaschenkorken u. a. verarbeitet werden kann. Bei der Herstellung muss man allerdings auf die richtige Orientierung in der Rinde achten, damit der Wein möglichst lange wirksam geschützt ist, denn in der Rinde (auch einer Kork-Eiche) sind ja zahlreiche ▶ Lentizellen (Rindenporen), die von innen nach außen reichen und im Flaschenkorken quer verlaufen müssen.

*Massenkork: Rindentyp der Kork-Eiche*

## Mastjahre

Einige, vor allem Baumarten mit großen Früchten (z. B. Buchen, Maronen, Eichen) entwickeln im Abstand von mehreren Jahren große Mengen an Früchten an den meisten Bäumen eines Bestandes – dies sind dann die sog. Mastjahre (früher zur Schweinemast genutzt, daher der Name). Sie folgen meist nach einem trockenen und sonnigen Frühjahr des Vorjahres, da zu dieser Zeit die Blüteninduktion stattfindet. Zwischen den Mastjahren treten einige Jahre mit geringer Fruchtproduktion auf. Mastjahre wirken sich negativ auf den Zuwachs und die Blattmasse aus, beides kann in der Folge um bis zu 30 % reduziert sein. Mastjahre werden im Wald z. B. bei der Rot-Buche zur Einleitung von Naturverjüngungen genutzt. Dafür ist es von Vorteil, dass man eine Mast bereits ein Jahr zuvor vorhersagen kann anhand der bauchigen Blütenknospen der Buche.

*Mastjahr der Stiel-Eiche*

## Mechanische Konkurrenz

Der wichtigste ▶ Konkurrenzfaktor ist Beschattung. Daher haben die Baumarten Vorteile, die schnell in die Höhe wachsen, so dem Schatten anderer Bäume entgehen und selbst für Schatten sorgen. In seltenen Fällen gibt es jedoch auch recht ungewöhnliche Mechanismen, Konkurrenten am Wachstum zu hindern. Ein solcher ist das Peitschen der Birke (Foto): Aufgrund ihrer elastischen Zweige, die bei jedem Windstoß hin und her schwingen, kann sie Nachbarbäume (z. B. Fichten) so beschädigen, dass diese nicht mehr in die Höhe wachsen können, da der Wipfeltrieb jedes Jahr wieder abgeschlagen wird. Auch deshalb hat man früher in Waldbeständen Birken rigoros beseitigt. Heute sieht man dies in der Forstwirtschaft gelassener und beachtet auch immer mehr die ökologischen Vorteile der Birken wie z. B. ihr Halbschatten und ihre Bedeutung für viele Insektenarten.

*Mechanische Konkurrenz zwischen Fichte und Birke (Beschädigung des Wipfeltriebes der Fichte durch Peitschen der Birkenzweige)*

## Mehrschichtige Blattanordnung (Multilayer-Baumart)

Wenn die Blätter z. B. bei Birken sehr licht und zerstreut im Luftraum verteilt sind und viel Licht durchlassen, so dass der hohe Lichtbedarf der Blätter auch in tieferen Kronenbereichen noch erfüllt wird, spricht man von mehrschichtiger Blattanordnung (in Abb. links). Solche Multilayer-Baumarten kommen nur bei besseren Lichtbedingungen vor und unterscheiden sich von ▶ einschichtiger Blattanordnung der Monolayer-Baumarten (in Abb. rechts). Die meisten ▶ Pionier-Baumarten sind Multilayer-Baumarten.

*Mehrschichtige Blattanordnung einer Multilayer-Baumart (links, z.B. Buche) und einschichtige Blattanordnung einer Monolayer-Baumart (rechts, z.B. Birke)*

## Meristeme

Bildungsgewebe, mit denen die Pflanze wächst (d. h. Biomasse und Volumen vergrößert), bezeichnet man auch als Meristeme. Meristematische Zellen sind teilungsaktiv und haben die Aufgabe, Tochterzellen zu produzieren, die sich für bestimmte Funktionen weiterentwickeln (spezialisieren). Solche Meristeme treten z. B. an Spross- und Wurzelspitzen auf und sind dann hauptsächlich für das Längenwachstum der Pflanze verantwortlich. Das Dickenwachstum von Bäumen beruht auf der Tätigkeit eines parallel zur Rindenoberfläche orientierten Flächenmeristems, das die

Organachse dabei mantelartig umschließt
(▶ Kambium).

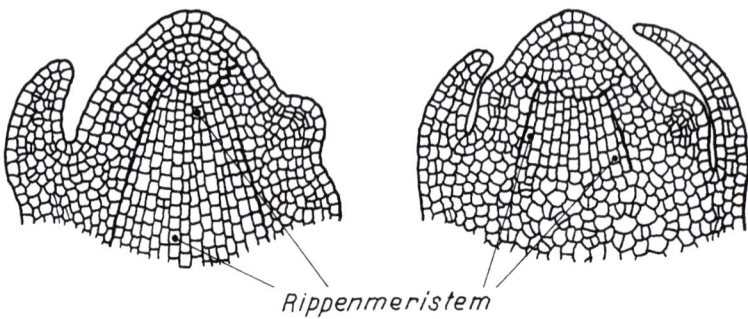

*Meristeme im Vegetationskegel der Buche (Längsschnitt, links Langtriebspitze mit sehr aktivem Rippenmeristem, rechts Kurztriebspitze mit nur schwach entwickeltem Rippenmeristem; außen Blattanlagen)*

## Mesotonie s. ▶ Basitonie

## Metamorphosen

Als Metamorphosen werden Verwandlungen bzw. Umgestaltungen von Blättern, Wurzeln oder Sprossen in Organe veränderter Form bezeichnet, z. B. Blattdornen, Sprosswurzeln und Wurzelknie (s. ▶ Blatt-, ▶ Spross-, ▶ Wurzelmetamorphosen).

## Mischbestände

Mischbestände haben vielerlei ökologische Vorteile, vor allem den, dass bei Ausfall einer Baumart die anderen Baumarten den ▶ Bestand erhalten können und dass die Stoffkreisläufe langfristig ausgeglichener sind. Zum Beispiel wirkt sich die Durchmischung der Blätter verschiedener Arten günstig

*Mischbestand mit Sand-Birke, Rot-Buche und Fichte*

aus, und die Durchwurzelung wird meistens optimiert. Abgesehen davon sind Mischbestände i. d. R. auch unter Nutzungs- und ästhetischen Gesichtspunkten günstiger zu beurteilen. Von Natur aus würden in Mitteleuropa allerdings auf großer Fläche Rein- oder nahezu Reinbestände der Rot-Buche dominieren aufgrund ihrer ▶ Konkurrenzstärke und Schattentoleranz. Buchenbestände sind wegen der Lichtarmut im Bestandesinneren relativ artenarm, was auch die Tierwelt betrifft.

## Mittagsdepression

Der typische Tagesverlauf der ▶ Photosyntheserate an einem trocken-warmen Sommertag ist zunächst, mit der Morgendämmerung beginnend, von einem Anstieg gekennzeichnet und erreicht am späteren Vormittag ein Maximum, bevor dann durch Spaltöffnungsschluss gegen Mittag eine zwischenzeitliche Abnahme festzustellen ist, die sog. Mittagsdepression. Erst am Nachmittag werden an solchen Tagen mit Trockenstress die ▶ Spaltöffnungen erneut geöffnet und ein zweites Maximum erreicht, bevor die Photosyntheserate in den Abendstunden wieder sinkt und bei Sonnenuntergang den ▶ Kompensationspunkt unterschreitet. Eine solche „Zwei-Gipfeligkeit" des täglichen ▶ Gaswechsels ist vor allem unter Bedingungen mit begrenztem Wasserangebot typisch (trockene Sommerperioden) und hängt von der artspezifischen ▶ Anpassung ab.

## Moderfäule

Das charakteristische Merkmal der Moderfäule ist das bevorzugte Wachstum der Pilzhyphen innerhalb der Zellwand, so dass sich in dieser längs zur Holzachse orientierte Hohlräume (Kavernen) bilden. Bei diesem Fäuletyp findet ein bevorzugter ▶ Zellulose- und Hemizelluloseabbau statt, ▶ Lignin wird mehr oder weniger stark abgebaut, es kommt bei Abnahme der Biege-, ▶ Bruch-, Zug- und schließlich auch der Druckfestigkeit oft zu einer charakteristischen Holzversprödung und Würfelbruch.

## Monolayer-Baumart s. ▶ Einschichtige Blattanordnung

## Mono- und Sympodium

Das Spitzenmeristem in Zweigen (▶ Vegetationskegel) bleibt bei einer Reihe von Baumarten bei jedem weiteren Austrieb erhalten, indem die ▶ Terminalknospe wiederum eine Terminalknospe hervorbringt. Dies wird als Monopodium bezeichnet (Abb. links; Beispiele: Erle, Esche, Buche). Sterben hingegen die Terminalknospen nach Abschluss des Austreibens ab und

*Mono- und Sympodium: Monopodium (links) an Schwarz-Erle, Esche, Rot-Buche, Sympodium (rechts) an Flieder, Linde, Sal-Weide*

übernimmt eine Seitenknospe (oder zwei) die Fortsetzung der Achsenverlängerung, so handelt es sich um ein Sympodium (Abb. rechts; Beipiele: Flieder, Linde, Weide). Dieses erkennt man bei genauem Hinsehen an der Narbe der abgestorbenen Triebspitze. Auch bei monopodial wachsenden Baumarten können die Triebspitzen infolge terminaler Blüten absterben und die Triebe sympodial weiterwachsen (z. B. bei Ahorn, Rosskastanie).

## Morphogenetischer Zyklus

Als morphogenetischer Zyklus wird die Entwicklung der ▶ Knospen von der Entstehung der ersten Anlagen bis zu deren Austreiben bezeichnet.

Dies wurde z. B. an Rot-Buche und Wald-Kiefer sehr genau untersucht. Der Zyklus dauert bei Buche etwa 1,5 Jahre: im Herbst werden die ersten ▶ Nebenblätter am ▶ Vegetationskegel in der Knospe angelegt und als kleine Höcker erkennbar (Jahr x). Nach einer Ruhephase im Winter setzt sich die Entwicklung im Frühjahr des Folgejahres fort (Jahr x+1), in dem ab Mai bis Juli/August die Anlage der Blätter folgt (mit ihren Nebenblättern). Die Blattanlagen vergrößern sich dann im Verlauf der Vegetationszeit geringfügig bis zur nächsten Entwicklungspause im November. Ab Februar/März (Jahr x+2) beginnen die Knospen zu schwellen und schließlich endet der Zyklus im April mit dem Austrieb.

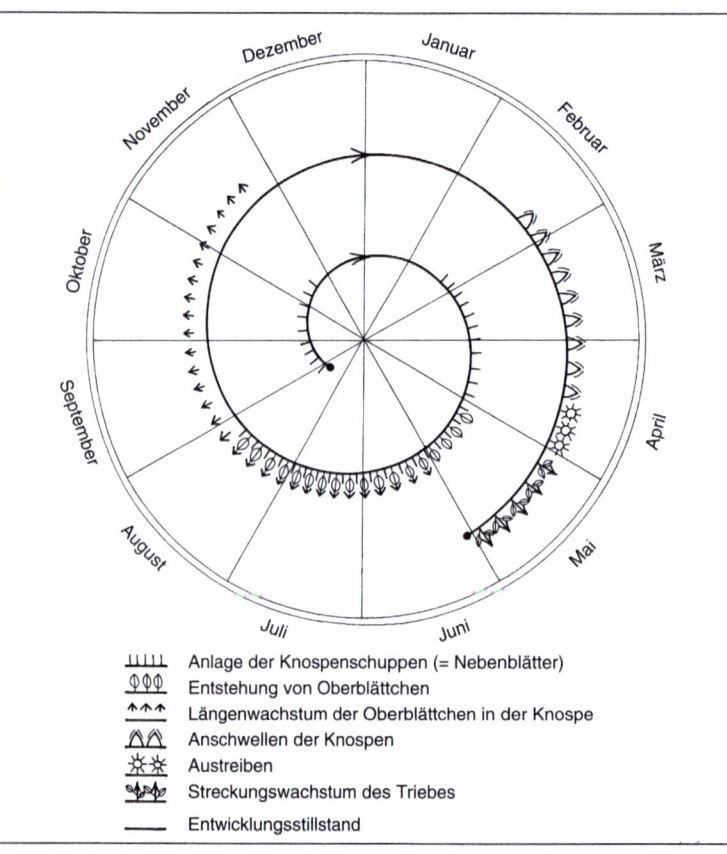

*Morphogenetischer Zyklus der Rot-Buche*

## Multilayer-Baumart s. ▶ Mehrschichtige Blattanordnung

## Mutationen

Mutationen sind Veränderungen des Erbgutes, die sich punktuell auf einzelne Gene, auf ganze Chromosomen oder Chromosomenabschnitte, bzw. den gesamten Chromosomensatz beziehen können. Sie sind für die Evolution von großer Bedeutung, da sie Änderungen der ▶ Angepasstheit und der Anpassungsfähigkeit zur Folge haben können. In vielen Fällen werden Mutationen gar nicht bemerkt, weil sie sich nicht auf äußere Erscheinungen auswirken. Sie können negative Folgen haben (Wuchsanomalien, Stoffwechseldefekte u. ä.), müssen jedoch nicht die Überlebensfähigkeit beeinträchtigen. Oder sie wirken sich sogar positiv aus, wenn z. B. der veränderte Baum besser auf seine Umwelt reagieren kann. Im Bild ist eine in der Natur sehr selten auftretende Variation der Rot-Buche mit verdrehten Zweigen zu sehen, die Süntel-Buche – für das Leben des einzelnen Baumes zunächst ohne nennenswerte Nachteile, im ▶ Konkurrenzkampf aber doch ungünstig wegen des geringeren Höhenwachstums.

*Mutationen als ursprüngliche Ursache des Drehwuchses an Süntel-Buchen*

## Mykorrhiza

Bei der Mykorrhiza handelt es sich um eine Ernährungs- ▶ Symbiose zwischen Pilzen und den Wurzelspitzen von Pflanzen, also um eine Lebensgemeinschaft zum beiderseitigen Nutzen für die Ernährung. Die große Bedeutung der Mykorrhiza zeigt sich u. a. daran, dass etwa 80 % der Baumarten mykorrhiziert sind. Zur Ausbildung der Mykorrhiza muss die Baumwurzel entweder durch Pilzsporen oder durch Pilz-Hyphen bestehender Mykorrhizen infiziert werden. Die Infektion erfolgt meist an den langsam wachsenden Seitenwurzeln. Dabei deckt sich der Infektionsort mit der Differenzierungszone der Wurzel. Der ▶ meristematische Teil der Wurzelspitze wird nicht von Pilzhyphen durchsetzt, so dass auch nach der Ausbildung der Mykorrhiza ein Wachstum der Wurzelspitze möglich ist. Bei der für Bäume wichtigsten Ektomykorrhiza umgibt ein dichtes Pilzhyphengeflecht die Wurzel mantelartig und die Hyphen durchdringen das Rindengewebe ausschließlich interzellular bis zur ▶ Endodermis. Dieser Typ von Mykorrhiza ist hauptsächlich bei Nadel- und Laubbäumen der gemäßigten und kühlen Breiten anzutreffen (z. B. Fichte, Lärche, Buche, Birke, Eiche). In der Regel können sowohl die Pilz- als auch die Baumarten mehrere Partner haben wie z. B. die Wald-Kiefer, die mit bis zu 25 Pilzarten in Symbiose lebt. Ektomykorrhizierte Wurzeln (2. oder höherer Ordnung) lassen sich leicht an dem dichten Pilzmantel erkennen, der die Bildung der Wurzelhaube und der ▶ Wurzelhaare verhindert. Letztere werden nicht mehr benötigt, da die Aufnahme von Wasser und den darin gelösten Ionen von den Pilzhyphen im Boden übernommen wird. Auf diese Weise kommt der Baum in den Vorteil einer weit über das Ausmaß

der Wurzelhaare hinaus vergrößerten Wasser und Ionen aufnehmenden Fläche und wird besser vor Schadeinflüssen geschützt. Das dichte Pilzhyphengeflecht umgibt die Wurzelspitze als Hyphenmantel, die Hyphen erlauben bei enormen Längen (bis zu mehreren Metern) und den, verglichen mit Wurzelhaaren, um ca. eine Größenordung geringeren Durchmessern eine deutlich verbesserte Erschließung des Bodensubstrates. Darüber hinaus geben die Pilzhyphen Protonen in den Boden ab und bringen dabei Ionen in Lösung, so dass sie aufgenommen werden können. Im Gegenzug wird der Pilz vom Baum mit organischen Verbindungen, vor allem Kohlenhydraten, versorgt.

*Mykorrhiza: Fliegenpilz an Birke*

## Nacktsamer (Gymnospermen)

Bei den Nacktsamern (Gymnospermen) wie den Nadelbäumen sind die Samen nicht wie bei den ▶ Bedecktsamern (Angiospermen) von einem ▶ Fruchtknoten eingeschlossen, sondern befinden sich frei auf den Samenschuppen. Sie sind jedoch trotzdem nicht ungeschützt Umwelteinflüssen und Fraßfeinden ausgesetzt, sondern durch aufeinander gepresste Samenschuppen und Harz geschützt. Bei den Nacktsamern (s. auch ▶ Samen der Koniferen) können sich wegen des fehlenden Fruchtknotens keine Früchte entwickeln, weshalb z. B. die Samen mit fleischiger Hülle an Wacholder und Eibe auch nicht als Beeren bezeichnet werden.

Nacktsamer Eibe

## Nadeln als Verdunstungsschutz

Nadelförmige Blätter stellen einen effektiven Austrocknungsschutz dar, weil ihre Oberfläche kleiner ist als die von flächigen Laubblättern. Nadeln müssen auch schon deshalb trockenheitstoleranter sein, da sie ja viele Jahre am Zweig bleiben und ▶ Photosynthese betreiben sollen. Sie dürfen nicht schon in jungem Alter wie Laubblätter sommergrüner Arten in einer trocken-heißen Sommerperiode abgeworfen werden, um die Verdunstungsfläche zu reduzieren. Hinzu kommt noch, dass Nadeln besser als flächige Laubblätter Wasser direkt über ihre Oberfläche aufnehmen können,

so dass in Trockenperioden der nächtliche Tau oder Nebel ausgenutzt werden kann (s. ▶ Blatt-Wasseraufnahme). Immergrüne Nadeln sind außerdem bei kurzer Vegetationszeit von Vorteil, da sie auch im Winterhalbjahr in warmen Perioden Photosynthese betreiben können.

*Nadeln als Verdunstungsschutz an einer Gemeinen Kiefer*

## Nadelscheitelung

Einer der Anpassungsmechanismen, mit wenig Licht auszukommen, ist die flache Ausrichtung der Blätter. Bei schattentoleranten Nadelbaumarten führt dies zur Scheitelung der ▶ Nadeln: während die Nadeln an gut belichteten Zweigen (rechts im Foto) auch nach oben vom Zweig ausgerichtet sind – im Bild zum Betrachter hin –, orientieren sie sich im Schatten (linker Zweig) vor allem in die Waagerechte, um sich das wenige Licht nicht noch gegenseitig streitig zu machen. Dabei ist die spiralige Nadel-Anordnung am Zweig immer dieselbe, aber man nimmt sie kaum noch wahr und denkt, dass die Nadeln zweizeilig angeordnet sind. Zwei so verschiedene Zweige wie auf dem Foto könnte man fast für unterschiedliche Arten halten, sie stammen aber von demselben Baum.

*Nadelscheitelung an einem Schattenzweig der Weiß-Tanne (links), rechts Lichtzweig desselben Baumes ohne Scheitelung*

## Nährstoffe

Für das Wachstum und die Entwicklung von Pflanzen sind neben $CO_2$, Wasser und Licht eine Reihe von Elementen erforderlich, die entsprechend ihrer Konzentration in der Pflanze als essentielle Makro- oder Mikronährstoffe bezeichnet und überwiegend in Form von Mineralstoffen durch die Wurzel aus dem Boden aufgenommen werden. Es wurden insgesamt sechs essentielle Makro- (N, P, S, K, Mg, Ca) und acht essentielle Mikronährstoffe (Fe, Mn, Zn, Cu, B, Mo, Cl, Ni) für Wachstum und Entwicklung von Pflanzen identifiziert. Aufgrund der begrenzten Selektivität der Aufnahmesysteme der Wurzel kann das Vorkommen von Elementen in einer Pflanze nicht als Kriterium dafür herangezogen werden, ob ein Element essentiell ist oder nicht.

## Naturverjüngung

Naturverjüngungen von einigen Baumarten können wie „Haare auf dem Hund" stehen, mit über 1000 Pflanzen auf dem Quadratmeter. Die jungen Bäume machen sich natürlich mit ihrem weiteren Wachstum schnell das Leben gegenseitig schwer, sie konkurrieren um Licht, Wasser und Nährstoffe. Daher wird ein Absterbeprozess einsetzen, bei dem nur die am besten wachsenden Bäume überleben können. Naturverjüngungen sind eine hochdynamische Lebensphase von Waldbeständen, die vielerlei besondere Anpassungen und Optimierungen erfordern.

*Naturverjüngung der Esche*

## Nebenblätter

Nebenblätter (Stipeln) sind kleine, bisweilen nur schuppenartige Blättchen, die paarweise rechts und links neben der Blattstielbasis auftreten können (Foto). Dies ist bei längst nicht allen Baumarten der Fall – bei einigen fehlen sie vollständig, bei anderen fallen sie bereits beim Austreiben ab und sind dann nicht mehr sichtbar. Bei vielen Baumarten haben sie aber sehr wichtige Funktionen zu erfüllen und übernehmen z. B. den Knospenschutz, indem sie zu Knospenschuppen umgestaltet sind wie bei den Birken und Buchen. In anderen Fällen (z. B. bei der Robinie) sind sie zu ▶ Dornen umgewandelt und schützen so vor Fraß oder Beschädigung. Bei den Rosengewächsen bleiben sie meist auch nach dem Austreiben erhalten und gut sichtbar. Die Ohr-Weide hat ihren Namen wegen der großen, ohrenförmigen Nebenblätter.

*Nebenblätter an einer Edel-Kastanie*

Nekrosen s. ▶ Programmierter Zelltod/Organtod

## Nektarien

Als Nektarien werden ▶ Drüsen in der Blüte oder an anderen Organen des Baumes bezeichnet, die Nektar (einen zuckerhaltigen Saft) absondern. Während die Nektarien an Blüten dem Anlocken von Insekten für die Bestäubung dienen (s. ▶ Blütenökologische Anpassung), werden durch extraflorale Nektarien an Blättern oder Früchten Ameisen angelockt, die dann Fraßfeinde dezimieren, z. B. blatt- oder fruchtfressende Raupen.

*Nektarien: sog. extraflorale Nektarien am Blattstiel der Süß-Kirsche (oben) und am Blattrand der Sauer-Kirsche (unten)*

## Neophyten

Neophyten sind Pflanzen, die bewusst oder unbewusst, direkt oder indirekt vom Menschen nach 1492, dem Jahr der Entdeckung Amerikas durch Christoph Kolumbus, in Gebiete eingeführt wurden, in denen sie bis dahin natürlicherweise nicht vorkamen. Solche neu eingeführten und eingebürgerten Baumarten in Mitteleuropa sind z. B. Robinie und Rosskastanie, nicht jedoch Walnuss und Edel-Kastanie, da diese bereits vor etwa 2000 Jahren hier eingeführt wurden.

*Neophyt Robinie*

## Netzborke

Bei der Netzborke lösen sich die absterbenden Rindenpartien netzartig vom Stamm, sie sind also an bestimmten Stellen immer noch miteinander verbunden. Dazwischen entstehen tiefe Furchen. Diese Rindenstruktur ist bei alten Pappeln und Weiden verbreitet und auch bei Eichen, Linden und beim Spitz-Ahorn. Bei diesem Borketyp kann man sich sehr gut vorstellen, dass die Ursache für das Aufreißen die Stammumfangerweiterung ist, der die Rinde ständig ausgesetzt ist und der sie nur begrenzt folgen kann – man sieht im Foto regelrecht die enormen Zerr-Kräfte, die auf die Rinde einwirken. Bei diesem ▶ Borketyp wird aber, wie bei den anderen auch, ein Aufreißen bis in den Holzkörper wirksam verhindert. Die Netzborke erreicht die größte Zugfestigkeit aller Rindentypen.

*Netzborke der Schwarz-Pappel*

## Netzstrukturen der Verzweigung

Ein voll vitaler Baum zeigt ein Netzwerk von ▶ Langtrieben im Wipfelbereich (Foto). Dies ist die optimale Form der Luftraumeroberung und -erschließung und damit effizient im ▶ Konkurrenzkampf, bei dem es auf schnelles Wachstum und die Beschattung von Nachbarbäumen ankommt (s. ▶ Explorationsphase, Vitalitätsstufe 0). Von den Hauptachsen wird so ständig neuer Luftraum erobert, während die seitliche Verzweigung für die Nutzung mit Blättern und somit ▶ Photosynthese sorgt. Selbst wenn in dieser Verzweigung einmal Äste beschädigt werden oder abbrechen, werden die so entstandenen Verzweigungslücken durch das intensive Wachstum sofort wieder geschlossen. Das sieht anders aus bei Bäumen geringerer ▶ Vitalität (s. ▶ Pinsel-, ▶ Spießstrukturen).

## Oberflächenvergrößerung

Bäume erreichen eine enorme Oberflächenvergrößerung an ihren verschiedenen Organen. So sind die Blätter mehrfach geschichtet im Luftraum angeordnet und erreichen auf diese Weise eine größere Grenzfläche zur Umgebungsluft, die um ein Vielfaches über der überschirmten Bodenfläche liegt (s. ▶ Blattflächenindex). An den Blättern selbst kann ▶ Behaarung und Faltung für eine größere Oberfläche sorgen. Im Blattinneren sind die Zellen so angeordnet, dass unter günstigen Lichtbedingungen in mehreren Schichten übereinander ▶ Photosynthese betrieben werden kann. In den Zellen selbst wiederum sind die Membranen vielfach gefaltet zur Grenzflächenvergrößerung. Und an den Wurzeln sorgen ▶ Wurzelhaare und Pilzhyphen für denselben Effekt und vervielfachen auch dort die Kontaktflächen zur Bodenlösung.

Oberflächenvergrößerung durch Mehrfachschichtung der Blätter

## Ökogramm

Als Ökogramm bezeichnet man die zweidimensionale graphische Darstellung von ▶ physiologischer Amplitude (Potenz) und physiologischem Optimum sowie der ökologischen Amplitude einer Pflanzenart (natürliches Vorkommen unter ▶ Konkurrenz), bezogen auf zwei Standortsfaktoren, meist pH-Wert und Wasserangebot.

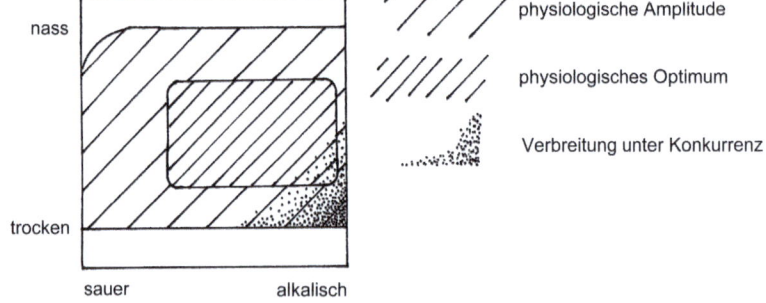

Ökogramm der Elsbeere: physiologische Amplitude, Optimum und ökologische Amplitude (Verbreitung unter Konkurrenz) bei variablem pH-Wert und Wasserangebot

## Ökologische Amplitude

Als ökologische Amplitude (ökologischer Existenzbereich, Fundamentale Nische bzw. Fundamentalnische) bezeichnet man den i. d. R. gegenüber der ▶ physiologischen Amplitude eingeschränkten Bereich von Standortsfaktoren, in dem die Baumart von Natur aus vorkommt (also unter Konkurrenzbedingungen mit anderen Baumarten), und das ökologische Optimum ist dann der meist nochmals eingeengte Bereich, in dem unter natürlichen Verhältnissen die besten Wuchsleistungen erzielt werden. Diese Optimalvorkommen lassen keinen bzw. nur einen sehr eingeschränkten Rückschluss auf die Standortsverhältnisse zu, unter denen die Baumart ohne ▶ Konkurrenz (z. B. in der Stadt) wachsen kann.

## Ökotyp

Als Ökotyp wird eine bestimmte Form (Rasse) eines Lebewesens bezeichnet, die im Vergleich zu anderen Populationsteilen der gleichen Art eigene genetisch fixierte ökologische Ansprüche an ihre Umwelt stellt bzw. an bestimmte ökologische Faktoren besonders angepasst ist. Ein Ökotyp unterscheidet sich also durch das Wirken der Selektion aufgrund der besonderen Standortsbedingungen genetisch und physiologisch von anderen Populationsteilen. Diese Eigenschaften reichen jedoch nicht dafür aus, diesen Organismus als eigene ▶ Art zu beschreiben und ihm damit eine eigene formale systematische Stellung zuzubilligen. Beispiele sind höhenzonale Ökotypen der Eberesche und trockenheitsresistente Buchenökotypen (Foto).

*Ökotyp der Rot-Buche, der unempfindlich gegen Trockenstress ist*

## Optimierte Blattstellung

Computersimulationen haben ergeben, dass die optimierte Blattstellung an einem senkrechten Spross 137,5° wäre. D. h., das folgende Blatt am Spross ist immer um diesen Winkel versetzt über dem darunter befindlichen an der Sprossachse orientiert, da sich bei diesem Winkel theoretisch niemals ein Blatt genau über einem anderen befindet und daher die gegenseitige Beschattung minimiert ist. Wenn man an verschiedenen Baumarten vorkommende Blattstellungen untersucht, ist tatsächlich festzustellen, dass die Natur diesen optimalen Winkel anstrebt. Seine möglichst genaue Einhaltung ist allerdings nur sinnvoll bei sehr dichter Blattstellung wie z. B. bei Nadelbäumen (Foto: Aufsicht auf einen Eibenzweig). Unter natürlichen Verhältnissen sind Triebe jedoch selten genau senkrecht orientiert, und die Sonne wandert den Tag über weiter. Daher haben diese Überlegungen eher theoretische Bedeutung.

*Optimierte Blattstellung an Eibe (Blattstellungswinkel 137°)*

## Organe

Gewebe formieren sich auf der nächst höheren Funktionseinheit im Verbund mit anderen Geweben zu Organen. Meist sind Organe, selbst wenn sie in verschiedenen Pflanzenarten unterschiedlich aussehen, aufgrund anatomischer Ähnlichkeit ohne Schwierigkeit identifizierbar und einem entsprechenden Funktionstypus zuzuordnen, vor allem wenn die Entstehung aus gleichen Anlagen resultiert. Die Grundorgane der Bäume lassen sich wie in allen Höheren Pflanzen in Spross, Blatt und Wurzel differenzieren. Sie üben verschiedene grundlegende Funktionen im pflanzlichen Organismus aus. Auch Blüten und Früchte werden als Organe bezeichnet, sind genau genommen allerdings nur modifizierte Blätter, z. T. auch Sprossteile. Im Laufe der Entwicklungsgeschichte kann sich bei einigen Baumarten auch durchaus eine zweckbedingte Ähnlichkeit ungleicher Organe eingestellt haben (z. B. Blatt- ▶ Dornen), die dann als ▶ Metamorphosen bezeichnet werden.

## Orthotropie

Senkrechtes Wachstum von Wipfeltrieb und/oder Seitenästen wird als Orthotropie bezeichnet. Während eine Reihe von Baumarten einen othotropen Wipfeltrieb und ▶ plagiotrope (horizontale) Seitenäste aufweisen (s. ▶ Architekturmodelle), wachsen bei anderen auch die Seitenäste senkrecht, bei einigen auch Wipfel und Äste plagiotrop. Vgl. ▶ Apikalkontrolle.

*Orthotropie aller Zweige an einer Walnuss*

## „Oskar-Syndrom"

Bei Ahorn und Esche sowie einigen anderen in der Jugend zunächst schattentoleranten Baumarten, deren Lichtbedarf schnell ansteigt, tritt das „Oskar-Syndrom" auf. Es bezeichnet sehr treffend die Situation, dass z. B. junge Spitz-Ahorne im tiefen Schatten auf mehr Licht warten und dann im Wachstum stagnieren, wenn sie etwa 1–2 m groß sind. Die Bezeichnung Oskar-Syndrom wurde dafür gewählt, da es ja das Schicksal von OSKAR in der „Blechtrommel" von GÜNTER GRASS ist, dass der Junge nicht mehr weiter wächst

„Oskar-Syndrom" an Berg-Ahorn-Naturverjüngung unter Buche

## Osmose

Als Osmose wird die Diffusion von Lösungen durch eine semipermeable Membran bezeichnet. Sie ist an der Wasseraufnahme in die Wurzel mitbeteiligt und für den ▶ Turgor mitverantwortlich. Will man sich die Wirkungsweise der Osmose verdeutlichen, kann man sich modellhaft zwei Wasserkompartimente vorstellen, die durch eine semipermeable Membran voneinander getrennt sind. (Semipermeabel bedeutet, dass eine solche Membran zwar für Wasser, nicht aber für andere darin gelöste Stoffe durchlässig ist.) Wenn das eine Kompartiment nur Wasser, jedoch das andere zusätzlich in Wasser gelöste Moleküle (‚Metabolite') wie Salz oder Zucker enthält, tendieren Wasser und die anderen Moleküle dazu, in das Kompartiment mit der jeweils niedrigeren Konzentration zu diffundieren: In das Kompartiment mit der Metabolit-Lösung ist das Wasser niedriger konzentriert (= „verdünnt") als in dem Kompartiment mit reinem Wasser. Infolgedessen diffundiert Wasser ungehindert in Richtung seiner niedrigen Konzentration, d.h. ins Kompartiment mit der Metabolit-Lösung. Die semipermeable Membran verhindert jedoch in der Gegenrichtung die Diffusion der Metabolite in das andere, metabolitfreie Kompartiment. Es resultiert also eine „asymmetrische Diffusion", die zum Netto-Einstrom von Wasser in die Metabolit-Lösung führt und hier den Turgor erhöht. Dieses Modell lässt sich auf das System „Zelle" übertragen. Osmoregulation ist insbesondere bedeutsam bei ▶ Trockenstress und für die Frostabhärtung. Im ersteren Fall wird durch Metabolit-Aufkonzentrierung in den ▶ Vakuolen z. B. der Rindenzellen in ▶ Feinwurzeln der Wassereinstrom aus dem austrocknenden Boden erleichtert; im Fall der Frostabhärtung führt Aufkonzentrierung z. B. in den Nadelvakuolen immergrüner Koniferen zur Gefrierpunktserniedrigung. Auch beim Austreiben der Bäume im Frühjahr spielt Osmose eine wichtige Rolle, da durch sie ein begrenzter Wasserstrom ohne ▶ Transpiration möglich ist (s. ▶ Frühjahrssaft, ▶ Wurzeldruck).

## Palmen

Palmen sind in kälteren Regionen nicht lebensfähig, da sie über eine zu geringe Frosthärte verfügen (bis etwa −10 °C). Eine weitere Besonderheit ist der innere Aufbau ihres Stammes und die Form des Wachstums. Während alle Baumarten kühler und kalter Regionen und die meisten der Tropen und Subtropen jedes Jahr in die Dicke wachsen (müssen) und im Holz ▶ Jahrringe bilden, ist das bei den Palmen nicht der Fall. Die meisten Palmenarten wachsen vielmehr am Beginn des Lebens zunächst einige Jahre nur in die Dicke und unterlassen nennenswertes Höhenwachstum so lange, bis sie ihren endgültigen arteigenen Stammdurchmesser erreicht haben. Erst dann setzt das Höhenwachstum ein, und die Krone schiebt sich mit dem Blattschopf in die Höhe. Daher werden die Stämme von Palmen nach unten nicht dicker (Foto). Hinzu kommt, dass sich einige Palmenarten überhaupt nicht verzweigen.

Palmen: Habitus der Honigpalme mit gleichbleibend dickem Stamm (Foto: Horst Bartels)

## OP

### Panaschierte Blätter

Panaschierte Blätter weisen Blattbereiche auf, die fast weiß sind (Foto). Solche Gehölze können auf Dauer natürlich nur überleben, wenn es irgendwo auch grüne Bereiche gibt, die ▶ Chlorophyll enthalten und daher ▶ Photosynthese betreiben können. Dann werden die weißen Bereiche ohne grünen Blattfarbstoff mit versorgt, und das Gehölz wächst etwas langsamer als das ohne die hellen Flecken. Da die ▶ Assimilate in der Pflanze immer vorzugsweise von Orten der Produktion (grüne Blattbereiche) zu Orten des Verbrauches fließen (helle Bereiche), funktioniert der Transfer automatisch. Pflanzen, die überhaupt keinen grünen Blattfarbstoff enthalten („Albinos"), müssen Schmarotzer sein und die lebensnotwendige Zuckerlösung von anderen Pflanzen erhalten, wenn sie auf Dauer überleben wollen.

Panaschierte Blätter an einer Stechpalme

## Parasit Mistel

Misteln sind auf Bäume als Lebensgrundlage angewiesen. Die Früchte werden von Vögeln verbreitet, die die Samen in benachbarten Kronen (meist derselben Baumart) absetzen. Aufgrund des schleimigen Überzugs bleiben sie dort an den Zweigen kleben, keimen und heften sich mit einer Haftscheibe an den Ästen fest. Anschließend werden sie nach Eindringen in die Rinde vom dicker werdenden Zweig umwachsen und erhalten so schließlich (meist im zweiten Jahr) Anschluss an das Wasserleitungssystem im Holzteil des Astes. Dann lenken sie das im Ast des Baumes fließende Wasser durch ein niedrigeres ▶ Wasserpotenzial vorrangig zu sich um und erhalten so auch die darin gelösten Nährsalze. ▶ Photosynthese hingegen können sie selbst betreiben (sie haben ja Blätter und grüne Zweige), sind also nicht auf die ▶ Assimilate vom Trägerbaum angewiesen – daher ist die korrekte Bezeichnung Halbparasit. Einzelne Misteln in der Krone bewirken keine größeren Schäden am Baum, in Trockenperioden kann es allerdings zu Wassermangel für den Ast kommen, auf dem sie sich befinden.

*Parasit: eine Mistel an einer Sand-Birke*

## Parenchym

Als Parenchym bezeichnet man Grundgewebe aus lebenden Zellen im Embryo, im Mark von Ästen, in Blättern und grüner Rinde (Assimilationsparenchym), im Holz (Speicherparenchym), im Bast (Leit- und Speicherparenchym), in fleischigen Früchten und in Samen. Parenchymzellen sind noch wenig spezialisiert und zur Zellteilung in der Lage.

## Pathogene

Pathogene Pilze, Bakterien oder Viren können Schäden und ▶ Stress hervorrufen, indem sie in meist für die Pathogenart spezifischen Organen des Wirtes (Blättern, Wurzeln, Rinde, Holz) den Stoffwechsel behindern oder zum Erliegen bringen und Schädigungen hervorrufen. Davon sind in den Blättern vor allem die ▶ Photosynthese, in der Rinde der Assimilattransport, im ▶ Xylem der Wasser-/Nährsalztransport oder (bei Fäule) die mechanische Festigkeit, am ▶ Kambium die Xylem-/Phloembildung und an den Wurzeln die Wasser-/Nährsalzaufnahme, Assimilatspeicherung oder Standfestigkeit betroffen. Darauf reagiert der Baum durch verschiedene Mechanismen. So können z. B. fungi- oder bakterizide Abwehrstoffe wie Harze oder Hormone produziert bzw. genutzt, die Gefäße bei Laubbäumen durch ▶ Thyllenbildung oder Schleimpfropfen geschützt und ▶ Reaktions- oder ▶ Barrierezonen entwickelt werden. Das Eindringen der Pathogene erfolgt entweder über natürliche Öffnungen wie ▶ Lentizellen, ▶ Spaltöffnungen oder Wunden, in vielen Fällen auch durch die ▶ Epidermis von Blättern oder jungen Zweigen. Bei stärkeren Schäden an Blättern (Zweigen) werden diese abgeworfen oder aufgegeben und ggf. durch Neuaustrieb ersetzt. Im ▶ Phloem des Stammes und von Starkästen können betroffene Bereiche durch Wundperiderm abgegrenzt werden. Im Xylem werden, wenn die Ausbreitung des Pathogens durch vorgegebene passive Barrieren wie Zellwände und Kernholz nicht ausreichend behindert

wird, ggf. anatomische Grenzschichten entwickelt, bei denen lebende Parenchymzellen die entscheidende Funktion übernehmen. Ist das Kambium betroffen, kann eine Barrierezone und ▶ Kallus entwickelt werden.

*Pathogene: Teerfleckenkrankheit durch einen Blattpilz am Berg-Ahorn*

## Periderm

Gewöhnlich wird im ersten Jahr nach Beendigung des Streckungswachstums in der Epidermis oder in einer darunter liegenden Rindenschicht das Korkkambium als sekundäres ▶ Meristem angelegt. Dieses gibt nach außen den für die Funktion des Periderms wesentlichen ▶ Kork ab, nach innen produziert es ▶ parenchymatische Korkrinde. Korkrinde, Korkkambium und Kork werden zusammen als Periderm bezeichnet. Bei wiederholten Teilungen des Korkkambiums entsteht in Abhängigkeit von der Baumart eine mehr oder weniger dicke Korkschicht, die, wie beispielsweise bei der Kork-Eiche, auch von großer wirtschaftlicher Bedeutung sein kann (s. ▶ Massenkork). Bäume, bei denen das erste, die Epidermis des Sprosses ersetzende Korkgewebe dauerhaft erhalten und tätig bleibt, werden als Peridermbäume bezeichnet. Bei ihnen unterbleibt somit die Borkenbildung (z. B. bei Birke, Eberesche, Hainbuche, Haselnuss, Kirsche, Rot-Buche). Vgl. ▶ Glattrinde, ▶ Ringelkork, ▶ Bast.

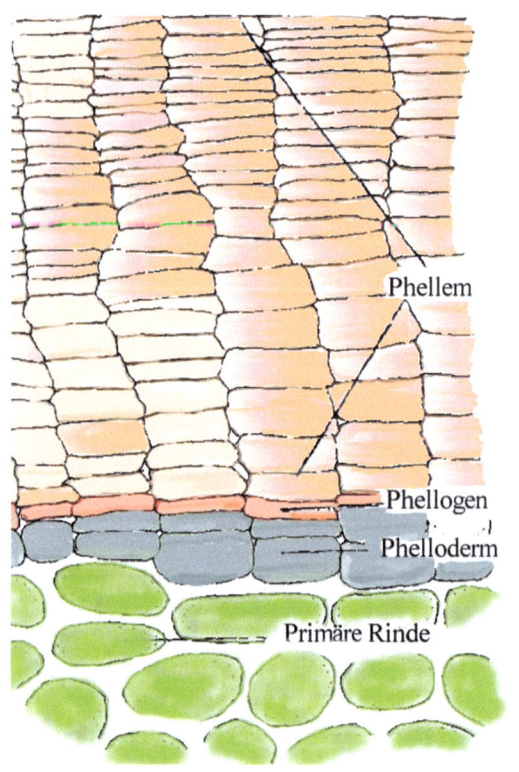

*Periderm mit Korkkambium (Phellogen), Kork (Phellem) und Phelloderm, darunter der Bast (Phloem) (oben im Bild ist Stamm-/Astaußenseite; Grafik: Doris Krabel)*

## Pfahlwurzel

Pfahlwurzeln sind dominante, mehr oder weniger deutlich senkrecht nach unten wachsende Hauptwurzeln von Bäumen, die der Tiefenerschließung des Wurzelsystems dienen. Die meisten Baumarten entwickeln in der Jugend zunächst eine senkrechte Hauptwurzel, die aber recht bald endet oder in die Waagerechte umbiegt. Nur wenige Baumarten wie z. B. Kiefern, Tannen oder Eichen (Foto) entwickeln ihre Pfahlwurzel immer weiter, so dass schließlich Bodentiefen von 10 m erreicht werden können (s. ▶ Wurzeltypen). Dies bringt natürlich Vorteile für die ▶ Standfestigkeit und die Wasserversorgung in Trockenzeiten. Allerdings sind die Bodenverhältnisse in solchen Tiefen meist sehr ungünstig (weniger Nährstoffe sowie Kälte und Sauerstoffarmut). In Felsspalten können Wurzeln besonders tief reichen.

*Pfahlwurzel an einer Trauben-Eiche*

## Pflanzschock

Als Pflanzschock bezeichnet man die teilweise deutlichen Reaktionen von Bäumen nach einer Verpflanzung. Dies äußert sich z. B. in abrupt geringem Trieblängenzuwachs und schmalen Jahrringen, bei größeren Bäumen auch im Absterben von Zweigen. Der Pflanzschock wird i. d. R. überwunden, wenn die Wurzelbildung und Anpassung am neuen Standort fortgeschritten ist.

## Pfropfung, Pfropfreiser und Pfropfunterlage

Bei einer Pfropfung/Veredlung werden abgetrennte Zweigstücke (Pfropf- oder Edelreiser) oder Knospen, heute auch Gewebeteile, durch spezielle Methoden (Schnitt, Verband) mit einer anderen Pflanze oder einem Teil davon (Pfropfunterlage) so zusammengefügt, dass sie miteinander zu einem Individuum verwachsen. Dazu müssen die jeweiligen Schnittflächen möglichst exakt zusammen passen, damit beim Zusammenfügen die ▶ Kambien der Pflanzenteile in Kontakt gebracht werden; die Wunde wird nach außen hin mit speziellem, elastischem Band fest verbunden, um

Druck auszuüben und mit Baumwachs luftdicht abgeschlossen. Die Pfropfung ist nur unter Beachtung gewisser Verwandtschaftsverhältnisse von Edelreis und Unterlage möglich.

*Pfropfung: Pfropfreis der Roten Johannisbeere (oberhalb der Pfropfstelle) auf Pfropfunterlage Gold-Johannisbeere (unterhalb der Pfropfstelle)*

## Pfropfungsstelle

Ehemalige Veredlungsstellen erkennt man bisweilen an einem Durchmessersprung im Stamm (Foto). Weniger deutlich sind abrupt unterschiedliche Rindenstrukturen ober- und unterhalb der Pfropfstelle oder Überwallungswülste. Der Erfolg einer ▶ Pfropfung/Veredlung hängt von der „Verträglichkeit" zwischen Pfropfreiser und -unterlage ab. Bei derselben Art ist diese i. d. R. gegeben, wenn bestimmte Dinge beim Pfropfvorgang berücksichtigt werden. Je weiter die miteinander verbundenen Individuen verwandtschaftlich voneinander entfernt sind, desto schwieriger wird meist das Miteinander-Verwachsen. Auch der beschriebene Durchmessersprung oder Überwallungswülste können irgendwann zum mechanischen Problem für die ▶ Bruchsicherheit werden, vor allem wenn sich in diesem Bereich Fäule entwickelt oder wenn der Zuwachs oberhalb der Veredlungsstelle größer ist als der unterhalb wie auf dem Foto.

*Pfropfungsstelle an einer alten Süß-Kirsche*

**Pfropfunterlage** s. ▶ Pfropfreiser

## Phänologie

Die Phänologie erfasst und bewertet die sich ändernden Erscheinungsformen von Bäumen im Jahreslauf. Abhängig vom physiologischen und Entwicklungszustand treiben bestimmte Baumarten früher aus als andere oder blühen früher. Individuen einer Baumart entwickeln sich z. B. früher an Wärme begünstigten Standorten, so dass man mit Hilfe der Erfassung des Entwicklungszustandes in einer begrenzten Region Wärme- und Kälteinseln erkennen kann, ohne dafür jahrelang aufwändig Messinstrumente installieren zu müssen.

Diese kleinklimatischen Besonderheiten (z. B. regelmäßige Spätfröste) können sehr bedeutsam sein, so dass Wärme liebende Arten in kalten Regionen nur an einstrahlungsbegünstigten Orten eine Chance haben und umgekehrt frosttolerante Arten an Nordosthängen konkurrenzkräftiger werden. Allerdings findet auch in Grenzen eine aktuelle ▶ Anpassung statt: Bäume „merken sich" die Umweltverhältnisse ihres bisherigen Lebens (s. ▶ Gedächtnis, ▶ Herkunft).

Phänologie: unterschiedliche Austriebs- und Blühzeitpunkte von Silber-Weide, Birke, Vogel-Kirsche (von rechts nach links)

## Phloem

Das Phloem dient dem ▶ Assimilattransport und entsteht bei Bäumen aus den vom ▶ Kambium nach außen abgegliederten Zellen (außer bei ▶ Palmen). Es bildet den inneren, lebenden Teil der Rinde, der wegen seines oft hohen Faseranteils auch als ▶ Bast bezeichnet wird. Die sog. Siebelemente im Phloem transportieren hauptsächlich Kohlenhydrate, Aminosäuren und ▶ Nährelemente. Der Begriff „Sieb" bezieht sich auf eine Anhäufung von Poren (Siebporen, als besonderer ▶ Tüpfeltypus) in bestimmten Zellwandbereichen, den sog. Siebfeldern. Die Siebelemente werden in sog. Siebzellen, die charakteristisch für ▶ Nacktsamer sind und in die für ▶ Bedecktsamer typischen Siebröhren unterteilt. Bei den meisten Baumarten leben die Siebröhrenelemente nur ein Jahr lang und werden in jedem Frühjahr vom Kambium neu gebildet. Bei einigen Arten können sie jedoch mehrere Jahre funktionstüchtig bleiben, so z. B. bei der Linde 5–10 Jahre (oder bei Palmen über 100 Jahre). Zusätzlich treten im Phloem stoffspeichernde ▶ Parenchymzellen sowie der Stabilität dienende Fasern auf.

## Phloemsaft

Wie im ▶ Xylem ist auch im ▶ Phloem Wasser die häufigste transportierte Verbindung. Die Konzentrationen der gelösten Substanzen, die mit dem Wasser transportiert werden, sind dagegen im Phloem meist mehrere Größenordnungen höher als im Xylem. Transportierte Substanzen im sog. Phloemsaft umfassen Kohlenhydrate, Aminosäuren, Peptide, Proteine, anorganische Ionen und RNAs sowie ▶ Phytohormone und weitere Signalsubstanzen. Dabei überwiegen bei weitem die Kohlenhydrate mit Saccharose als der quantitativ wichtigsten Verbindung.

## Photosynthese

Grüne Blätter und ggf. andere grüne Organe betreiben bei Vorliegen günstiger Bedingungen (ausreichend Licht, Wasser, ▶ Nährstoffe, $CO_2$, Wärme u. a.) Photosynthese, was oft auch als ▶ Assimilation bezeichnet wird. Dadurch binden sie Lichtenergie in energiereichen Kohlenstoffverbindungen (vor allem Zuckermolekülen) unter Fixierung des Kohlendioxids der Luft und unter Verbrauch von Wasser. Dieser wohl für alles Leben auf der Erde wichtigste Prozess findet in zwei Schritten statt: im ersten, lichtabhängigen Teil (Lichtreaktion) wird die Lichtenergie „eingefangen" und zwischengespeichert, und es werden Wassermoleküle gespalten (dabei wird Sauerstoff freigesetzt). Im zweiten, lichtunabhängigen Teil (sog. Dunkelreaktion) wird Kohlendioxid gebunden und in stabile Zuckermoleküle eingebaut. Diese werden kurzfristig als Stärke gespeichert und dann nach Rückumwandlung in Zucker (Saccharose) abtransportiert zu den Orten des Verbrauchs und der Speicherung. Vgl. ▶ Atmung, ▶ Gaswechsel.

## Physiologische Amplitude

Als physiologische Amplitude (physiologischer Potenzbereich, Realisierte Nische bzw. Realnische) bezeichnet man den Bereich eines Standortsfaktors (Wasserangebot, pH-Wert, Stickstoffversorgung, Licht etc.), in dem eine Baumart ohne Konkurrenten wachsen/überleben kann. Darin ist das physiologische Optimum der engere Bereich, in dem die größten/besten Wuchsleistungen erreicht werden. Als ▶ ökologische Amplitude bezeichnet man hingegen den i. d. R. eingeschränkten Bereich von Standortsfaktoren, in dem die Baumart von Natur aus vorkommt (also unter ▶ Konkurrenzbedingungen mit anderen Baumarten).

## Phytohormone s. ▶ Hormone

## Phytoremediation s. ▶ Phytosanierung

## Phytosanierung

Unter Phytosanierung (oder Phytoremediation) versteht man den Einsatz von Pflanzen zur Entgiftung von Böden, die durch Schadstoffe kontaminiert sind. Die Verwendung von Bäumen zur Phytosanierung hat gegenüber krautigen Pflanzen viele Vorteile: So gelangen bei Bäumen die aufgenommenen Schadstoffe nicht zurück in die Nahrungskette, Bäume produzieren eine größere Biomasse und verfügen über ein extensiveres Wurzelsystem. Dadurch können Bäume pro kontaminierter Fläche und Zeiteinheit mehr Schad-

*Phytosanierung: Entgiftung des Bodens mit Weidenstecklingen*

stoffe aufnehmen. Die giftigen Substanzen (z. B. Cadmium, Quecksilber, organische Verbindungen) werden zumindest teilweise zu den Blättern transportiert, in denen sie entgiftet oder in den ▶ Vakuolen gespeichert werden. Nach dem ▶ Blattfall im Herbst kann die kontaminierte Biomasse einfach gesammelt und ihr Volumen durch Verbrennung (in Anlagen mit Filtern) nochmals deutlich verringert werden. Bäume sind für die Phytosanierung auch deshalb besser geeignet als krautige Pflanzen, weil sie mehrere Jahre zur Entgiftung stehen bleiben können und nicht jedes Jahr neue Pflanzen angebaut werden müssen. Zusätzlich verhindern Bäume dabei die Erosion der verschmutzten Böden und damit die Verbreitung der Kontamination durch den Wind. Besonders geeignet sind schnell wachsende ▶ Pionierbaumarten wie Pappeln und Weiden.

## Pilzbefall

Pilzbefall am lebenden Baum kann ein Problem sein, muss es aber nicht. Denn an jedem altem Baum finden sich absterbende oder abgestorbene Holzbereiche (an Ästen, Wurzeln und im Stamm), die keine größere Bedeutung mehr für den Baum haben. Wenn Pilze diese ohnehin absterbenden Bereiche besiedeln und dabei keine tragenden Gewebe beeinträchtigen, übernehmen sie auch wichtige Funktionen im Stoffkreislauf der Natur. Werden allerdings lebende oder für die Stabilität wichtige Bereiche befallen, kann es kritisch werden: Für die ▶ Bruchsicherheit des Baumes bzw. der Äste oder für den Stoffwechsel, wenn leitende Gewebe außer Funktion geraten. Nur die Kenntnis der Pilzart und ihrer Schädigungs- und Zersetzungseigenschaften kann eine Prognose ermöglichen (s. ▶ Pathogene). In jedem Fall stellen Bäume aber wichtige Lebensräume für Pilze dar und Pilze wiederum für andere Organismen.

*Pilzbefall einer Stiel-Eiche mit Schwefelporling*

## Pinselstrukturen der Verzweigung

Wenn die ▶ Vitalität von Laubbäumen stark eingeschränkt ist, entwickeln sich im Wipfelbereich schließlich pinsel- und krallenartige ▶ Verzweigungsstrukturen, die Vitalitätsstufe 2 ist erreicht (s. ▶ Stagnationsphase). Die Ursache dafür ist, dass die älteren Seitenzweige der Hauptachsen vollständig aufgegeben werden, wenn die Wasser- und Nährstoffversorgung immer problematischer wird. Dann ist das Wichtigste, dass die Spitzenbereiche der Äste am Leben bleiben. So wird der eroberte Luftraum noch nicht wieder aufgegeben. Sollte dieser Zustand allerdings länger anhalten, sterben auch die Zweigspitzen schließlich ab, und die Krone stirbt zurück (s. ▶ Absterben Wipfel).

## Pionierbaumarten

Kiefern, Pappeln, Weiden und Birken sind Beispiele für sog. Pionierbaumarten, die Freiflächen als erste großflächig und massiv besiedeln können. Dies gelingt ihnen, indem ihre ganze Lebensstrategie auf ein „Schnell-zur-Stelle-Sein" ausgerichtet ist. Dafür produzieren sie jedes Jahr und bereits früh im Leben reichlich Samen bzw. Früchte, die zudem mit dem Wind weit fliegen, weil sie sehr leicht sind. Pionierbaumarten sind i. d. R. kurzlebig, schnellwüchsig, anspruchslos an Nährstoff- und Wasserversorgung, aber sehr lichtbedürftig (s. ▶ Lichtbaumarten). Ihre Kronen lassen viel Licht durch und ermöglichen so anderen Baumarten, unter ihnen aufzuwachsen. Sie selbst haben damit aufgrund ihres hohen Lichtbedarfs Probleme, so dass sich die Baumartenzusammensetzung mit zunehmendem Alter verändert. Das „Gegenteil" sind ▶ Klimaxbaumarten, und es gibt natürlich auch Übergangsformen.

*Pionierbaumart: Sand-Birke auf Felsen*

## Plagiotropie s. ▶ Waagerechtes Wipfelwachstum

## Plötzliche Umweltveränderungen

Es gibt Situationen durch plötzliche Umweltveränderungen, auf die ein Baum nicht vorbereitet sein kann und die seine genetisch bedingte Toleranz überschreiten. Dann kommt es zur Schädigung von Organen und im schlimmsten Fall zum Absterben des ganzen Baumes. Solche Ereignisse können von Natur aus sein: Feuer, Überflutung, Immissionen, extreme Witterungsereignisse u. ä. Durch Menschen verursacht tritt eine solche drastische Veränderung z. B. bei Baumaßnahmen oder beim Verpflanzen großer Bäume ein. Wenn zuvor beschattete Nadelbaum-Exemplare (z. B. Eiben) plötzlich in die volle

*Plötzliche Umweltveränderungen: kurzzeitige Überflutung von Fichten mit der Folge ihres Absterbens*

Sonne gepflanzt werden oder die Himmelsrichtung beim Verpflanzen nicht eingehalten wird, kommen die im Schatten entwickelten Nadeln (z. B. an der Nordseite der Krone) mit dieser Veränderung evtl. nicht zurecht und sterben ab. Bei Nadelbäumen ist das Besondere neben der Eigenschaft der wintergrünen Belaubung auch, dass die Nadeln viele Jahre am Baum ihre Funktion erfüllen sollen.

## Pollen/Pollenkorn s. ▶ Blütenstaub

## Programmierter Zelltod/Organtod

Als programmierter Zelltod werden Abwehr- und Reparaturmaßnahmen bezeichnet, die bei ▶ Pathogenbefall oder ▶ Stress das Überleben eines Organs/Organismus durch Aufgabe begrenzter Gewebebereiche ermöglichen, wie z. B. durch ▶ Nekrosebildung am Blatt. Auch das Wasserleitungssystem der Bäume wird erst durch das Absterben von Zellen und durch die Bildung von ▶ Gefäßen und ▶ Tracheiden ermöglicht. Vgl. ▶ Eidechsen-Prinzip.

*Programmierter Zelltod an einer Holländischer Linde (Blattnekrosen)*

## Prolepsis s. ▶ Johannistriebe

## Rankenkletterer

Rankenkletterer wie die Waldrebe können Bäume zum Umstürzen bringen und so Waldbestände grundlegend verändern, in Extremfällen sogar verhindern. Dies geschieht, nachdem sie die Krone erreicht haben. Durch das Gewicht insbesondere im Winter bei Nassschnee, der auf dem dichten Zweiggewirr der Waldrebe schnell liegen bleibt, brechen Äste ab und reißen schließlich ganze Kronen mit sich. Die Fiederblatt-Ranken der Waldrebe suchen durch Drehbewegungen beim Wachsen Gegenstände, die sie umwinden und so zur Befestigung nutzen können. Das sind im Wald Zweige und Blätter von Bäumen, in denen sie dann hochklettern. Da die Zweige der Waldrebe sich später zusammenziehen, können sie auch dadurch ein Umreißen der Kronen bewirken. Schließlich wachsen die Bäume dann nur noch wenige Meter in die Höhe, da sie immer wieder heruntergezogen werden. Vgl. ▶ Kletterpflanzen.

*Rankenkletterer Wald-Rebe auf einem Spitz-Ahorn mit Herabziehen der Wipfeltriebe*

## Reaktionsholz

Bäume reagieren auf schräge Orientierung mit der Bildung von sog. Reaktionsholz. So bilden Laubbäume auf der Oberseite von Ästen und schief stehenden Stämmen ▶ Zugholz, Nadelbäume auf der Unterseite ▶ Druckholz, um ein weiteres Absinken des Stammes/Astes durch die Schwerkraft zu verhindern. Dafür werden die Jahrringe an der entsprechenden Seite verstärkt, also breiter entwickelt, so dass sich das Mark des Stammes/Astes dann auf dem Querschnitt unter- bzw. oberhalb der Mitte befindet. So kann man an einem Holzquerschnitt auch im Nachhinein, z. B. nach dessen Verarbeitung in einem Balken, einen solchen Schiefstand im früheren Baumleben rekonstruieren. Auch bei starker einseitiger Windbelastung bildet sich Reaktionsholz aus. Es gibt nur wenige Ausnahmen von Baumarten ohne Reaktionsholz, z. B. die Linde, die stattdessen die Rinde oberseitig verstärkt. Und der Buchsbaum verhält sich wie ein Nadelbaum und bildet Druckholz.

## Reaktionszone

Die Gesamtheit von anatomischen Strukturen des Holzes, die Hindernisse für eine Ausbreitung von Pathogenen und Schäden darstellen, wird als Reaktionszone bezeichnet. Solche Strukturen sind in radialer, tangentialer und axialer Richtung entwickelt, z. B. durch ▶ Holzstrahlen, Zellwände (insbesondere im ▶ Spätholz) und Zellen mit hohem Wassergehalt. Vgl. ▶ CODIT.

## Reiterationen

Im Idealfall spiegeln die ▶ Architekturmodelle das „genetische Konstruktionsprogramm" der Baumkronen wider. Bestenfalls jedoch in den frühen Lebensjahren haben Bäume Gelegenheit, sich ungestört entsprechend ihrem Architekturmodell zu entwickeln. Kritische Umwelteinflüsse können z. B. zum Verlust der Gipfelknospe oder des Wipfeltriebes führen (z. B. durch Verbiss). Plötzliche Veränderungen des Lichtgenusses oder des Standraumes (z. B. durch Freistellung), aber auch extremer Frost, große Trockenheit, hohe Luftverunreinigungen oder starker Wind erfordern Reaktionen. Auf solche Einflüsse kann der Baum nicht mehr ausschließlich mit Hilfe seines artspezifisch, genetisch festgelegten Wachstumsprogramms reagieren. Daher steht fast allen Baumarten in ihrer genetischen Konstitution die Möglichkeit der Reiteration (gesprochen Reïteration) zur Verfügung, um auf Umwelteinflüsse zu reagieren. Dafür sind ▶ schlafende Knospen vorgesehen, oder es können sich ▶ Adventivknospen entwickeln. Der Begriff Reiteration wird enger als die Übersetzung „Wiederholung" aufgefasst – nämlich als nicht vorhersehbare Wiederholung des gesamten Architektur-Modells. Jedoch sind Reiterationen mehr als nur Regenerationen oder Reparaturen. Reiterationen werden außer durch ▶ Stress und Verletzungen auch durch sich verbessernde Wuchsbedingungen hervorgerufen. Reiterationen entstehen also spontan und sind in Zeitpunkt und Ort in der Krone nicht vorhersagbar. Als Folge entstehen in der Krone eines Baumes Unterkronen, die man als kleine „Bäumchen" innerhalb der Krone des „Mutterbaumes" erkennen kann (s. z. B. ▶ Absenker, ▶ Ersatztriebe, ▶ Harfenbaum, ▶ Riverbank-Effekt, ▶ Stockausschlag, ▶ Wasserreiser).

*Reiterationen: verschiedene Typen an einem Altbaum*

## Reiterationsfreudigkeit

Als Reiterationsfreudigkeit wird das unterschiedliche Potenzial der Baumarten bezeichnet, auf Umwelteinflüsse und Eingriffe sofort mit ▶ Reiterationen zu reagieren. Sie ist gering bei Rot-Buche, Hainbuche, Wald-Kiefer, mäßig entwickelt bei Spitz- und Berg-Ahorn, Rosskastanie, Sand- und Moor-Birke, Gemeiner Esche, Platane und Robinie, hoch bei Schwarz-Erle, Fichte, Eiche und Linde.

## Reservestoffspeicherung

Die Reservestoffspeicherung (vor allem als Stärke, Fette/Öle und Proteine) ermöglicht es Bäumen, dass die Reproduktion nicht schon wie bei einjährigen Pflanzen im Jahr der Keimung gewährleistet werden muss, sondern erstmals nach mehreren Jahren oder Jahrzehnten erfolgen kann. Auch stellen Reservestoffe eine „Notfall-Versicherung" dar, falls z. B. Spätfrostschädigung oder Kahlfraß einen erneuten Austrieb erfordern. Besondere Bedeutung besitzt sie in Klimaten mit ausgeprägten Jahreszeiten, wenn im Vorfeld der Ruhephase (Winter, Dürreperiode) Reservestoffe gespeichert und zu Beginn der nachfolgenden Vegetationsperiode mobilisiert werden (für Neuaustrieb und Laubbildung, Initiierung der Frühholzbildung und als Voraussetzung des ▸ Wurzeldrucks und „Blutens" von z. B. Birkenarten oder des Zucker-Ahorns). Die Reservestoffspeicherung findet vor allem in den Wurzeln, im Holz und in Früchten statt. Sie führt auch dazu, dass einige Baumarten ▸ Kappungen überleben können.

## Resignationsphase

Hält die sog. ▸ Stagnationsphase längere Zeit an (hat sie also nicht nur vorübergehenden Charakter), so beginnt das Absterben des Zweiges oder – falls es sich um die Wipfeltriebe handelt – des ganzen Wipfels, die Resignationsphase ist erreicht (▸ Vitalitätsstufe 3). Schon durch ihre ungünstigen mechanisch-statischen Eigenschaften (dichte Blattbüschel am Ende sehr zarter Triebe) können die ▸ Kurztriebketten im oberen, dem Wind ausgesetzten Kronenbereich nicht beliebig lang bzw. alt werden (s. ▸ Kurztrieblebensdauer). Über den genauen Zeitpunkt des Absterbens entscheiden nun sekundäre Faktoren. Da sich die immer länger werdenden Kurztriebketten zum Licht recken, kommt es zur charakteristischen Krallenbildung. Bei stark geschädigten bzw. absterbenden Bäumen zerfällt die Krone schließlich in dieser Vitalitätsstufe durch Ausbrechen größerer Äste und Absterben ganzer Kronenbereiche, insbesondere einiger Haupt-Wipfelhaupttriebe, sowie infolge weiter fortschreitender Astreinigung in Bruchstücke. Der Baum scheint nur noch aus einer mehr oder minder großen Zahl von „Unterkronen" zu bestehen, die eher zufällig im Luftraum verteilt sind und peitschenartige Strukturen bilden. Durch die großen Zwischenräume wirkt die Krone unharmonisch und skelettartig. Vgl. ▸ Absterben des Wipfels.

*Resignationsphase (Vitalitätsstufe 3) mit absterbenden Hauptachsen an einer Winter-Linde*

## Restwandstärke

Als Restwandstärke bezeichnet man die Dicke des äußeren intakten Holzmantels von im Inneren hohlen bzw. faulen Bäumen. Sie entscheidet über eine ausreichende ▸ Bruchsicherheit, so dass der Stamm bei Sturm nicht umbricht. In allen baumstatischen Betrachtungen für hohle Bäume spielt das Verhältnis t/R von der Dicke der intakten Restwand [t] (äußerer Ring des Stamms, der bei einer zentralen Holzfäule oder Höhlung noch festes Holz aufweist) zum Stammradius [R] die zentrale Rolle. Aus Freiland-Beobachtungen leiten manche Autoren und Praktiker ein Bruchrisiko von hohlen Bäumen bei einem Verhältnis von Restwandstärke zu Stammradius von unter 0,3 (entspr. < 30 %) ab. Danach gilt nur ein Baum mit einer maximalen Fäuleausdehnung/Höhlung von 70 % des Radius als sicher. Bei größeren Höhlungen werden baumpflegerische Maßnahmen empfohlen, die entweder das Fällen des Baumes oder Kroneneinkürzungen bzw. -sicherungen bedeuten. Bei dicken, älteren Bäumen können jedoch auch viel weniger als 30 % ausreichend sein. Denn ein solcher

Grenzwert hängt im Detail vor allem von der Höhe des Baumes und seinem Durchmesser ab (s. ▶ H/D-Wert), etwas weniger von der Baumart, der Kronengröße, dem Gesundheitszustand und dem Standort. Die Nennung fester Grenzwerte wie z. B. 30 % für die sog. Restwandstärke ist daher nicht zulässig, da es eine solche starre Grenze nicht gibt. Sinnvoller wäre es zumindest, die Grenzwerte der Restwandstärke nach Baumdurchmesser zu differenzieren, z. B. 30 % für Bäume bis 1 m Durchmesser, 20 % bis 1,5 m und 10 % ab 2 m Stammdurchmesser. Dabei ist aber zu beachten, dass dieser Restmantel geschlossen sein und aus festem Holz bestehen muss. Vgl. ▶ Hohler Stamm.

*Restwandstärke an einer Säulen-Pappel*

## Rinde: Arbeitsteilung

Die Rinde, der äußere Bereich des Stammes und von Ästen außerhalb des zellteilungsaktiven ▶ Kambiums (bestehend aus ▶ Bast und ggf. ▶ Borke), ist ebenso spezialisiert wie der Holzteil (▶ Xylem). Sie hat jedoch überwiegend ganz andere Funktionen und enthält für all ihre Funktionen spezialisierte Zellen. Ihre wichtigste Aufgabe ist die Leitung der ▶ Assimilate, die bei der ▶ Photosynthese in den Blättern (und anderen grünen Geweben) produziert worden sind. Diese Zuckerlösung muss schnell und effizient an Orte des Verbrauchs und der Speicherung transportiert werden, z. B. in die Wurzeln sowie zu wachsenden Organen und reifenden Früchten. Eine weitere wichtige Funktion ist, für Zugfestigkeit von Ästen und Stämmen zu sorgen, die bei mechanischen Belastungen wichtig ist. Für die Schutzfunktion ist in der Rinde ein weiteres, dem Kambium ähnliches Zellteilungsgewebe aktiv, das für ständige Erneuerung und Anpassung sorgt und zu verschiedenen Rindentypen führt (s. ▶ Periderm). Der innere lebende, leitende Teil der Rinde wird auch als Bast, der abgestorbene Bereich außerhalb des jüngsten aktiven Periderms als Borke bezeichnet.

## Rindenfarbe als Strahlenschutz

Helle Rinde kann nachweislich die Oberflächentemperatur reduzieren. Dies ist bei starker Einstrahlung auf Freiflächen bedeutsam, vor allem im Frühjahr und Herbst, wenn die Sonne mittags etwas tiefer steht und die Beschattung durch die Blätter fehlt. Die helle Rinde z. B. der Birke ist daher als Anpassung zu verstehen, da viele Birkenarten Freiflächen besiedeln, eine sehr lichte Krone haben und des-

*Rindenfarbe als Strahlenschutz an weißrindiger Himalaja-Birke*

halb über lange Zeit intensiver Einstrahlung ausgesetzt sind. Die weiße Farbe kommt durch den in der Rinde reichlich vorhandenen Farbstoff Betulin zustande, der auf jungen Rindenpartien immer wieder neu an die Oberfläche tritt. Er macht die Rinde zudem besonders resistent gegen Fäulnis, weshalb Birkenrinde für lange Zeit nach dem Baumtod gut erhalten bleibt und für Dachschindeln genutzt werden kann. Dunkle dünne Rinde kann zu ▶ Sonnenbrand führen.

## Rinden-Typen s. ▶ Borke-Typen

## Ringelkork

Einige Baumarten wie z. B. Birken und Kirschen entwickeln eine sehr glatte dünne Rinde, die sich aber im Gegensatz zur Buche ständig abringelt. Daher der Name Ringelkork. Man spricht nicht von Ringelborke, da das erste ▶ Periderm dauerhaft erhalten bleibt und daher also keine Borke entsteht. Durch dieses Abringeln gelangen fortlaufend neue, junge Rindenbereiche an die Oberfläche, es kommt also zu einer ständigen Erneuerung von innen heraus. Die neuen Flächen sind in der Regel heller oder farbiger als die alten und hauchdünn. Ein Abreißen richtet keinen Schaden an, da es von Natur aus früher oder später ohnehin dazu kommt. Durch helle Farben wird ein Überhitzen verhindert (s. ▶ Rindenfarbe). Dieser Rindentyp ist aber relativ empfindlich gegenüber mechanischen Verletzungen.

*Ringelkork an Zimt-Ahorn*

# Ringelung

Unter Ringelung versteht man das Entfernen eines mindestens 1 cm breiten horizontalen Rindenstreifens, was vorsichtig angewendet z. B. im Obstbau zur Fruchtförderung eingesetzt wird, aber Stamm umfassend auch zum Absterben des Baumes führen kann, wenn in der Folge die Wurzeln nicht mehr mit ▶ Assimilaten versorgt werden (vgl. ▶ eingeschnürter Stammfuß). Der Baum versucht zunächst, auf den Eingriff mit ▶ Kallus zu reagieren und den fehlenden Rindenring zu überbrücken, was erfolgreich verlaufen kann. Dass in der Rinde vor allem der Assimilattransport aus der Krone zur Wurzel, also Stamm abwärts, erfolgt, kann man erkennen, wenn Bäume eingeschnürt werden, z. B. durch Windepflanzen oder nach Ringelung – dann führt der Assimilatstrom von oben zu vermehrtem Zuwachs oberhalb der Einschnürung. Geringelte Bäume können noch erstaunlich lange eine grüne Krone zeigen, da zunächst nur die Versorgung der Wurzeln mit Assimilaten unterbunden wird, die Wurzeln aber noch einige Zeit mit den gespeicherten Reservestoffen weiterleben und daher die Krone versorgen können. Bei älteren Bäumen können bis zu drei Jahre bis zum Absterben vergehen.

*Ringelung: Experimente von Heinrich Cotta 1806*

# Ringporer

Sind die ▶ Frühholzgefäße deutlich größer als die Spätholzgefäße, so bezeichnet man das Holz wegen der ringförmigen Anordnung der weitlumigen ▶ Gefäße entlang der ▶ Jahrringgrenze als ringporig (z. B. Eiche, Esche, Ulme, Robinie). Im weiteren Verlauf der Vegetationsperiode werden die Zelldurchmesser immer kleiner, die Zellwände immer dicker. Damit hört das ▶ Dickenwachstum im Spätsommer schließlich auf, und im Frühjahr beginnt es dann wieder abrupt mit weitlumigem Frühholz. Das führt dazu, dass die Jahrringgrenzen bei ringporigen Baumarten sehr gut, auch mit bloßem Auge, als scharfe Linie zu erkennen sind (Foto), da jeder Jahrring mit den weiten Frühholzgefäßen beginnt. In diesen kann das Wasser sehr effektiv und schnell geleitet werden. Allerdings ist der jüngste Jahrring bei ringporigen Baumarten schon im Folgejahr kaum noch an der Wasserleitung beteiligt, da ▶ Embolien im Winter die weiten Gefäße irreparabel außer Funktion gesetzt haben. Daher müssen diese Gehölze vor dem Austreiben zunächst mit der Bildung eines neuen Jahrringes begonnen haben, was der Grund für ihr spätes Austreiben ist.

*Ringporer Robinie mit deutlichen Jahrringen*

Riss s. ▶ Frostleiste, ▶ Schubriss, ▶ Stammriss

## Riverbank-Effekt

Als Riverbank-Effekt (Flussufer-Effekt) bezeichnet man die Erscheinung, dass Baumarten an Waldrändern, z. B. an Flussufern, Straßen und anderen Freiflächen, ihre Krone einseitig in den freien Luftraum hinein entwickeln und dort verstärkt zusätzliche Austriebe bilden. Am Bestandesrand erkennt man daher oft eine Vielzahl von Verzweigungen, die wie kleine eigenständige Bäumchen an der Kronenperipherie aussehen, da sie aufgrund der vollen Belichtung in diesem Bereich anfangen, sich zu verselbständigen und aufrecht zu wachsen. Dies ist eine Variante von sog. ▶ Reiterationen.

*Riverbank-Effekt an einer Esche*

## Rottenstruktur

In der sog. Rottenstruktur bieten sich die Bäume z. B. im Hochgebirge oder in anderen extremen Lebensräumen gegenseitigen Schutz, indem sie in Gruppen zusammen stehen. Dadurch werden vor allem die innen stehenden Bäume z. B. vor Sturm, Salzeintrag oder starker Strahlung geschützt. Vgl. ▶ Baumgrenze.

*Rottenstruktur von Stech-Fichten bei extremer ständiger Wind- und Salzbelastung an der Küste*

## Säbelwuchs

An Steilhängen und Böschungen zeigen Bäume häufiger eine bogenförmige Stammbasis, was als Säbelwuchs bezeichnet wird. Dies dokumentiert Bewegungen des Oberbodens oder regelmäßige Schneeauflage während der früheren Lebensgeschichte des Baumes: Durch das allmähliche Rutschen des Schnees oder Wandern des Oberbodens wurde der Stammanlauf mehrmals herab gebogen oder in Schiefstellung gedrückt, und der Baum musste sich immer wieder aufrichten. Dies stellt für die meisten Baumarten kein Problem dar, das Aufrichten erfolgt durch ▶ Druckholz (bei Nadelbäumen) oder ▶ Zugholz (bei Laubbäumen) mit der Folge von einem exzentrischen Stammquerschnitt in diesem Bereich. Wird dieser Baum später einmal abgesägt, ist daher das Mark im Zentrum nach oben oder unten verschoben. Säbelwuchs kann auch vererbt werden (z. B. bekannt für Lärchen) und ist dann nicht auf die o. g. Ursachen zurückzuführen.

*Säbelwuchs bei Europäischer Lärche*

## Saftmal s. ▶ Blütenökologische Anpassung

## Salzstress/Salzschäden/Salztoleranz

Auftausalze werden im Winter zum Schmelzen von Schnee und Eis auf Verkehrswegen verwendet und bestehen meistens zu über 90 % aus Natriumchlorid. Nach langjährigem Salzeinsatz finden sich selbst in größerer Entfernung von der Straße noch stark erhöhte Salzkonzentrationen im Boden, auch im Sommer. Hohe Salzkonzentrationen senken jedoch das osmotische Potenzial der Bodenlösung und machen auf diese Weise das Wasser für die Pflanzenwurzeln schlechter verfügbar. Dadurch kann ▶ Trockenstress verstärkt oder sogar erst erzeugt werden. Natriumionen können zudem Kalzium- und Magnesiumionen verdrängen, die damit den Bäumen nicht mehr ausreichend zur Verfügung stehen. Auch können hohe Natriumgehalte im Boden zu Verdichtung führen und die Verschlämmbarkeit und den pH-Wert des Bodens erhöhen, so dass die Sauerstoffversorgung der Wurzeln verschlechtert wird. Wird das Natriumchlorid vom Baum aufgenommen, werden Enzyme und Membranen in ihrer Funktion gestört. Die Photosyntheseleistung der Blätter wird da-

*Salzschäden an einem Spitz-Ahorn*

durch und durch den vom Streusalz verursachten Trockenstress eingeschränkt. Sichtbar werden Streusalzschäden durch frühzeitige Blattrandnekrosen. Langjährige intensive Streusalzanwendung kann zum Absterben von Kronenteilen und auch ganzer Bäume führen.

## Samen der Koniferen

Bei Koniferen gibt es keine Früchte, sondern nur Samen, da sie keinen ▶ Fruchtknoten besitzen. Bei den meisten Nadelbaumarten reifen die Samen in ▶ Zapfen und sind durch die verholzten Schuppen und Harz geschützt. In der Regel werden sie vom Wind verbreitet und besitzen meist einen Flügel, der sie beim Fall aus bzw. von den Zapfen verfrachtet. Einige Arten wie Weiß-Tanne und Zirbel-Kiefer nehmen dafür aber auch zusätzlich oder ausschließlich Tiere in Anspruch, die sich Vorratslager anlegen und die Samen verstecken. Einen Teil vergessen sie dann im Laufe des Winters (oder finden sie nicht wieder), und die Samen können keimen. Nur wenige Nadelbaumarten wie z. B. die Eibe entwickeln keine erkennbaren Zapfen, oder diese werden fleischig wie beim Wacholder.

*Samen der Koniferen: Weiß-Tannen-Samen mit Flügel*

## Samenruhe s. ▶ Keimhemmung

## Sammelfrüchte

Bei den ▶ Fruchttypen unterscheidet man Einzel- und Sammelfrüchte. Letztere sind aus mehreren Einzelfrüchten entstanden, die miteinander verbunden eine Verbreitungseinheit bilden. Das sog. „Fruchtfleisch" solcher Sammelfrüchte ist meist eine fleischige Verdickung der Blütenachse. Allgemein bekannte und geschätzte Sammelfrüchte sind Äpfel, Birnen, Brom- und Himbeeren – wenn man sie sich genauer ansieht, erkennt man die eigentlichen Einzelfrüchte bei Apfel und Birne als „Kernfächer", bei Brom- und Himbeere als Kügelchen auf dem gewölbten Blütenboden, bei Hagebutten als Nüsschen im eingesenkten Blütenboden. Einzelfrüchte dagegen sind z. B. Nüsse (Haselnuss), Steinfrüchte (Kirsche) und Kapseln (Rosskastanie).

*Sammelfrüchte Birne (links, quer) und Apfel (rechts, längs)*

## Sauerstoffmangel

Gerade bei Stadtbäumen ist der Wurzelraum häufig versiegelt oder verdichtet und damit der ▶ Gasaustausch zwischen Bodenluft und Atmosphäre gestört oder gar unterbunden. Dann ist die Versorgung der ▶ Feinwurzeln mit Sauerstoff nicht mehr gewährleistet. Ist aufgrund von Gaswechselstörungen die Feinwurzelmasse verringert, kann die Wurzel die Krone nicht mehr ausreichend mit Wasser und Nährstoffen versorgen. Ein erheblicher Teil der Aufwendungen für ▶ Baumpflegemaßnahmen (z. B. durch absterbende Äste) dürfte auf Belüftungsengpässe im Wurzelraum zurückzuführen sein. Bei Sauerstoffmangel stellen viele Organismen vom Atmungs- auf den Gärungsstoffwechsel um, der einen erhöhten Stoffdurchsatz benötigt. Dabei werden ▶ Reservestoffe rascher verbraucht, und giftige Endprodukte wie Ethanol und Milchsäure reichern sich an. Vgl. ▶ Überflutung.

*Sauerstoffmangel durch Versiegelung an einer Schwarz-Erle in der Stadt*

## Sauerstoffproduktion

Immer wieder hört oder liest man, dass z. B. ein 100 Jahre alter Baum täglich 13 kg Sauerstoff produziert und damit den Bedarf von zehn Menschen deckt. Eine solche Aussage ist falsch, denn dabei werden die ▶ Atmung und die ▶ Alterung der Bäume übersehen. Wenn es so einfach wäre, müssten wir Menschen im Winter erhebliche Probleme beim Atmen haben, denn dann produzieren Bäume (und andere grüne Pflanzen) keinen bzw. kaum Sauerstoff. Bäume verbrauchen vielmehr einen großen Teil des von ihnen produzierten Sauerstoffes bereits selbst wieder durch ihren Stoffwechsel („Atmung"), der auch im Winterhalbjahr weiterläuft. Weitere nennenswerte Anteile des Sauerstoffs werden bei der Zersetzung von Blättern, Zweigen und Wurzeln von den Zersetzerorganismen verbraucht, und alte Bestände produzieren schließlich netto gar keinen Sauerstoff mehr, da die Zersetzungsprozesse größere Bedeutung haben als die Aufbauvorgänge. In der Gesamtbilanz bleibt zwar tatsächlich alles in allem etwas Sauerstoff übrig, aber im Vergleich ein sehr geringer Anteil von wenigen Prozent. Dieser hat wohl in der Summe aller Pflanzen auf der Erde und über lange Zeiträume wiederum Bedeutung, aber nicht so direkt, dass man o. g. Beziehung zwischen einem Altbaum und zehn Menschen herstellen kann. (Vgl. auch ▶ Gaswechsel.)

## Schattenbaumart

Schattenbaumarten sind nicht nur in der Jugend, sondern auch im Alter noch schattentolerant (s. ▶ Schattentoleranz) und lassen wenig Licht durch ihre Krone hindurch, sie haben also einen hohen Blattflächenindex (vgl. ▶ Lichtbaumarten). Bekannte Beispiele sind Rot-Buche, Eibe, Weiß-Tanne und Zucker-Ahorn.

*Schattenbaumart Eibe im Unterstand eines Mischbestandes*

## Schattenblatt s. ▶ Lichtblatt

## Schattenhabitus

Auf dem Foto sieht man zwei Bäume: eine zehnjährige Buche (links) und eine dreijährige Eberesche (rechts), beide im tiefen Bestandesschatten aufgewachsen. Während die Eberesche in dieser Situation nur schnell nach oben zum Licht wachsen kann (was im Altbestand aussichtslos ist), wartet die Buche ab und wächst zunächst waagerecht. Sie kann dies Jahrzehnte lang beibehalten und „hofft" darauf, dass durch Fällung oder Absterben eines Nachbarbaumes Licht auf den Waldboden gelangt. Erst dann richtet sie sich auf und beginnt in die Höhe zu wachsen. Keine andere Baumart kann so lange im Schatten warten. Ähnlich schattentolerant sind Tanne, Eibe und Buchsbaum, allerdings warten die beiden zuletzt genannten nicht mehr auf das Licht, sondern haben sich mit ihrem Schicksal abgefunden. Die völlig andere ▶ Strategie der Eberesche (ebenso Ahorn, Esche) ist dagegen in Hecken und hoher Krautschicht die einzig erfolgreiche – dort wartet eine Buche vergeblich.

*Schattenhabitus einer jungen Buche (links) und Eberesche (rechts)*

## Schattenkrone

Ein erheblicher Teil der Krone(n) wird durch sich selbst oder andere Kronen beschattet. Dem passt sich die sog. Schattenkrone durch Blattanatomie, Blattanordnung und Wuchsrichtung der Zweige an. Man fragt sich allerdings, wie unter diesen dauerhaft ungünstigen Bedingungen überhaupt noch Stoffgewinne erzielt werden können und welchen Nutzen die Schattenkrone für den Baum hat. Physiologische Untersuchungen haben gezeigt, dass der beschattete Kronenteil, der bis zu zwei Drittel des Kronenvolumens ausmachen kann, etwa ein Drittel des Energiegewinnes bei der ▶ Photosynthese zustande bringt. Dafür sind oben genannte Anpassungsmechanismen entscheidend, aber auch die Tatsache, dass in der Schattenkrone durch die geringere Besonnung weniger ▶ Trockenstress auftritt und daher die Verluste an Wasser geringer sind.

## Schattentoleranz

Die Schattentoleranz der Baumarten gibt an, bei wie viel Prozent der Freilandstrahlung die Art noch lebensfähig ist. Dieser Grenzwert kann sich je nach Standort und Lebensalter verändern. Er beträgt z. B. für Birke etwa 12 %, Kiefer 10 %, Schwarz-Erle 8 %, Eberesche 6 %, Fichte 3 %, Esche, Berg-Ahorn und Hainbuche 2 %, Douglasie und Winter-Linde 1 %, Weiß-Tanne, Buchsbaum, Eibe und Buche 0,5 %. ▶ Licht- und ▶ Schattenbaumarten unterscheiden sich in dieser Hinsicht deutlich.

## Schlafende Knospen

Neben den normalen, voll entwickelten und gut sichtbaren ▶ Knospen gibt es bei allen Bäumen auch sog. schlafende Knospen, die – wie ihr Name deutlich macht – nicht in dem folgenden Frühjahr nach ihrem Erschienen austreiben, sondern erst Jahre oder gar Jahrzehnte später. Solche schlafenden Knospen findet man bei genauem Hinsehen an allen Zweigen, in der Regel in der Nähe der ▶ Triebbasisnarben. Oft handelt es sich um die untersten (z. T. auch die obersten) Knospen am Jahrestrieb, meist so klein, dass man sie schnell übersehen kann. Sie sind für unerwartete Ereignisse vorgesehen, wie z. B. im Wald Verbiss oder Spätfrost, in der Stadt Baumschnittmaßnahmen oder andere Verletzungen. Dann sind diese Reserveknospen Ausgangspunkt eines erneuten Austriebes (s. ▶ Reiterationen), ohne den z. B. eine geschnittene Hecke schnell eingehen würde.

*Schlafende Knospen an einer Rosskastanie (jeweils oberhalb der Blattnarben)*

## Schlankkronigkeit

Schlanke Kronen sind für wintergrüne Nadelbäume bei regelmäßigen intensiven Schneefällen von Vorteil, da der Schnee kaum auf den Ästen liegen bleibt und diese daher nicht so leicht abbrechen können wie bei breitkronigen Individuen. Man kann daher bei allen Nadelbaumarten, vor allem bei Fichte, Tanne und Kiefer, in kalten Klimaten (im Hochgebirge und im hohen Norden) beobachten, dass die Bäume dort schlankkroniger werden. Dies kann auch genetisch fixiert werden wie bei der Serbischen Fichte (Foto), was sie für den Gartenbau als Baumart für kleine Gärten so attraktiv macht, denn sie behält diese Eigenschaft auch ohne Schnee bei. Schlanke Kronen sind auch von Vorteil bei flachem Sonnenstand, wie er im hohen Norden vorkommt. So kann das überwiegend von der Seite einfallende Licht besser ausgenutzt werden.

*Schlankkronigkeit der Serbischen Fichte*

## Schnittmaßnahmen

Schnittmaßnahmen an Bäumen erfolgen entweder aus Verkehrssicherungsgründen (Entfernung von Totholz und absterbenden/gefährlichen Ästen, Kronenentlastung) oder aus ästhetischen Gründen (der Baum wird zu groß), im Obstbau auch für eine bessere Erreichbarkeit der Früchte. Je nach Eingriffstärke spricht man von ▶ Kronenpflege und ▶ Kroneneinkürzung. Wichtig sind die Technik der Schnittführung und der Zeitpunkt der Maßnahme (s. ▶ Schnittzeitpunkt).

## Schnittzeitpunkt

Die Reaktion eines Baumes auf ▶ Schnittmaßnahmen ist maßgeblich vom Zeitpunkt im Jahr abhängig. Damit besteht in der Wahl des Schnittzeitpunktes eine Einflussmöglichkeit auf den Erfolg der Maßnahme. Die aktive ▶ Kompartimentierung und ▶ Überwallung der Wunde nach einem Gehölzschnitt setzt die Aktivität der beteiligten Gewebe voraus. Diese ist in den gemäßigten Breiten nur während der Vegetationsperiode gegeben, so dass aus dieser Sicht ein Baumschnitt nur während der Monate Mai bis September empfohlen werden kann. Insbesondere die Kompartimentierung der Wunde setzt ▶ Reservestoffe im lebenden Holz voraus, die während oder nach einem Austrieb im Frühjahr zum großen Teil verbraucht sind. Während der Zeit des Austriebes und Streckungswachstums werden ▶ Assimilate zudem direkt in den Wachstumszonen (Triebspitzen) benötigt und stehen nicht an der Schnittwunde zu Verfügung. Dies spricht bei starken Eingriffen gegen einen Schnitt im zeitigen Frühjahr. Naturschutzgesetze verbieten zudem meist, Bäume in der Zeit vom März bis Juli (September) zu schneiden. Dies wird auch in einigen Baumschutzsatzungen aufgegriffen und auf Schnittmaßnahmen übertragen. Unter Einbeziehung dieser und weiterer Aspekte zeigt sich, dass der baumbiologisch günstigste Schnittzeitraum Juni bis September ist (wenn dies mit den Naturschutzregelungen konform geht). Allerdings haben bei Garten- und Landschaftsbau-Betrieben oft in diesem Zeitraum andere betriebliche Aufgaben eine höhere Priorität, so dass Schnittmaßnahmen meist bevorzugt im Winter durchgeführt werden. Dann sind die Folgeschäden allerdings größer, was zu berücksichtigen ist.

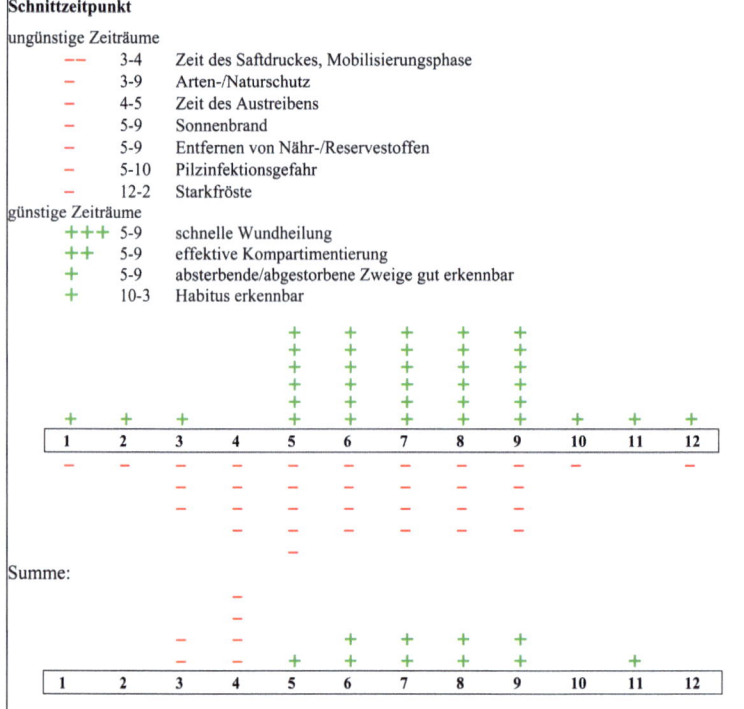

*Schnittzeitpunkt: Abwägung verschiedener Aspekte zur Wahl des Schnittzeitpunktes (Zahlen: Monate; — : negative Wertung; + : positive Wertung; Anzahl der +/— Zeichen zeigt die Gewichtung der Aspekte).*

# Schubriss

Wenn sich ein Stamm zu neigen beginnt (durch ein Sturmereignis oder gekappte Zugwurzeln o. ä.), treten auf der Neigungsseite Druckspannungen und auf der abgewandten Seite Zugspannungen auf. Diese gegenläufigen Tendenzen können so groß werden, dass der Stamm in der Mitte längs aufreißt – ein dramatisches Alarmsignal über die nachlassende ▶ Bruch- bzw. ▶ Standfestigkeit des Baumes. Im Beispiel auf dem Bild sieht man natürlich auch ohne den Riss, dass der Baum einen kritischen Schiefstand erreicht hat. In anderen Fällen ohne eine so deutliche Schiefneigung ist das Risssymptom jedoch ein sehr wertvolles Warnsignal aus der ▶ Körpersprache der Bäume, das einen hohen Aussagewert für die Verkehrssicherheitsbeurteilung hat.

*Schubriss an einer Rot-Eiche*

# Schuppenborke

Bei einer Schuppenborke, wie man sie z. B. bei alten Kiefern, Fichten, Platanen und beim Berg-Ahorn findet, lösen sich abgestorbene Rindenbereiche schuppenförmig ab, hängen zuvor noch an einer Stelle fest und legen, wenn sie abfallen, helle Bereiche frei. Dieses Farbenspiel ist bei der Platane besonders attraktiv – mit ein Argument für die Verwendung dieser Baumart in der Stadt. Durch die unterschiedliche Farbgebung verschieden alter Flächen kann man die jüngere Lebensgeschichte der Rinde bei diesem Borketyp besonders gut rekonstruieren. Die Ursache für das Abplatzen ist die ständige Umfan-

*Schuppenborke an der Ahornblättrigen Platane*

gerweiterung des Stammes, und es kann in manchen Jahren (abhängig vom Dickenwachstum) zu einer regelrechten Borkeschütte kommen: Dann liegt das Stammumfeld voll mit gerade abgefallenen Rindenschuppen, was sich sonst viel gleichmäßiger über die Jahre hinzieht.

## Schwermetallstress/Schwermetalltoleranz

Bäume können versuchen, Schwermetall-Stress und -Schäden zu vermeiden, indem das Feinwurzelsystem durch Wachstum in weniger schwermetallbelastete Bodenbereiche verlagert werden kann. Auch die Wurzelausscheidung von Substanzen, die unschädliche Komplexe mit Schwermetallen bilden, dient der Stressvermeidung. Zudem helfen ▶ Mykorrhiza-Pilze, sowohl als mechanische Barriere gegen den Schwermetall-Einstrom in die Wurzel als auch durch Schwermetall-Akkumulation in den Pilzzellen bei der Stressvermeidung. Allerdings können auch Mykorrhiza-Pilze durch Schwermetalle geschädigt werden. Gelingt es der Pflanze, aufgenommene Schwermetalle durch Einlagerung in die Zellwände oder Ausfällung in den ▶ Vakuolen fernzuhalten, so ist auch dies eine Variante der Stressvermeidung. Gehölze werden hierdurch allerdings zu Schwermetall-Akkumulatoren. Als solche sind unter den Bäumen vor allem Birken und Weiden bekannt.

## Sekundärkrone

Als Sekundärkrone bezeichnet man eine Ersatzkrone, die aus bisher unbedeutenden Ästen oder ▶ schlafenden Knospen heraus nach traumatischen Kronenschädigungen die gesamte zuvor abgestorbene Krone ersetzt. Solche Ereignisse können drastische Grundwasserabsenkungen, starke Immissionen, schwere Wurzelschädigungen, Krankheiten/Schädlingsbefall oder andere grundlegende Verschlechterungen der Standorts- oder Umweltbedingungen sein. In vielen Fällen wird der Baum in einer solchen Situation absterben. Hat er aber noch genügend ▶ Reservestoffe und sind die Witterungsbedingungen günstig, ist ein Neuaufbau der Krone möglich. Dieser kann sich dann allerdings über Jahre hinziehen, und auch das Wurzelsystem muss teilweise neu ersetzt werden. Sekundärkronen können sich bei einigen Baumarten auch nach ▶ Kappungen und starken ▶ Kroneneinkürzungen entwickeln.

*Sekundärkrone an einer Winter-Linde nach vollständiger Entlaubung*

## Selbstbestäubungs-Verhinderung

Selbstbestäubung wird bei vielen Baumarten durch verschiedene Mechanismen verhindert, um die genetischen Nachteile von Inzucht zu vermeiden. Am effektivsten ist diese Verhinderung bei ▶ zweihäusigen Baumarten durch die Geschlechterverteilung auf verschiedene Individuen (z. B. Eibe, Wacholder, Pappel und Weide). Weiter kann dies auch durch unterschiedliche Blühzeitpunkte beider Geschlechter oder durch verschiedene Orte der männlichen und weiblichen Blüten innerhalb

der Krone erreicht werden. Innerhalb der Blüte wird eine Selbstbestäubung durch eine räumliche Trennung von Staubblättern und Narben unmöglich. Und schließlich tritt Selbstinkompatibilität auch durch physiologische Barrieren auf, wenn der ▶ Pollen eines Baumes nicht auf den eigenen Narben keimen kann.

*Selbstbestäubungs-Verhinderung durch Zweihäusigkeit bei einer Sal-Weide*

**Senkerwurzel** s. ▶ **Wurzeltypen**

**Sonnenblätter** s. ▶ **Lichtblätter**

## Sonnenbrand/Sonnennekrosen

Auch bei Bäumen gibt es Sonnenbrand (Sonnennekrosen). Dieser tritt auf, wenn dünn- und dunkelrindige Baumarten (vor allem jüngere Ahorne, Linden oder Rosskastanien) in höherem Alter plötzlich aus dem Schatten in die Sonne verpflanzt werden oder Nachbarbäume entfernt wurden, die sie zuvor beschattet haben. Dann erhitzt sich die Süd- bis Westseite des Stammes so stark, dass die dort befindlichen Gewebe (▶ Bast und ▶ Kambium) absterben können. In der Folge reißt die Rinde auf bzw. platzt nach dem Absterben flächig ab. Beim Verpflanzen größerer dünnrindiger Bäume ist daher die Himmelsrichtung ihrer Krone beizubehalten, da die Südseite des Stammes an die Strahlung besser angepasst ist. Lässt sich das Verpflanzen aus dem (Halb-)Schatten in die Sonne nicht vermeiden, ist ein Stammschutz notwendig (weißer Spezialfarbanstrich oder z. B. Schilfrohrmatten). Das Phänomen kann auch bei starken Schnittmaßnahmen in der Oberkrone auftreten (die darunter befindlichen Äste waren zuvor beschattet) sowie in alten Buchenbeständen, wenn im Zuge von Straßenausbaumaßnahmen Randbäume freigestellt werden.

*Sonnenbrand und -nekrosen an einer Winter-Linde (Südwestseite der Stämme)*

## Sorte

Als Sorte oder Kultivar werden Zuchtformen von Kulturpflanzen (hier Baumarten oder -hybriden) bezeichnet, die hinsichtlich bestimmter Merkmale Unterschiede bzw. besondere Eigenschaften aufweisen, die sich vom typischen Naturexemplar unterscheiden. Hierzu zählen insbesondere den Habitus betreffende Zierformen (z. B. Säulen-Pappel) oder solche mit besonderer Blattform oder -färbung (z. B. Blut-Buche). Sie haben erhebliche Bedeutung im Baumschulbetrieb, werden in einem Sortenregister geführt und amtlich zugelassen. Damit die Eigenschaft sicher auftritt, werden sie meist ▶ vegetativ vermehrt.

*Sorte: Säulen-Pappeln*

## Spätblätter s. ▶ Frühblätter

## Spätholz/Frühholz

Als Frühholz wird das bis zum Juli gebildete Holz bezeichnet, das weitlumigere und dünnwandigere Leitelemente aufweist als das danach gebildete Spätholz mit dickeren Zellwänden und engeren Lumina. Der Übergang vom Früh- zum Spätholz ist meist fließend, wohingegen die Jahresgrenzen durch eine abrupten Übergang vom zuletzt gebildeten Spätholz im Herbst zum Frühholz im Frühjahr scharf markiert sind (s. ▶ Jahrringe). Bei ringporigen Laubbäumen (s. ▶ Ringporer) werden die großen Gefäße nur im Frühholz gebildet.

## Spalierbäume

Spalierbäume sind z. B. an Hauswänden erzogene Bäume, die nur eine zweidimensionale Krone entwickeln können bzw. sollen. Alle nach vorne gerichteten Zweige werden dabei entweder an das Spalier (ein Holzgitter wie auf dem Foto o. ä.) gebunden oder abgeschnitten. Auf diese Weise erhält man sozusagen einen Querschnitt durch die Krone. Dem

*Spalierbaum: Kultur-Birne*

Baum schadet es kaum, da er aufgrund seines ▶ Anpassungspotenzials damit zurechtkommen kann. Ein Problem könnte bei dem Beispiel im Foto evtl. die Überhitzung an der Hauswand werden (durch die Rückstrahlung an Südfassaden), weshalb man nur lichtbedürftige und wärmetolerante Baumarten, vor allem Obstbäume, dafür verwenden sollte. Spalierbäume verlangen jedes Jahr mindestens eine Pflegebehandlung, sonst entwickeln sie sich vom Spalier weg.

## Spaltöffnungen (Stomata)

Die winzigen Poren (Spaltöffnungen bzw. Stomata) in der Blatt- oder Nadeloberfläche sind ohne optische Hilfsmittel nicht sichtbar. Sie dienen dem ▶ Gasaustausch – Verdunstung von Wasser aus dem Blatt, $CO_2$/$O_2$-Aufnahme bzw. -Abgabe – und können in ihrer Öffnungsweite reguliert werden. So schließen sie sich z. B. bei ▶ Trockenstress oder sehr hohen Temperaturen, um zu große Wasserverluste aus dem Blatt zu vermeiden. Sie befinden sich meist auf der Blatt- bzw. Nadelunterseite, da diese nicht der direkten Sonnenstrahlung ausgesetzt ist. Indirekt sichtbar werden sie bei vielen Nadelbaumarten durch die weißen Streifen auf der Nadeloberfläche (meist nur nadelunterseits), was unter dem Mikroskop betrachtet Reihen von Wachspfropfen über den Spaltöffnungen sind – eine sehr effektive Schutzmaßnahme zur Verminderung der Verdunstung.

*Spaltöffnungen (Stomata) auf der Blattunterseite einer Platane (Abzugspräparat, Foto Rico Kniesel)*

## Spannrückigkeit

Bei Spannrückigkeit sieht der Stamm so aus, als lasse er die Muskeln spielen. Besonders bekannt ist dies für die Hainbuche. Beim Beispiel im Foto hat man den Eindruck, als könnte man auf diese Weise jede Wurzel bis in einen Ast der Krone verfolgen – es besteht jedoch bei älteren Bäumen keine solche direkte ▶ Beziehung zwischen einzelnen Ästen und Wurzeln. Die Ursache der Spannrückigkeit ist ein unterschiedliches ▶ Dickenwachstum verschiedener Stammbereiche: In einigen findet mehr Zuwachs statt, während andere zurückbleiben und es so zur Rippen- und Kehlenbildung kommt. Bisweilen tritt dieses Phänomen auch an anderen Baumarten bei starker mechanischer Belastung (z. B. durch Wind) oder unterhalb von Ästen auf (s. ▶ Versorgungsschatten).

*Spannrückigkeit an einer Hainbuche*

## Speicherungsprozesse

Speicherungs- und Mobilisierungsprozesse stellen eine zentrale Grundlage für die Langlebigkeit von Holzpflanzen in einer sich ändernden Umwelt dar. Sie sind unabdingbar gekoppelt an den
▶ Langstreckentransport im ▶ Xylem und
▶ Phloem. Im Frühjahr werden in Bast- und Holzstrahlen von Laubbäumen und in den Nadeln von Koniferen gespeicherte Stärke und Proteine in Zuckermoleküle umgewandelt und in das Xylem und Phloem geladen. Aufgrund der osmotischen Wirksamkeit dieser Verbindungen kommt es zu einem Transport von Wasser und Überdruck, der wesentlich zum Knospenbrechen im Frühjahr beiträgt. Die dabei den sich entwickelnden Knospen über den Xylemtransport zur Verfügung gestellten Zucker und Aminosäuren dienen dem frühen Bau- und Betriebsstoffwechsel. Speicherung und Mobilisierung werden durch die Umweltfaktoren Tageslänge und Temperatur gesteuert.

## Spießstrukturen der Verzweigung

Wenn Laubbäume sich von ihrem Optimalzustand entfernen (durch negative Umwelteinflüsse, Krankheit oder Alter), geht ihre Wipfelverzweigung zunächst zu Spieß- bzw. Flaschenbürsten-Strukturen über (s. ▶ Degenerationsphase, Vitalitätsstufe 1). Die Ursache ist, dass vorzugsweise die Hauptachsen noch mit Wasser und Nährstoffen versorgt werden, die Seitenverzweigung jedoch teilweise reduziert wird. Auf diese Weise wird die wichtigste Funktion des Wipfelbereiches, nämlich neuen Luftraum zu erobern und sich gegen Konkurrenten durchzusetzen, noch aufrechterhalten. Der Baum „hofft" dann sozusagen, dass diese Schwächung nur vorübergehender Natur ist und bald wieder bessere Verhältnisse zurückkehren. Dann kann er auch wieder die Seitenverzweigung intensivieren und versorgen.

## Splintholz s. ▶ Kernholz

## Splintholzbäume

Splintholzbäume sind Baumarten, bei denen die Bildung von Kernholz unterbleibt. Es bestehen weder Farb- noch Feuchtigkeitsunterschiede zwischen Außen- und Innenholz. Dies ist gegeben z. B. bei Ahorn, Aspe, Birke, Erle, Hainbuche, Linde und Rosskastanie. Vgl. ▶ Kernholz.

*Splintholzbaum: Berg-Ahorn*

## Spross-Metamorphosen

Neben Blatt- und ▶ Wurzelmetamorphosen kann man an Gehölzen auch eine Reihe bemerkenswerter ▶ Metamorphosen der Sprossachsen finden. Bei einigen tropischen Baumarten, den sog. „Flaschenbäumen", ist der Stamm fass- oder flaschenförmig verdickt bei vergleichsweise kleiner Krone, wodurch die Funktion der Wasserspeicherung erhöht wird (z. B. beim Affenbrotbaum). Rhizome (unterirdisch horizontal wachsende Sprossachsen mit gestauchten ▶ Internodien) dienen der vegetativen Ausbreitung und der Reservestoff-Speicherung z. B. bei vielen Bambus-Arten. Ausläufer dienen der vegetativen Ausbreitung, sie verlaufen oberirdisch horizontal entlang der Bodenoberfläche mit lang gestreckten Internodien und entwickeln ▶ Adventivwurzeln, z. B. bei der Brombeere.

Sprosse können für die Funktion des Kletterns zu Ranken umgebildet sein, wie bei der Weinrebe oder zu Haftscheiben wie bei der Jungfernrebe. Bei Efeu und Kletter-Hortensie werden für diesen Zweck sprossbürtige Wurzeln entwickelt. Sprossdornen dienen als spitze Triebenden dem Schutz vor Verbiss (z. B. bei Wild-Birne, -Apfel und Weißdorn). Gelegentlich wird auch die Umorientierung von plagiotropen Ästen zu orthotropem Wuchs als Metamorphose bezeichnet, die zu ▶ Reiterationen führt. Auch ▶ Flachsprosse stellen Spross-Metamorphosen dar.

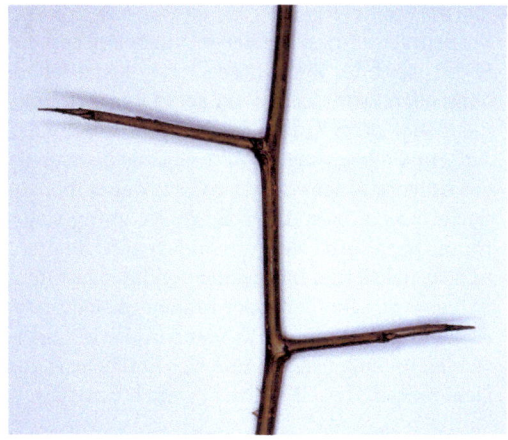

*Spross-Metamorphosen: Dornen der Wild-Birne*

## Spross-/Wurzel-Beziehung s. ▶ Beziehung Krone/Wurzel

## Stacheln

Stacheln sind nicht wie ▶ Dornen umgewandelte Blatt- oder Sprossorgane, sondern verstreut auf den Zweigen, an Früchten oder an Blättern vorkommende Ausstülpungen der ▶ Epidermis. Sie stehen daher zahlreich und wahllos auf der Rinde oder an Organen und haben die Funktion des Schutzes (vor Verbiss und Beschädigung) oder seltener des Kletterns. Mit den rückwärts gebogenen Stacheln kann sich z. B. eine Rose in einer Baumkrone verhaken und so immerhin einige Meter in die Höhe klettern, um mehr Licht zu erreichen. Stacheln von Trieben kann man in vielen Fällen abbrechen, Dornen hingegen nicht. Bei der Stechpalme ist eine interessante Erscheinung, dass die Ränder vieler Blätter bewehrt sind – ein Grenzfall zwischen Stacheln und Dornen.

*Stacheln am Japanischen Angelikabaum*

## Stagnationsphase

Bei deutlich vermindernder ▶ Vitalität gehen die Endknospen der Wipfeltriebe zur ▶ Kurztriebbildung über. Es findet also gar keine Verzweigung mehr statt, denn Kurztriebe verzweigen sich nicht. Aufgrund der geringen Kurztrieblängen stagniert der Längenzuwachs des Astes bzw. der Höhenzuwachs des Baumes, daher die Bezeichnung Stagnationsphase. An solchen merklich geschädigten und devitalisierten Bäume der ▶ Vitalitätsstufe 2 ist dieses das „Krallen- oder Krähenfußstadium", da die Kurztriebe in der Kronenperipherie länger werden und überwiegen und sich krallenartig zum Licht recken. Diese Kurztriebketten brechen, wenn sie zu lang werden, in der Vegetationszeit bei Gewitterböen und Starkregen ab. Unter normalen Umständen entledigt sich der Baum durch diesen Mechanismus überflüssig gewordener Zweige im inneren und unteren Kronenbereich. Befinden sich nun aber die Wipfeltriebe selbst in der Stagnationsphase, so schreitet diese Astreinigung in die äußeren Kronenbereiche hinein fort, die Kronen verlichten von innen heraus. Die Ursache dafür ist aber i. d. R. nicht etwa vorzeitiger Laubfall, sondern es sind abgebrochene Kurztriebketten, mangelnde Verzweigung und nicht mehr austreibende Knospen an abgestorbenen Ästen. Die noch bestehende Verzweigung ist busch- und klumpenartig in der Kronenperipherie angehäuft. Das führt sommers wie winters zu pinsel-/büschelartigen Kronenstrukturen und größeren Kronenlücken. In dieser Vitalitätsstufe finden sich kaum noch durchgehende, gerade Äste in der Kronenperipherie.

*Stagnationsphase (Vitalitätsstufe 2) mit Pinselstrukturen an Trauben-Eiche*

## Stammablauf

Die Aststellung in der Krone wirkt sich maßgeblich auf den Anteil des Niederschlages aus, der am Stamm herabläuft. Bekannt und vielfach nachgewiesen ist das z. B. für die Rot-Buche, deren steile Aststellung und glatte Rinde einen relativ hohen Anteil dieses Stammablaufes zur Folge hat (bis zu 20 % des Niederschlages). Damit versorgt sich der Baum im Zentrum seines Wurzelsystems selbst mit dem wichtigen Regenwasser. In Regionen mit hoher Immissionsbelastung kon-

*Stammablaufbereich einer alten Rot-Buche mit säuretolerantem Kleinen Besenmoos*

zentrieren sich allerdings dann auch Säuren und Schadstoffe im Niederschlag ausgerechnet in diesem wichtigen Wurzelbereich. Das kann man sogar der Bodenvegetation ansehen, indem in Stammnähe Säurezeiger auftreten (Foto). Dann wird der ▶ Konkurrenzvorteil der Buche durch ihre steile Aststellung zum Nachteil. Bei Fichten hingegen tropft der größte Teil der Niederschläge am Außenrand der Krone ab, so dass sich dort auch die Feinwurzeln konzentrieren.

## Stamm-Einschnürung

Das Einschnüren des Stammfußes (im Foto durch ▶ Bodenversiegelung) führt zur Unterversorgung der Wurzeln mit ▶ Assimilaten aus der Krone. Dadurch können nur noch wenig neue ▶ Feinwurzeln gebildet werden, so dass die Folge dann im weiteren Verlauf auch Wassermangel ist. Auf diese Weise setzt ein Teufelskreis ein, aus dem der Baum evtl. nicht mehr entrinnen kann, so dass er absterben wird. Die oberhalb der Einschnürung sichtbare Anschwellung des Stammfußes wird vielfach als Assimilatstau interpretiert, ist aber nur durch eine Zuwachssteigerung in diesem Bereich zu erklären: die Zuckerlösung wird von der Krone herantransportiert, kann aber den Weg in die Wurzel nicht fortsetzen. Die Wirkung ist dieselbe wie bei einer sog. ▶ Ringelung, bei welcher der Assimilattransport durch Entfernen der Rinde unterbrochen wird. Dasselbe kann bei großflächigen Rindenverletzungen geschehen.

*Stamm-Einschnürung einer Winter-Linde im Asphalt mit Anschwellung der Stammbasis*

## Stamminjektion

Bei der Stamminjektion werden Substanzen in gelöster Form unter Druck in den Stamm, i. d. R. in das Wasserleitsystem eingebracht. Meist geschieht dies mittels Bohrer und Injektionskanüle/„Baumschraube", beispielsweise mit insektiziden Substanzen zur Bekämpfung von blattfressenden Insekten (Rosskastanien-Miniermotte o. ä.). Die Methode ist sehr effizient, nachteilig ist dabei allerdings die Verletzung des Stammes durch Bohrlöcher, weshalb man inzwischen den Einsatz von Rindenpflastern erprobt.

*Stamminjektion an Rosskastanie zur Bekämpfung der Kastanien-Miniermotte*

## Stammriss

Stammrisse können sehr verschiedene Auslöser haben, gehen jedoch meistens auf eine Ursache zurück: Spannungen innerhalb des Stammes werden sichtbar. Welche ungeheuren Spannungen in einem älteren Stamm lebender Bäume herrschen, wird oft direkt nach dem Fällen, spätestens aber beim Trocknen des Holzes erkennbar: Der Stamm reißt auf oder ein. Solange er, vor allem sein Mantel, intakt ist, bewirken diese inneren Spannungen einen erheblichen Teil der mechanischen Stabilität. Beim Auftreten von Defekten oder zu großen Belastungen wird die Toleranz des optimierten Stammkörpers jedoch überbeansprucht und er reißt. Dazu können auch zu schnelles Wachstum oder extreme Temperaturunterschiede im Stamm führen. Risse sind daher ein bedeutsames Warnsignal für die Sicherheitsbeurteilung von Bäumen. Vgl. ▶ Frostleiste, ▶ Schubriss.

*Stammriss an Berg-Ahorn*

## Ständerbildung

Nach einer ▶ Kappung kommt es im besten Fall zum Neuaustrieb an und unterhalb der Kappungsstelle. Dadurch wird der Kronenneuaufbau eingeleitet (s. ▶ Sekundärkrone) und wieder Blattmasse im Luftraum verteilt. Bei einigen Baumarten unterbleibt dies allerdings auch ganz. Im Beispiel auf dem Foto (eine ge-

*Ständerbildung an Winter-Linde*

kappte Linde) haben sich an der Kappungsstelle so viele Neuaustriebe entwickelt und sind inzwischen zu Ständern erstarkt, dass sich diese ohne weitere Behandlung gegenseitig zunehmend bedrängen, Ressourcen streitig machen und auseinanderdrücken – mit der Folge erheblicher Risiken für die
▶ Bruchsicherheit: Früher oder später werden einzelne dieser Ständer aus der Krone herausbrechen. Dies wird noch durch die weitreichende Fäule im Stamm unterhalb der Kappungsstelle gefördert.

## Standfestigkeit/Standsicherheit

Als Standfestigkeit/-sicherheit bezeichnet man das Verhindern des Umstürzens des Stammes durch ausreichend intaktes Holz am ▶ Stammanlauf und intakte Wurzeln. Der Stammanlauf und die Wurzeln sind gegen das Wurfrisiko optimiert, diese Optimierung kann jedoch durch ▶ Holzfäule oder Wurzelverluste/-schäden z. B. infolge Baumaßnahmen vermindert sein, so dass das Risiko des Umstürzens steigt. Vgl. ▶ Bruchfestigkeit.

*Standfestigkeit/-sicherheitsverlust einer Fichte nach Ankippen durch Sturm*

## Stecklinge, Steckhölzer

Stecklinge bzw. Steckhölzer sind Pflanzenteile (von Spross, Wurzel oder Blättern), die von einer ausgewählten Mutterpflanze abgetrennt, mit einem Substrat in Kontakt gebracht („gesteckt") und so zur Regeneration des restlichen Pflanzenteiles angeregt werden. Der Unterschied zwischen den beiden Begriffen besteht lediglich im Zeitpunkt, an dem die Sprossstücke geschnitten werden: Steckhölzer sind unbelaubte Triebe oder Triebteile, die außerhalb der Vegetationsperiode geschnitten werden, Stecklinge werden in der Vegetationszeit mit Blättern geschnitten. Grundlage für diese Form der vegetativen Gehölzvermehrung ist die sog. Omnipotenz der ▶ Meristeme, also die Fähigkeit, aus Teilstücken eine neue Pflanze zu regenerieren. Unter bestimmten zu steuernden Bedingungen, z. B. Alter der Mutterpflanze, Steckzeitpunkt, Substrat, Befeuchtung etc. können so von einer Mutterpflanze genetisch identische Nachkommen erzeugt werden.

*Steckhölzer der Garten-Forsythie*

## Stockausschlag

Das Absägen eines älteren Baumes hat bei vielen Arten zur Folge, dass aus dem verbleibenden Stock zahlreiche, durchaus bis zu 100 Neuaustriebe erscheinen, sog. Stockausschläge, eine Form von ▶ Reiterationen. Diese versuchen, die verloren gegangene Krone wieder zu ersetzen und machen das bei einigen Baumarten so effektiv, dass das Absägen nicht zum Verschwinden des Baumes führt, sondern im Gegenteil zu seinem vielfachen Wiedererscheinen. Es gibt allerdings auch Baumarten, die auf ein solches Absägen nicht mit Neuaustrieb, sondern mit Absterben reagieren, wie z. B. die Fichte. Die unterschiedliche Stockausschlagfreudigkeit führt bei wiederholtem Absägen zum Verschwinden einiger Baumarten aus einem Bestand und bei anderen zu einer Förderung. So kommt es auch nach langen Perioden der Niederwaldwirtschaft zu deutlichen Veränderungen der Baumartenzusammensetzung in Wäldern.

*Stockausschlag an Gemeiner Esche*

## Stomata s. ▶ Spaltöffnungen

## Strahlen s. ▶ Holzstrahlen

## Strategie

Man spricht von Überlebensstrategie der Bäume. Dabei ist das Wort Strategie nicht wie auf menschliche Taktik bezogen zu verstehen – Bäume planen nicht, sie wägen nicht ab. Aber es hat sich in der Ökologie eingebürgert, von Strategie zu sprechen, wenn es um im Laufe der Evolution erworbene Eigenschaften geht, die ein Überleben unter Konkurrenten erlauben. Strategie ist die Summe der genetisch fixierten physiologischen, anatomischen und morphologischen ▶ Anpassungen zur Eroberung und Behauptung eines Wuchsortes dank möglichst optimaler Ressourcennutzung. Der Begriff Strategie ist also nicht auf den Einzelbaum, sondern auf die Baumart oder die Lebensform Baum ganz allgemein bezogen. Zum nachhaltigen Überleben führt diese Strategie deshalb, weil sie sowohl ein Überleben einzelner Individuen als auch auf Dauer der Art insgesamt durch Reproduktion ermöglicht.

## Stratifikation

Als Stratifikation wird das Brechen der Keimruhe durch Kaltnassbehandlung bezeichnet. Sie wird bei sehr vielen Baumarten gezielt vor der Aussaat eingesetzt, indem man die Samen schichtweise in Torf oder Sand einlagert und bei tiefen Temperaturen (knapp über dem Gefrierpunkt) feucht hält. Dauer und Zeitpunkt der Behandlung sind artspezifisch unterschiedlich. Die ▶ Keimhemmung kann, abhängig von der jeweiligen Art, durch Kalt-Nass-Lagerung (Stratifikation), Hitze/Feuer, Belichtung, Zersetzung/Beschädigung der harten Samenschale/Fruchtwand, Hormone, Fertigentwicklung des Embryos, Darmpassage in Tieren oder Beseitigung von Hemmstoffen gebrochen werden. Bei Arten ohne Keimruhe muss die Keimung relativ rasch erfolgen (z. B. innerhalb weniger Tage bei Weide und Pappel, innerhalb weniger Wochen bei Ulme), da die Keimfähigkeit bei ihnen nur kurze Zeit währt. Auch hier erfordert die Keimung in jedem Falle förderliche Bedingungen, insbesondere Licht- und Temperaturbedingungen sowie die Sauerstoff- und Wasserversorgung betreffend.

*Stratifikation: keimende Walnüsse*

## Sträucher: Nischenspezialisten

Wenn es sonst immerzu um Bäume geht, soll wenigstens hier auch einmal explizit auf Sträucher eingegangen werden, die es im ▶ Konkurrenzkampf gegen Bäume sehr schwer haben. Da sie auf durchschnittlichen Standorten kaum eine Chance haben, sich gegen Bäume zu behaupten (aufgrund ihres begrenzten Höhenwachstums), sind ihre Nischen oft ungewöhnliche oder gar ▶ Extremsituationen: im Hochgebirge, auf ▶ Katastrophenflächen, bei Beweidung (Foto) und auf Extremstandorten sowie Flächen, die immer wieder neu besiedelt werden müssen (wie z. B. Schotterfluren in mäandrierenden Flussläufen) – in solchen Situationen können sie, zumindest für eine begrenzte Zeit, konkurrenzstärker als Baumarten sein. In Wäldern führen sie hingegen ein Lückendasein, da die ständige starke Beschattung ihnen das Leben schwer macht. Hier sind ihre Nischen vor allem ▶ Waldränder.

*Sträucher: Nischenspezialist Heidekraut auf trockenem sandigen Standort mit Beweidung*

Strauch vs. Baum s. ▶ Baum oder Strauch?

## Streben zum Licht

Im Beispiel auf dem Foto ist eine Esche in einer Felsspalte gekeimt. Die Überlebensstrategie dieser Baumart ist genau auf solche Situationen vorbereitet: Sie wächst im Schatten zunächst fast ohne jede Verzweigung möglichst schnell nach oben, um – wie in diesem Beispiel sehr erfolgreich – das Licht zu erreichen. Dies ist in hoher Krautschicht (z. B. von Auenwäldern) und in Heckengebüschen sehr sinnvoll, da bereits nach wenigen Metern das Ziel erreicht ist, das volle Sonnenlicht. In geschlossenen Wäldern hingegen ist diese Strategie verhängnisvoll, da die alten Bäume 30 m hoch sind und die jungen Bäume es bis dorthin nicht schaffen, sondern vorher aufgrund von Lichtmangel absterben. Dann hilft nur eine anders ausgerichtete Strategie (wie z. B. von Weiß-Tanne und Rot-Buche): bei minimalem Wachstum „warten und hoffen" (vgl. ▶ Oskarsyndrom, ▶ Schattenhabitus).

*Streben zum Licht: Esche in einer Felsspalte*

## Streifenborke

Bei der Streifenborke reißt die ▶ Borke infolge des ständigen Dickerwerdens des Stammes senkrecht lang auf, und abgestorbene Rindenpartien lösen sich streifenweise ab. Die Streifen können bis zu 2 m lang sein und an älteren Bäumen sehr attraktiv aussehen. Dieser Borketyp ist relativ dick und stellt deshalb einen wirksame-

*Streifenborke der Japanischen Sicheltanne*

ren Schutz vor mechanischen Beschädigungen dar als z. B. ▶ Ringelkork. Die jüngeren zum Vorschein kommenden Bereiche sind heller als die älteren, was zu einem Farbenspiel der Streifen führen kann. Dies ist der Borketyp, den man wegen des ständigen Dickenwachstums von Bäumen wohl am ehesten erwarten würde – dass nämlich die Rinde streifenartig aufreißt. Der Baum muss dabei Vorsorge treffen, dass die Risse nicht das ▶ Kambium oder gar den Holzkörper erreichen. Dies wird aber mit Erfolg verhindert.

## Stress

Stress ist ein akuter Belastungszustand, der über Abweichungen vom optimalen Zustand zu Schädigungen führen kann. In der Biologie bezeichnet Stress einen Anspannungszustand des Organismus, der Belastungsfaktor wird „Stressor" genannt. Ein Umweltfaktor wird dann zum Stressor oder Stressfaktor, wenn seine Dosis nicht im Optimalbereich ist, weshalb prinzipiell alle Faktoren zum Stressor werden können. Dies kann sowohl beim Über- als auch beim Unterschreiten der optimalen Dosis geschehen. Da Bäume ortsfest sind und einem Stressor nicht durch Fortbewegung ausweichen können, haben sie umfangreiche Mechanismen zur Reaktion auf Stress entwickelt. Stress ist demnach ein Beanspruchungszustand des Organismus', der zunächst Destabilisierung, dann Normalisierung und Resistenzsteigerung bewirkt und schließlich bei Überschreitung der Anpassungsamplitude zu Funktionsausfällen und zum Tod führen kann (s. Grafik). Dabei muss Stress nicht immer negativ sein, sondern kann auch dazu führen, dass ein Baum an zukünftige Belastungen besser angepasst ist (Eustress im Gegensatz zu Distress). Diese Abhärtung wirkt manchmal nicht nur gegen den Umweltfaktor, der sie ursprünglich ausgelöst hat, sondern auch gegen andere. Bäume sind aufgrund ihrer langen Lebensdauer in besonderem Maße einer Vielzahl von Stress-Faktoren ausgesetzt, insbesondere extremen Temperaturen, hohen Lichtintensitäten, ▶ Pathogenbefall, Nährstoffmangel und weiterem Stress. Besonders extrem sind die Belastungen in der Stadt. Man unterscheidet – meist in dieser Reihenfolge, s. Grafik – eine Alarmphase (Destabilisierung der normalen Lebenstätigkeit nach Einsetzen einer Störung), eine Widerstandsphase (Wiederherstellung des Normalverhaltens bei anhaltender Belastung durch Anpassungsvorgänge), eine Erschöpfungsphase (nach Überforderung des Anpassungsvermögens durch zu lange Beanspruchungsdauer) und ggf. eine Regenerationsphase (auch aus der Erschöpfungsphase kann die Pflanze noch zur Ausgangslage zurückkehren, wenn der Belastungszustand aufgehoben wird). Vgl. ▶ Stressresistenz.

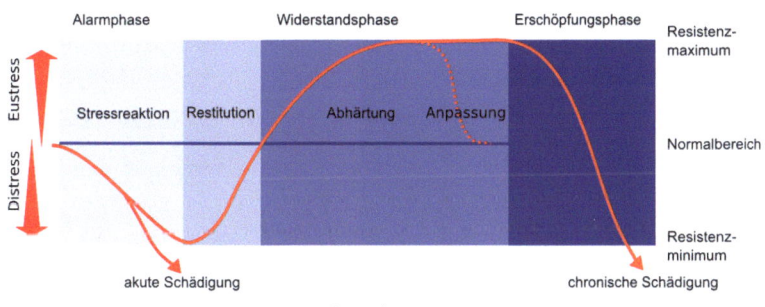

Stress: Phasenmodell des Stressgeschehens (Grafik Steffen Rust)

## Stressresistenz, -vermeidung, -toleranz

Unter Stressresistenz versteht man die Fähigkeit, eine auf externe Stressfaktoren zurückgehende Stresssituation zu überstehen. Das kann über Stressvermeidung geschehen, bei der das Eintreten der Schädigung durch vorbeugende morphologische und physiologische Eigenschaften vermieden wird, oder über Stresstoleranz, bei der eine eingetretene Schädigung über aktuelle Vorkehrungen ausgehalten und überwunden wird. Vgl. ▶ Stress.

## Streuzersetzung s. ▶ Zersetzung Blätter

## Sukzession

Das gerichtete, oft vorhersagbare Aufeinanderfolgen bestimmter Pflanzengemeinschaften bei ungestörtem Zeitablauf nennt man Sukzession. Dabei haben am Beginn Baumarten Vorteile, die schnell und zahlreich zur Stelle sind wie die sog. ▶ Pionierbaumarten. Im Beispiel auf dem Foto ist eine Kiesgrube seit Jahren unbeeinflusst geblieben, so dass sich die Kiefer massiv eingefunden hat und den Beginn der Bewaldung einleitet. Da solche Pionierbaumarten aber sehr lichtbedürftig sind, bereiten sie mit ihrem Auftreten bereits ihr eigenes Ende vor: Sie selbst können sich nach Erreichen ihrer (meist) geringen Lebenserwartung nicht mehr auf der Fläche wieder verjüngen (wegen der Beschattung), so dass dann nur schattentolerantere Baumarten eine Chance haben, die Sukzession fortzusetzen.

*Sukzession: Primärbesiedelung einer Kiesabbaufläche durch die Gemeine Kiefer*

## Syllepsis

Als Syllepsis bezeichnet man das sofortige, gleichzeitige Erscheinen von Seitentrieben an einem gerade austreibenden Trieb ohne ein äußerlich sichtbares Knospenstadium. Normalerweise bleiben die Seitenknospen an einem neuen Jahrestrieb bis zum folgenden Frühjahr geschlossen. Wenn jedoch die Bedingungen sehr günstig sind, vor allem an jungen wüchsigen Bäumen ohne Beschattung, nutzen Bäume diese Verhältnisse sofort durch zusätzliche Verzweigung (und in der Folge mehr Blattmasse als ohne Syllepsis) aus. Man erkennt die Erscheinung auf dem Foto daran, dass die Tragblätter der Seitenzweige noch vorhanden sind und an ihrer Basis die Triebbasisnarben fehlen. Da die Erle sommergrün ist, muss die gesamte Hauptachse im Bild vom diesjährigen Austrieb stammen und die Seitenverzweigung auch. Bei Auftreten optimaler Verhältnisse ist eine alternative Reaktionsmöglichkeit der ▶ Johannistrieb im Sommer.

*Syllepsis am Jahrestrieb der Schwarz-Erle*

## Symbiose

Als Symbiose bezeichnet man eine Lebensgemeinschaft zum beiderseitigen Vorteil. Ein bedeutungsvolles Beispiel sind hierfür bei Bäumen die sog. ▶ Mykorrhiza-Pilze, die in Symbiose mit den Baumwurzeln leben. Bekannte Beispiele sind viele Speisepilze, die mit verschiedenen Laub- und Nadelbäumen zusammenleben können. Mykorrhiza-Pilze schützen die Baumwurzeln vor Schadstoffen sowie Krankheitserregern und verbessern für sie nachweisbar die Wasser- und Nährstoffverfügbarkeit (vor allem von Phosphor und Stickstoff) durch die enorme Oberfläche der Pilzfäden, die die Wurzelhaare an den Feinwurzeln ersetzen. Sie erhalten dafür vom Baum die für sie selbst lebensnotwendigen Kohlenhydrate sowie wichtige Wirkstoffe. Ein weiteres Beispiel für Symbiosen an Bäumen sind Flechten, die aus einer Pilz- und Algenart bestehen. Vgl. ▶ Wurzelknöllchen.

*Symbiose: Lebensform Flechten (auf der Rinde des Berg-Ahorns)*

## Sympodium s. ▶ Monopodium

## Symptome

Von Symptomen spricht man bei äußerlich sichtbaren, anormalen Veränderungen an Pflanzen durch Umwelteinflüsse (Schadereignisse) oder Krankheitserreger. Damit sind z. B. gemeint Vergilbungen, Fleckungen, Welken, ▶ Nekrosen, Absterben oder Verformungen von Blättern oder Zweigen, Wuchsanomalien und Defekte an Stamm und Ästen.

## Terminalknospe/Terminaltrieb

Die ▶ Knospe, mit der ein Spross endet, wird als Terminalknospe bezeichnet, der Wipfeltrieb als Terminaltrieb. Es gibt eine Reihe von Baumarten ohne Terminalknospen, bei denen die Fortsetzung des Längenwachstums von der/den obersten Seitenknospe(n) übernommen wird (s. ▶ Sympodium). Dann ist der oberste, meist längste Seitentrieb der Terminaltrieb.

## Thyllen/Verthyllung

Thyllen sind Auswüchse von ▶ Parenchymzellen im ▶ Xylem, die sich durch die ▶ Tüpfelkanäle der Gefäßzellwände in die ▶ Gefäße hineinwölben. Solche Thyllen können das ganze Gefäßlumen verstopfen und damit lokal den Wassertransport unterbinden. In vielen Fällen kann eine Verthyllung durch ▶ Pathogenbefall oder Lufteintritt auch vorzeitig im ▶ Splintholz ausgelöst werden. Einige Bäume wie z. B. die Robinie zeigen regelmäßig verthyllte Gefäße im Splintholz, Thyllen sind also kein typisches Verkernungsmerkmal. Es gibt auch Bäume, die keine oder kaum Thyllen ausbilden. Hierzu zählt z. B. die nordamerikanische Rot-Eiche, die sich aus diesem Grund im Gegensatz zu anderen Eichen nicht für die Herstellung von Weinfässern eignet (Abdichtungsproblem), dafür aber gut imprägnieren lässt.

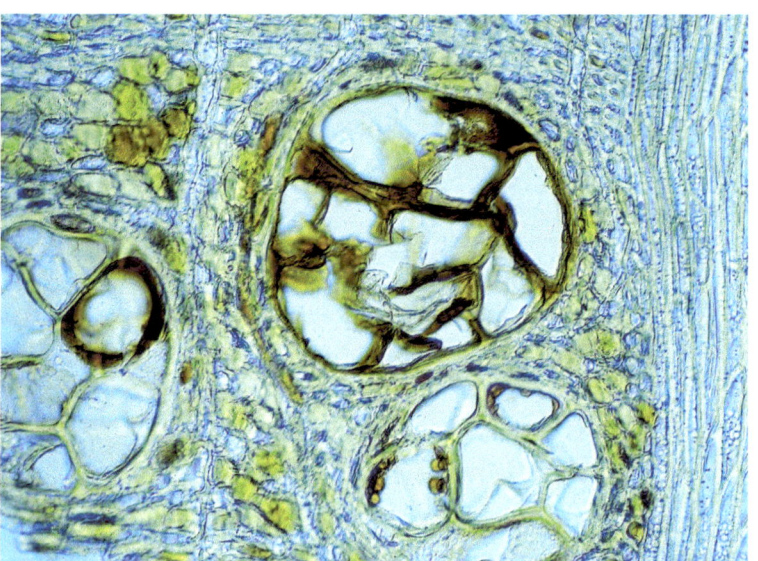

*Thyllen/Verthyllung: Vollständiger Verschluss eines Gefäßes bei Eiche (in die Thyllenwände sind zusätzlich dunkle Inhaltsstoffe eingelagert) (Foto: Dirk Dujesiefken)*

## Topophysis

Als Topophysis bezeichnet man die Erscheinung, dass ▶ Pfropfreiser oder ▶ Stecklinge nach dem Pfropfen oder Bewurzeln immer oder für einige Zeit die Wachstumsrichtung beibehalten, die sie am Ort der Entnahme gezeigt haben. So wachsen Seitenzweige der Zimmertanne (Araucaria) zeitlebens horizontal weiter, solche der Weiß-Tanne und Stech-Fichte viele Jahre.

*Topophysis: bewurzelter Ast aus der Krone einer Stech-Fichte, der sein waagerechtes Wachstum aus der Krone beibehält*

## Totäste

Abgestorbene Äste in der Krone können an Verkehrswegen und in der Stadt ein erhebliches Risiko für die Verkehrssicherheit darstellen und müssen dann im Rahmen von Baumpflege- bzw. ▶ Schnittmaßnahmen ggf. entfernt werden.

*Totäste an einer Esche über stark befahrener Straße*

## Totholz

In naturnahen und Naturwäldern gibt es einen erheblichen Anteil an Totholz: stehende oder liegende abgestorbene Stämme in verschiedenen Zerfallsstadien. Dieses Totholz ist ein wichtiger Lebensraum vor allem für Insekten, Vögel, Pilze, Bakterien, Moose und Flechten. Totholz bedingt einen wesentlichen Anteil der Artenvielfalt in einem Wald. Es ist für das Recycling von Bäumen sowie für die Schädlingskontrolle und für die Stoffkreisläufe im Wald von erheblicher Bedeutung. Bei Stadtbäumen stellt Totholz ein Risiko dar (s. ▶ Totäste). Aber auch an Stadtbäumen ist Totholz nicht nur negativ wegen der Bruchgefahr zu sehen, denn auch bzw. gerade hier ist es ebenso ein wichtiger Lebensraum für viele z. T. gefährdete Organismen (und sollte daher wenigstens teilweise erhalten bleiben, wenn es die Verkehrssicherheit zulässt).

*Totholz einer Buche im Wald als Lebensraum*

Tracheen s. ▶ Gefäße

## Tracheiden

Der Wasserleitung dienende tote Zellen des ▶ Xylems mit verholzten Zellwänden und Hoftüpfeln werden als Tracheiden (gesprochen Tracheïden) bezeichnet. Übereinander befindliche Tracheiden sind durch schräg stehende Endwände mit zahlreichen ▶ Tüpfeln miteinander verbunden. Im Gegensatz zu den Gefäßen sind die Endwände der Tracheiden jedoch nicht aufgelöst oder perforiert, und ihre Länge beträgt nur maximal wenige Millimeter. Sie treten bei Laub- und Nadelbäumen auf. Tracheiden sind im ausgewachsenen Zustand nicht mehr lebend (Reduktion des Fließwiderstandes für den Wassertransport). Bei ▶ Nacktsamern dienen ausschließlich Tracheiden der Wasserleitung, bei den ▶ Bedecktsamern treten neben den Tracheiden vermehrt ▶ Gefäße auf. Vgl. ▶ Wassertransport.

## Träufelspitzen

In feuchten Regionen, vor allem der Tropen, kommen auffällig viele Baumarten mit sog. Träufelspitzen vor, einer lang ausgezogenen Blattspitze. Durch diese wird das Ablaufen des Wassers vom Blatt nach Regenfällen deutlich beschleunigt, da die Blattspitze den Wasserfilm regelrecht vom Blatt zieht und dieser eher abläuft anstatt abzutropfen, wie es ohne diese Spitze der Fall wäre. So werden die Blätter nicht zu schwer (durch das Gewicht des Wassers auf der Blattoberfläche), und das Besiedeln der Blattoberfläche mit Moosen und Flechten wird erschwert, was zur Behinderung des ▶ Gasaustausches der Blätter und zu Lichtmangel führen könnte. Diese Erklärung ist allerdings nicht unumstritten, da z. B. die Beschaffenheit der Blattoberfläche („▶ Lotos-Effekt") viel größere Auswirkungen auf die Abtrocknung der Oberfläche haben kann. Das Prinzip funktioniert zudem nur bei hängenden Blättern.

*Träufelspitzen an Blättern der Schwarz-Pappel*

## Transpiration

Die Verdunstung von Wasser findet bei den meisten Bäumen vor allem als Transpiration aus den ▶ Spaltöffnungen der Blätter statt, in weit geringerem Ausmaß von allen Oberflächen. Da die Spaltöffnungsweiten von der Pflanze geregelt werden können, wird die Verdunstung bei einer intakten Pflanze weitgehend kontrollierbar. Sie setzt ein, wenn der Wasserdampfgehalt der Umgebungsluft bei bestimmten Temperaturen gewisse Werte unterschreitet, so dass die in den Blättern vorhandenen Wassermoleküle beginnen, aus den geöffneten Spaltöffnungen zu entweichen. Das Dilemma aller Baumarten der gemäßigten Breiten ist, dass für eine effektive ▶ Photosynthese $CO_2$

in die Blätter gelangen muss, was nur bei geöffneten Spaltöffnungen möglich ist. Das bedeutet in Zeiten mit ▶ Trockenstress, dass bald nach dem Schließen der Spaltöffnungen die Photosynthese zum Erliegen kommt, auch wenn die Lichtbedingungen besonders günstig sind (s. ▶ Mittagsdepression). Die jährliche Transpiration von Waldbeständen beträgt: tropischer Regenwald 900–2000 mm, wechselgrüne Laubwälder der gemäßigten Klimazone 300–600 mm, immergrüne Nadelwälder 300–600 mm. Für einzelne Baumarten wurden folgende Werte ermittelt: Kiefer 250 mm, Buche 350 mm, Fichte 420 mm, Birke 450 mm, Lärche 530 mm. Für freistehende große Einzelbäume wurden maximale Verdunstungsmengen von 500 L Wasser je Tag ermittelt (an trockenen Sommertagen). Durch die Transpiration wird das Blatt an warmen Tagen gekühlt, sie ist zudem für den Wasserfluss in Zweigen und Stamm mitverantwortlich.

*Transpiration: gefrierende Wassermolekülketten auf dem Ast einer Buche nach Frostnacht*

## Transpirationskoeffizient s. ▶ Wassernutzungseffizienz

## Trennungszone

Der Blattfall wird durch eine meist anatomisch vorbestimmte und vorbereitete Trennungszone vermittelt, die sich bei vielen Baumarten schon während oder kurz nach dem Austreiben in der Blattstielbasis durch weitere Zellteilungen, kleinere Zellen und dünnere bzw. unverholzte Zellwände im Blattstielparenchym ausdifferenziert. In dieser Trennungszone wird im Herbst, kurz vor dem ▶ Blattfall, die Trennschicht deutlich (Abb.), indem sich bei den meisten Laub- und Nadelbaumarten, durch hormonelle Signale initiiert, eine Ablösung der Zellen und bei einigen Arten auch eine enzymatische Auflösung der Zellwände einstellt. Bei einigen Nadelbaumarten (z. B. Fichte) wird der Nadelfall nicht hormonell, sondern nur durch Austrocknung der Nadel herbeigeführt, indem unterschiedlich schrumpfende Gewebe (sog. Schrumpfungs- und Widerstandsgewebe) zum Ablösen der Zellen in der Trennschicht führen.

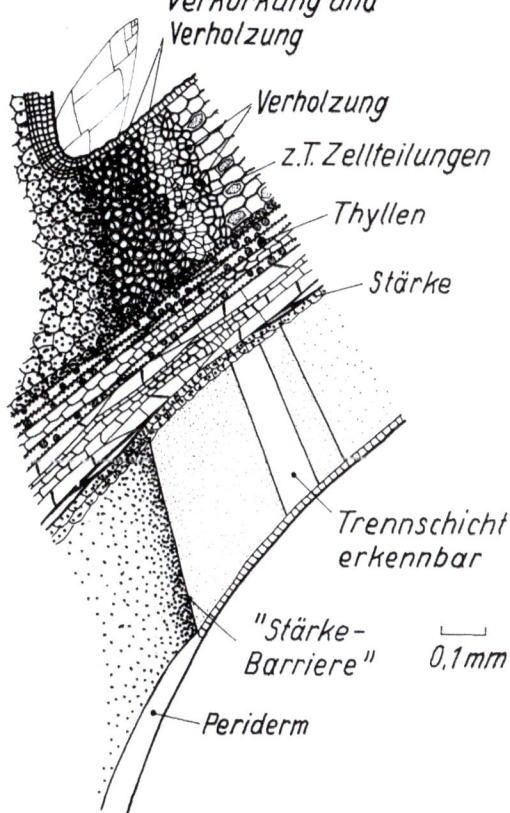

*Trennungszone im Buchenblattstiel (Längsschnitt, Zustand kurz vor dem Blattfall mit deutlicher Trennschicht; im unteren Bereich schematische Darstellung, Trennungszone umfasst Trennschicht sowie links und rechts dünn punktierte Fläche)*

## Triebbasisnarben

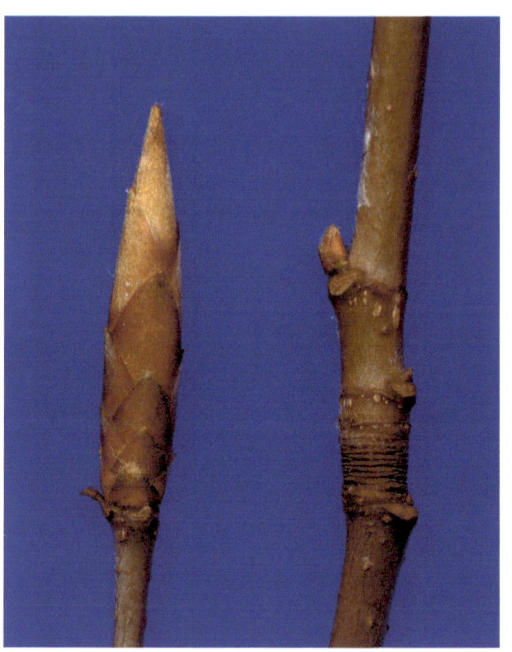

Jedes Organ, das sich einmal auf der Trieboberfläche befunden hat, hinterlässt nach seinem Abfallen zumindest für einige Zeit eine Narbe am Spross – so auch die Knospenschuppen. Da es bei den meisten Baumarten viele Schuppen sind, welche die Knospenanlagen schützend umhüllen, bleiben nach dem Abfallen dieser Schuppen rillenartige Narben zurück (rechts im Bild). Diese bleiben dann natürlich genau an der Stelle zurück, wo sich zuvor die Knospe (links) befand. Und da sich verholzte Triebe niemals nachträglich noch strecken können, markieren diese Narben der Knospenschuppen, solange sie sichtbar sind, sehr genau die Grenze zwischen zwei Jahrestrieben und werden als Triebbasisnarben bezeichnet. Bei Baumarten mit nur einer Knospenschuppe wie z. B. den Weiden ist die Narbe nur als ein Ring um den Trieb erkennbar.

*Triebbasisnarben: Narbe der Knospenschuppen nach dem Austreiben und ihrem Abfallen (gedrängte Rillen unten auf dem rechten Trieb)*

## Triebkrümmungen

Triebkrümmungen und -verdrehungen können sehr verschiedene Ursachen haben. Sie können genetisch veranlagt oder durch sich ändernde Umweltbedingungen und extreme Einflüsse wie dauernde Windbelastung bedingt sein. Schnellwachsende Baumarten neigen weniger zu diesem Phänomen als langsamwüchsige. Im Extremfall gibt es korkenzieherartig wachsende ▶ Varietäten, die an sämtlichen Ästen (und Wurzeln) eine solche Erscheinung zeigen, wie z. B. bei der Süntel-Buche. Oder der Baum hat sich nach einem Sturm geneigt und die neue Orientierung der Krone führt zu Zweigverdrehungen.

*Triebkrümmungen einer Kiefer durch extremen Windeinfluss und Zweigschäden*

## Trockenstress/Trockentoleranz

Trockenheit ist einer der häufigsten Stressfaktoren für Bäume. Trockenstress schadet nicht nur direkt, sondern macht Bäume auch für andere Schadfaktoren wie Insekten oder Pilze anfälliger. Die Reaktionen auf Trockenstress sind vielfältig: Kurzfristig wird vor allem die Wasserabgabe verringert, während mittel- und langfristig die ▶ hydraulische Architektur optimiert wird. Wenn der Boden austrocknet, dann sinken seine hydraulische Leitfähigkeit und sein ▶ Wasserpotenzial. Um die weitere Wasseraufnahme durch die Wurzel zu gewährleisten, muss das Wasserpotenzial von der Wurzel bis in die Blätter des Baumes ebenfalls sinken. Dabei muss ein Gradient bis in die Baumkrone aufrecht erhalten werden. Um die Wasserabgabe zu drosseln und damit das weitere Absinken des Wasserpotenzials zu bremsen, können die ▶ Spaltöffnungen geschlossen werden. Damit wird allerdings auch die Aufnahme von Kohlendioxid unterbunden, die ▶ Photosynthese kommt zum Erliegen. Da durch das Schließen der Spaltöffnungen der Wasserverlust nicht vollständig verhindert werden kann, führt länger andauernder Wassermangel zu Schäden an den Blättern, die sich dann einrollen können und z. T. abgeworfen werden. Dadurch wird die Verdunstungsfläche reduziert. Einige Baumarten (z. B. Eichen) können zudem auch belaubte Zweige aktiv abgliedern (s. ▶ Absprünge). Dadurch wird die Blattfläche, die in der nächsten Vegetationsperiode entfaltet wird, ebenso vermindert wie durch Ausbildung kleinerer Blätter für die einem Trockenjahr folgenden Jahre. Sowohl durch länger andauernden Spaltöffnungsschluss als auch durch die Verringerung der Blattfläche werden der ▶ Dicken- und der Längenzuwachs vermindert, ▶ Kurztriebe entstehen. Zahlreiche Prozesse und Eigenschaften werden durch Trockenheit negativ beeinflusst: z. B. Zellwachstum, Zellwandsynthese, Photosynthese oder Xylemleitfähigkeit. In den Jahren, die auf ein Trockenjahr folgen, kann die Sterblichkeit der Bäume daher deutlich ansteigen. Vgl. ▶ Xeromorphie.

*Trockenstress-Symtom ‚Schiffchenbildung' an Buchenblättern (links Blätter ohne Wassermangel, in der Mitte mit reversiblem Einrollen, rechts irreversibler Schaden)*

## Tüpfel

Die verschiedenen in Längs- und Querrichtung angeordneten Zelltypen stehen über Öffnungen in der Zellwand, sog. Tüpfel, miteinander in Verbindung, z. B. für einen Stoffaustausch. Ein Tüpfel besteht i. d. R. aus einer Tüpfelkammer und einer Schließhaut. Generell lassen sich je nach Ausbildung der Tüpfelkammer einfache Tüpfel von Hoftüpfeln unterscheiden. Dabei bilden jeweils zwei sich ergänzende Strukturen benachbarter Zellen einen Tüpfel. Über einfache Tüpfel stehen die lebenden ▶ Parenchymzellen miteinander in Verbindung. Hoftüpfel hingegen treten zwischen wasserleitenden ▶ Tracheiden auf, bei Längstracheiden gehäuft an deren Radialwänden. Ihr Aufbau ist komplexer als bei den einfachen Tüpfeln, und sie können bei Druckänderungen infolge von ▶ Embolien (Lufteintritt) verschlossen werden.

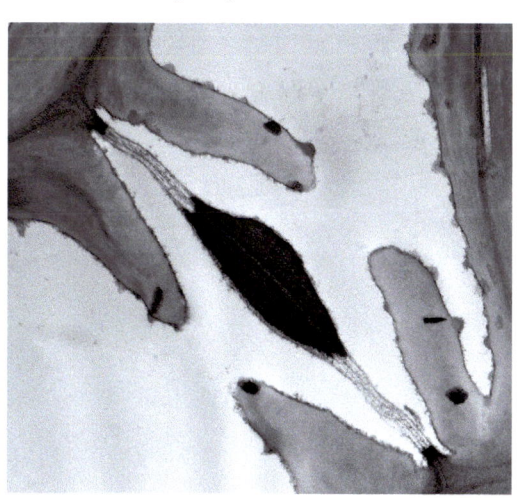

*Tüpfel im Xylem der Kiefer (Hoftüpfel)*
*(Foto: Dirk Dujesiefken)*

## Tumor

Tumore an Bäumen sind wie die bei Tieren und Menschen durch desorganisiertes, weitgehend ungehemmtes und oft unkontrolliertes Wachstum und Fehlen einer Zelldifferenzierung charakterisiert. Tumorzellen sind den steuernden Einflüssen von Nachbargeweben praktisch vollständig entzogen. Baumtumore können durch Infektionen (Pilze, Viren, Bakterien) oder ▶ Mutationen entstehen. Während gutartige Tumoren noch eine gewisse Begrenzung und Steuerung zeigen und z. B. am Stamm ▶ Knollen bilden, entfällt diese bei bösartigen vollständig, die damit zu Baumkrebsen (s. ▶ Krebs) werden und i. d. R. aufbrechen.

*Tumor am Stamm einer Rot-Buche*

## Turgor

Als Turgor bezeichnet man den Zellsaftdruck in Pflanzenzellen, der ein Strecken, Aufrichten und Aufwachsen von unverholzten Organen wie z. B. Blättern ermöglicht. Er wird bestimmt vom Wassergehalt, der Lösungskonzentration und der aus der Verdunstung resultierenden Saugkraft im Gewebe. Ein Turgorverlust führt zum Welken von Pflanzenteilen, sie hängen dann schlaff herab oder fallen in sich zusammen. Andererseits ermöglicht der Turgor auch Bewegungen, wie z. B. an Robinienblättern im Tagesverlauf. Nachts hängen die ▶ Fiederblättchen an der Blattspindel herab, richten sich morgens bei Sonnenaufgang auf (Foto) und orientieren sich dann optimal senkrecht zum Licht. Unter starker Einstrahlung falten sie sich nach oben zusammen, um die von der Sonne getroffene Fläche zu reduzieren. Bei Befeuchtung entfalten sie sich wieder. Verantwortlich dafür ist der sich ändernde Turgor an der Ansatzstelle der Fiederblättchen.

*Turgor als Steuerungsmechanismus der Blattbewegung an Robinie (hängende Blättchen vor Sonnenaufgang)*

## Überflutung

Nur wenige Baumarten kommen damit zurecht, wenn ihre Wurzeln dauerhaft im Wasser wachsen. Dazu gehören Erlen und Weiden, die daher auch die mittlere Grundwasserlinie unterwurzeln können. Zur umfassenden, dauerhaften Uferbefestigung von Fließgewässern sind deswegen nur diese Baumarten in der Lage. Daher findet man auch vor allem diese Arten auf Standorten, die regelmäßig über Monate einen sehr hohen Grundwasserstand aufweisen (Erlenbruchwälder) oder regelmäßig länger überflutet werden (sog. Weichholzaue). Die negativen Folgen von Überflutung und Staunässe für Landpflanzen sind auf die gegenüber Luft deutliche langsamere Diffusion von Sauerstoff in Wasser und seine geringe Wasserlöslichkeit zurückzuführen. Die geringen Mengen an Sauerstoff im Wasser werden im Wurzelraum rasch durch Wurzelatmung und Mikroorganismen verbraucht, und es kommt zum Sauerstoffmangel. Zahlreiche Baumarten der Auenwälder sowie Moore haben Mechanismen entwickelt, dem Sauerstoffmangel im Wurzelraum durch strukturelle Anpassungen zu begegnen. Hierzu zählen die Forcierung des Sprosslängenwachstums, um den Wasserspiegel zu überwinden, und die Ausbildung von ▶ Adventivwurzeln außerhalb der Staunässe, aber vor allem die Anlage von Aerenchymen (Luftkanälen) verbunden mit

▶ Lentizellen, die Eintrittsöffnungen für Luftsauerstoff in das sog. Aerenchymsystem darstellen, das bis in die Wurzelspitzen reicht und die Wurzeln mit Sauerstoff versorgen kann. Vgl.
▶ Sauerstoffmangel,
▶ Überschüttung.

*Überflutung eines Erlenbruches durch hoch anstehendes Grundwasser*

## Überschüttung

Wenn bei einem älteren Baum die ▶ Wurzelanläufe fehlen, kann dies nur bedeuten, dass er überschüttet worden ist. Das geschieht von Natur aus an Flüssen bei Überflutungen oder bei Erdrutschungen, in der Stadt häufiger bei Baumaßnahmen. Die meisten Baumarten reagieren sehr empfindlich auf diese Veränderung ihres Standortes, da sie nicht in der Lage sind, den erhöhten Oberboden neu zu durchwurzeln. Die zuvor oberflächennahen Wurzeln verbleiben in sauerstoffärmeren tieferen Bodenbereichen, werden zusammengedrückt und sterben oft ebenso wie ihre ▶ Mykorrhizapilze ab. Dies kann schließlich, oft verbunden mit Stammfußfäule, zum Absterben des ganzen Baumes führen. Baumarten, die von Natur aus auf ständig umgelagerten Standorten wachsen wie z. B. in der Flussaue, kommen mit diesen Veränderungen meist besser zurecht. Besonders empfindlich reagiert hingegen die Rot-Buche (Foto).

*Überschüttung des Stammfußes einer Rot-Buche (fehlender Wurzelanlauf)*

Überwallung s. ▶ Wundüberwallung

## Unglücksbalken

Bei einem stärkeren Absinken von Ästen werden irgendwann die Toleranzen der ▶ Biomechanik überbeansprucht. In der Folge reißt der Ast längs ein: ein dramatisches Warnsignal über Versagensreaktionen des Holzes (im Bild: hinterer Ast), was als Unglücksbalken bezeichnet wird. Würde sich ein solcher Ast über einer Straße oder einem Weg in einigen Metern Höhe befinden, müsste man aus Gründen der Verkehrssicherungspflicht sofort handeln: der Ast droht abzubrechen und ggf. aus der Krone herabzustürzen. Dies ist ein besonders eindrucksvolles Beispiel aus der ▶ Körpersprache der Bäume. Sie liefert uns Zeichen über Vorgänge in Stamm und Ästen, die sonst verborgen bleiben würden. So wird die Rinde auch als „Reißlack" des Baumes bezeichnet, da sich auf ihr mit geschultem Blick Symptome erkennen lassen über Stauchungen und Dehnungen von Stamm- und Astseiten.

*Unglücksbalken an Riesen-Lebensbaum (hinterer Ast)*

## Unterart

Die Unterart ist die wichtigste systematische Kategorie innerhalb der ▶ Art. Unterarten einer Art sind durch einige Merkmale gut voneinander zu unterscheiden, räumlich oder zeitlich voneinander differenziert und bilden fertile Nachkommen miteinander. Vgl. ▶ Sorte, ▶ Varietät.

## Urwälder

Echte Urwälder, die seit Jahrhunderten nicht wesentlich vom Menschen beeinflusst wurden, sind in Mitteleuropa selten. Und in ihnen gibt es kaum so dicke Eichen wie auf dem Foto. Denn die an sich sehr alt werdenden Eichen haben im natürlichen ▶ Konkurrenzkampf gegen die konkurrenzstärkere, schattentolerante Rot-Buche kaum eine Chance aufgrund von deren Beschattung. Die Buche wächst, selbst wenn sie

*Urwald mit absterbender Alteiche*

erst viel später als die Eichen auf einer Fläche erscheint, allmählich in die Eichenkronen und bringt zunächst einzelne Äste, schließlich auch ganze Bäume durch Beschattung zum Absterben. Da die Buche in Mitteleuropa auf den meisten Standorten wachstumsfähig ist, lässt sie anderen Baumarten in Urwäldern nur noch wenige Nischen übrig. Das ändert sich sofort bei Beweidung durch Wildtiere. Dann steigen die Chancen anderer Baumarten, auch dauerhafter gegen die Buche durchzuhalten.

## U-Zwiesel s. ▶ Zwiesel

## Vakuole

Die Vakuole als Speicherkompartiment für Wasser und Stoffwechselprodukte ist ein Spezifikum der pflanzlichen Zelle. Unterteilt in mehrere einzelne oder eine große Zentral-Vakuole, kann diese bis ca. 90 % des Volumens ausdifferenzierter Zellen einnehmen und aufgrund ihres hydraulischen Innendrucks (▶ Turgor) das Cytoplasma wie einen dünnen Belag gegen die Zellwand pressen. Abgesehen von ihrer Speicherfunktion reguliert die Vakuole auch den Wasserhaushalt der Zelle und ist verantwortlich für deren Streckungswachstum und Formgebung („Hydroskelett"-Funktion), d.h. die pralle Wasserfüllung festigt die Zellen und Gewebe. Die Bedeutung des Hydroskeletts wird bei Wassermangel und einsetzender Welke deutlich, wenn Zellen und Gewebe zu kollabieren beginnen. Die Gewebe erscheinen dann „schrumpelig". In der Vakuole werden Stoffe gespeichert, die vorübergehend oder dauerhaft im Zellstoffwechsel nicht benötigt werden. Den Stoffwechsel belastende Stoffe werden in der Vakuole „endgelagert".

## Varietät

Varietäten innerhalb einer ▶ Art unterscheiden sich durch wenige Merkmale und sind weder räumlich noch zeitlich differenziert (Unterschied zur ▶ Unterart). Sie bilden fertile Nachkommen miteinander. Vgl. ▶ Sorte.

## Vegetationskegel

Als Vegetationskegel bezeichnet man das ▶ Meristem an der Sprossspitze, das immer in Miniatur in der ▶ Knospe verborgen und niemals frei sichtbar ist. Er besteht aus teilungsfähigen Geweben (Meristemen) und ist der Ausgangspunkt der ▶ Epidermis und eines ersten ▶ Dicken- und Längenwachses der Zone um den Vegetationskegel bzw. unterhalb von diesem.

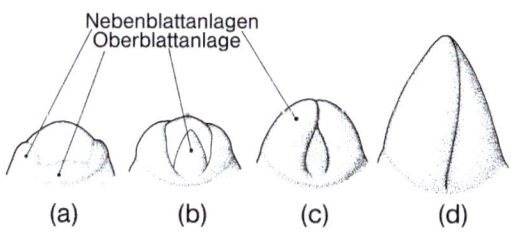

*Vegetationskegel der Rot-Buche mit vier Stadien der Knospenschuppenbildung: (a) Blattanlagen als Ringwulst erkennbar, (b–d) Wachstum der Blattanlagen bis zum Umschließen des Vegetationskegels*

## Vegetative Fortpflanzung

Vegetative, d.h. ungeschlechtliche Fortpflanzung ohne Blüten- und Fruchtbildung, ist von Natur aus bei Bäumen weit verbreitet und eine sehr erfolgreiche Strategie, besonders in Extremsituationen. Sie erfolgt vor allem durch ▶ Wurzelbrut (dem Austreiben von Schösslingen aus oberflächennahen Wurzeln, s. Foto) sowie durch ▶ Absenkerbewurzelung und führt zur Bildung genetisch identischer Klone. Dies kann für eine schnelle Ausbreitung (z. B. von ▶ Pionierbaumarten auf Freiflächen) und für das Behaupten auf besiedelten Flächen von Vorteil sein, da nicht erst die Geschlechtsreife der Bäume und für die Blüte günstige Bedingungen abgewartet werden müssen. So

können sehr kurze Generationszyklen erreicht werden, die sonst bei langlebigen Bäumen eher die Ausnahme sind. Nachteil ist die geringere genetische Variabilität und die daher verminderte ▶ Anpassungsfähigkeit der Population.

*Vegetative Fortpflanzung bei der Zitter-Pappel (Ausbreitung über Wurzelbrut in einer Wiese)*

## Verbänderung

Verbänderungen sind bandartige Verbreiterungen von Trieben, die dadurch zustande kommen, dass sich die Zellen des ▶ Vegetationskegels an der Sprossspitze nach zwei entgegengesetzten Richtungen hin vermehrt haben. Im einfachsten Fall wächst eine solche verbreiterte Gipfelknospe zu einem abgeflachten Bandspross heran, was sich im Folgejahr fortsetzen und merkwürdige Formen annehmen kann. Das bekannteste Beispiel ist die Drachenweide, eine Verbänderungsform der Amur-Weide.

*Verbänderung an Drachen-Weide*

## Verbissschutz

In beweideten Landschaften ist ein interessanter Schutzmechanismus beim Aufwachsen verbissgefährdeter Baumarten, sich anfangs in sog. Weideunkräutern zu „verstecken" (in Pflanzen, die nicht oder kaum verbissen werden). Solch eine Schutzpflanze ist in Heideflächen z. B. der Wacholder. Baumarten wie hier eine Vogel-Kirsche keimen geschützt unten im Inneren des Wacholders, wachsen gemäß ihrer ▶ Strategie schnell nach oben und erreichen schließlich das Licht, da sie höher als der Wacholder werden. Wenn man nicht eingreift, wird der Wacholder später aufgrund seines hohen Lichtbedarfes und der Beschattung durch die Kirsche absterben. Abgestorbene Wacholder in Wäldern sind daher fast immer ein sicheres Zeichen für frühere Heidelandschaften an dieser Stelle. Andere Möglichkeiten des Verbissschutzes sind ▶ Dornen und ▶ Stacheln an Zweigen oder Blättern, oder giftige/ungenießbare Inhaltsstoffe der Blätter.

*Verbissschutz einer aufwachsenden Vogel-Kirsche in einem Wacholder*

**Verdunstung** s. ▶ **Transpiration**

**Veredlung** s. ▶ **Pfropfung**

## Versiegelter Wurzelraum

Ein versiegelter Wurzelraum führt zur Unterversorgung des Baumes mit Wasser und Nährsalzen. Dadurch kann die Krone nicht mehr hinreichend mit Wasser versorgt werden, und der Baum beginnt dahinzusiechen. Die Prognose hängt entscheidend davon ab, ob die Versiegelung schon immer vorhanden war (dann hat sich der Baum im Laufe der Entwicklung Wasseradern u. ä. gesucht) oder ob sie neu vorgenommen wurde. In letzterem Fall reagieren ältere Bäume bei starker Versiegelung mit Absterben, da es einem Verlust großer Teile des Wurzelsystems gleichkommt. Einige Baumarten kommen besser mit solchen Veränderungen zurecht als andere: besonders empfindlich ist z. B. die Buche, relativ unempfindlich die Linde. Je älter der Baum zum Zeitpunkt des Eingriffes ist, desto kritischer wird er darauf reagieren.

*Versiegelter Wurzelraum um eine Buche im Siedlungsraum*

## Versorgungsäste

Als Versorgungsäste (Zugäste) bezeichnet man Seitenzweige nach ▶ Schnittmaßnahmen in der Krone, die sich direkt unterhalb der Schnittstellen befinden und für das Aufrechterhalten des Wasserstromes („Zug") sowie für die Versorgung der Achsen und Schnittbereiche mit ▶ Assimilaten sorgen. Sie sind essentiell, um die Schäden durch den Eingriff für den Baum minimal zu hal-

*Versorgungsäste an Zweigenden nach einer Schnittmaßnahme an Silber-Linde*

ten. Daher berücksichtigt man dies bei baumbiologisch fundierten Kronenschnittmaßnahmen: die Schnittstellen müssen bewusst dorthin gelegt werden, wo in der Nähe solche Versorgungsäste vorhanden sind, und diese sollten möglichst einen Durchmesser an der Basis haben, der mindestens ein Drittel des versorgten Astes beträgt. Anderenfalls sterben die Zweige unkontrolliert zurück (s. ▶ Versorgungsschatten) und/oder treiben besenartig aus, was einen artfremden Habitus und wiederholt notwendige Nacharbeiten zur Folge hat. Der oft verwendete Begriff Zugast ist etwas irreführend, da nicht der Zug das Entscheidende bei der Versorgung ist.

### Versorgungsschatten

Äste, die seit längerem infolge starker Beschattung oder durch Blattverluste keine nennenswerten Photosynthesegewinne mehr erreichen, leiten kaum noch ▶ Assimilate zum Stamm hin ab. Dies kann zur Folge haben, dass unterhalb der Astansatzstelle der Dickenzuwachs gegenüber dem umgebenden Stammbereich zurückbleibt und sich schließlich eine Hohlkehle bildet (Foto). Da die Zuckerlösung vor allem Stamm abwärts in Richtung Wurzel transportiert wird, kann sich dieser „Versorgungsschatten" nur unterhalb der Astansatzstelle bemerkbar machen. Das Gegenteil (bei überdurchschnittlich guten Assimilatgewinnen eines Astes) kann dann eine Rippe unterhalb des Astes sein, die in diesem Fall keine ▶ biomechanischen Ursachen hätte. Als Versorgungsschatten bezeichnet man auch absterbende (oder unterversorgte) Bereiche an den Astenden nach Schnittmaßnahmen. Vgl. ▶ Spannrückigkeit.

Versorgungsschatten unterhalb eines Astes an Spitz-Ahorn

### Verthyllung s. ▶ Thyllen

## Verwachsungen einer Baumart

Durch Verwachsungen wird ein Zusammen-Leben von zwei Bäumen auf engstem Raum möglich. Zwischen Bäumen derselben Art und von Ästen in einer Krone kommen sie vor allem bei glatt- und dünnrindigen Baumarten wie der Buche vor. Bei ihnen genügt eine relativ kurze Zeitspanne (5 Jahre), bis der Verwachsungsprozess beginnt. Durch Aneinander-Scheuern der Rinde von sich berührenden Ästen wird schließlich ungeschütztes Gewebe freigelegt, so dass die Zellen in direkten Kontakt zueinander kommen und ein gemeinsames Gewebe bilden können. Dann hat der Baum nur noch das Problem zu lösen, wie er die komplizierten Stoffwechselvorgänge in den beteiligten verschmelzenden Geweben aufeinander abstimmt (wenn z. B. ein Ast in einen Nachbarstamm einmündet, Foto). Dies gelingt jedoch i. d. R. völlig problemlos. Bei dickborkigen Baumarten kommt es deutlich seltener bzw. langsamer zu Verwachsungen.

*Verwachsungen einer Baumart am Beispiel der Rot-Buche*

## Verwachsungen verschiedener Arten

Verwachsungen zwischen verschiedenen Arten gelingen desto schwieriger, je weniger die Arten miteinander verwandt sind. Die Schwierigkeiten beginnen mit Unterschieden in der Rindenbeschaffenheit (bei dicker ▶ Borke ist das Verwachsen außerdem alleine mechanisch stark behindert) und setzen sich in Unverträglichkeiten der aufeinander treffenden Gewebe fort. Zellen von gar nicht verwandten Arten vereinigen sich nur schwer oder gar nicht miteinander. In solchen Fällen (Foto: Birke und Eiche) kommt es nur zu einem gegenseitigen Umwachsen, aber nicht zu einem echtem Verwachsen. Meist überleben beide Partner und werden so zu einem untrennbaren Paar, das auf engstem Raum gemeinsam wächst. In anderer Weise wird die Verträglichkeit bzw. Unverträglichkeit beim Pfropfen berücksichtigt.

*Verwachsung verschiedener Arten: Stiel-Eiche (links) und Sand-Birke*

UV

## Verzweigung

Die Verzweigung von Bäumen hat die Funktion, Luftraum zu erobern, sich gegen Konkurrenten durchzusetzen und mit minimalem Aufwand möglichst viele Blätter optimal im Luftraum so unterzubringen, dass einerseits der eroberte Luftraum effizient durch ▶ Photosynthese und damit zur Biomasseproduktion genutzt wird, andererseits sich die Blätter aber auch nicht zu sehr gegenseitig beschatten oder gar beschädigen. Verschiedene Baumarten haben dieses Problem unterschiedlich gelöst. Im Schatten hat sich ▶ zweizeilige Verzweigung an waagerecht orientierten Ästen bewährt, bei voller Besonnung hingegen ist senkrechte Zweigorientierung mit dreidimensionaler Luftraumerschließung optimal, also spiralige oder kreuzgegenständige Verzweigung. Zudem wirkt sich die Größe der Blätter auf die Feinheit der Verzweigung aus (Foto: die Sommer-Linde rechts hat größere Blätter und daher eine gröbere Verzweigung). Vgl. ▶ Vitalitätsbeurteilung.

*Verzweigung von Winter-Linde (links) und Sommer-Linde (rechts)*

## Verzweigungsstruktur s. ▶ Vitalitätsbeurteilung

## Vielstämmigkeit

Vielstämmigkeit, d.h. das Entspringen vieler Stämme aus einem Wurzelanlauf, kann verschiedene Ursachen haben. Entweder ist der Baum in mittlerem Alter abgesägt worden und hat vielfach wieder ausgetrieben (Foto). Die Bewirtschaftungsform ‚Niederwald' von Waldbeständen im Mittelalter, bei der ganze Bestände immer wieder nach ein bis drei Jahrzehnten abgesägt wurden, diente vor allem der Brennholzerzeugung. Sie wird heute noch verbreitet in Südeuropa durchgeführt, in Mitteleuropa fast nur noch als Erosionsschutz an Steilhängen. Vielstämmigkeit kann auch durch wiederholten Verbiss zustande kommen, in dessen Folge der Baum immer wieder austreibt und dann wieder verbissen wird, schließlich aber aus der Verbisszone herauswächst. Bei mehrsamigen Früchten wie denen der Eberesche kann Vielstämmigkeit auch durch das gleichzeitige Keimen von mehreren Samen aus einer Frucht begründet sein (oder durch das gleichzeitige Keimen mehrerer beieinander liegender Früchte).

*Vielstämmigkeit in einem Niederwald an Sand-Birke*

## Vitalität

Allgemein wird unter Vitalität Lebenskraft verstanden, für Bäume besser mit Wuchspotenz zu umschreiben. Da sich die Wuchspotenz eines Baumes in seinen Trieblängen widerspiegeln muss, lässt sich eine abnehmende Vitalität an zurückgehenden jährlichen Trieblängen ablesen.

## Vitalitätsbeurteilung

Verminderte Trieblängen (z. B. infolge Wachstum unter Stresssituationen) haben grundlegenden Einfluss auf die Kronenstruktur, da die ▶ Verzweigung mit zunehmendem ▶ Kurztriebanteil degeneriert. Dies kann für eine Vitalitätsbeurteilung von Bäumen genutzt werden, indem man die Verzweigungsstrukturen der Lichtkrone klassifiziert und interpretiert. Bei den meisten Laubbaumarten lassen sich bei voller Vitalität infolge der Dominanz von ▶ Langtrieben ▶ Netzstrukturen in der Oberkrone erkennen (Vitalitätsstufe 0, s. ▶ Explorationsphase). Bei anhaltendem Stress entwickeln sich zunächst ▶ Spießstrukturen (Vitalitätsstufe 1, s. ▶ Degenerationsphase) und bei weiter abnehmender Vitalität ▶ Pinselstrukturen (Vitalitätsstufe 2, s. ▶ Stagnationsphase), bevor die Krone zurückzusterben und zu zerfallen beginnt (Vitalitätsstufe 3, ▶ Resignationsphase). Dieses Verfahren ist inzwischen bei der Beurteilung des Gesundheitszustandes von Wäldern und Stadtbäumen

*Vitalitätsbeurteilung: Vitalitätsstufen 0–4 an Laubbäumen der gemäßigten Breiten*

UV

in den gemäßigten Breiten weithin etabliert, da es die längerfristige Vitalitätsentwicklung besser widerspiegelt als die sehr variable Belaubungsdichte. Alternativ oder zusätzlich wird die Baumvitalität auch anhand der ▶ Kronentransparenz beurteilt (s. ▶ Blattverlust).

**Vitalitätsstufen s. ▶ Vitalitätsbeurteilung**

**V-Zwiesel s. ▶ Zwiesel**

## Waagerechtes Wipfelwachstum

Horizontales Wachstum von Ästen wird als Plagiotropie bezeichnet (s. ▶ waagerechtes Wipfelwachstum). Während eine Reihe von Baumarten einen ▶ orthotropen (senkrechten) Wipfeltrieb und plagiotrope Seitenäste aufweisen (s. ▶ Architekturmodelle), wachsen bei anderen auch die Seitenäste senkrecht, bei einigen auch Wipfel und Äste plagiotrop (horizontal). Zunächst mag es merkwürdig erscheinen, dass manche Baumarten mit ihrem Wipfeltrieb waagerecht wachsen (Foto). Dies ist aber charakteristisch für einige besonders schattentolerante Baumarten, und darin liegt auch schon die Erklärung. Bei sehr geringem Lichtangebot ist waagerechtes Wachstum (mit ▶ zweizeiliger Blattstellung) von Vorteil, da sich die Blätter am Trieb nicht noch gegenseitig beschatten und das wenige Licht streitig machen. Gerade die derzeit wohl konkurrenzstärkste Baumart mitteleuropäischer Wälder, die Rot-Buche, zeigt dieses Verhalten besonders ausgeprägt. Zu aufrechten Bäumen werden diese Exemplare trotzdem, da sich der Wipfeltrieb bei guten Lichtverhältnissen anschließend aufrichtet, so dass man im Freistand schon nach kurzer Zeit (nach einer Vegetationsperiode oder gar weniger) nichts mehr von dem ursprünglichen Wuchsverhalten bemerkt.

*Waagerechtes Wipfelwachstum an Westlicher Hemlocktanne*

## Wachstum zum Licht

Normalerweise wachsen Bäume mit dem Wipfel entgegen der Schwerkraft, also (annähernd) senkrecht nach oben (s. ▶ Orthotropie). Das kann aber bei sehr lichtbedürftigen Baumarten im Schatten in den Hintergrund treten, wenn sie zunächst mit allen Mitteln versuchen müssen, irgendwo das Licht zu erreichen. Dieses kommt am Hang oft von der Seite. So gibt es zahlreiche Beispiele an Hängen, Flussufern und ähnlich einseitig belichteten Standorten, wo die Bäume nicht senkrecht, sondern schräg zum Licht wachsen. Im Beispiel auf dem Foto hat es eine Birke geschafft, das Licht zu erreichen und dafür einen mehrere Meter langen, fast waagerechten Stamm entwi-

*Wachstum zum Licht am Beispiel einer Sand-Birke*

ckeln müssen. Dieser steht natürlich unter extremer mechanischer Belastung, da er die ausladende Krone tragen muss. Die Lichtsuche darf jedoch nicht zu viele Jahre dauern, sonst sind die Reserven des Baumes verbraucht und er stirbt ab. Vgl. ▶ Fahnenkrone.

## Wachstumsphasen

Als Wachstumsphasen werden ▶ Explorations-, ▶ Degenerations-, ▶ Stagnations- und ▶ Resignationsphase bezeichnet. Sie beschreiben die Verzweigungsentwicklung einer Baumart in unterschiedlichen (abnehmenden) Vitalitätszuständen und sind daher die Basis für eine fundierte ▶ Vitalitätsbeurteilung. Vgl. ▶ Verzweigung.

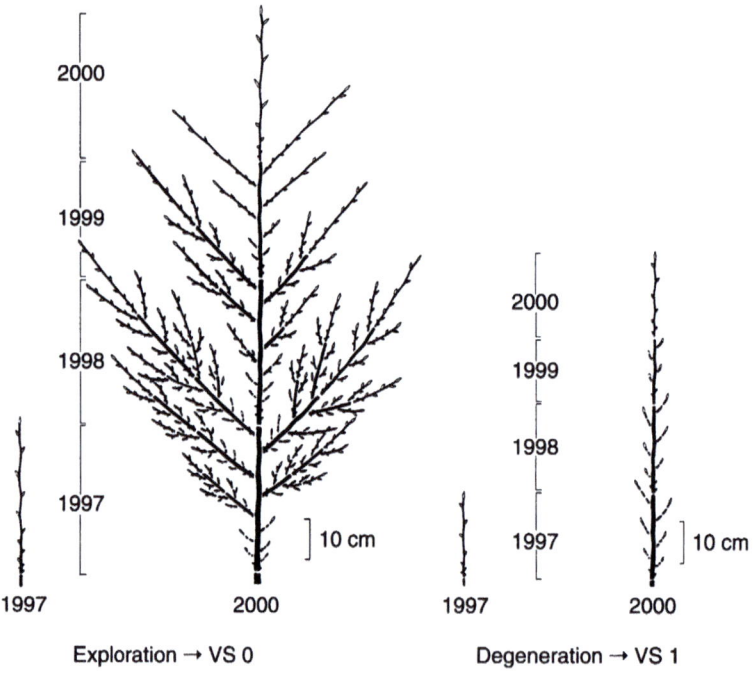

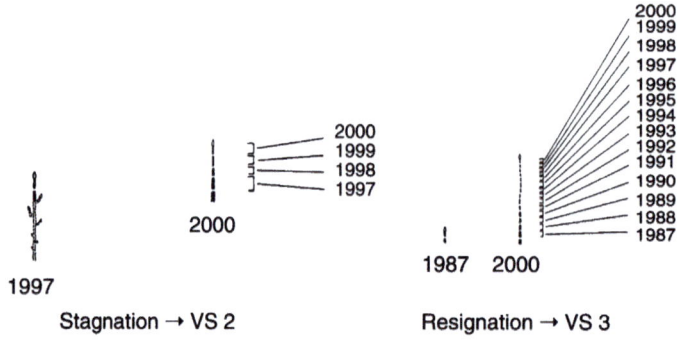

Wachstumsphasen: Explorations-, Degenerations-, Stagnations- und Resignationsphase der Vitalitätsstufen (VS) 0–4

## Waldränder

An Waldrändern herrschen vollkommen andere ökologische Bedingungen als im geschlossenen ▶ Bestand, vor allem durch mehr Licht und Wärme in der Vegetationszeit. Dem passen sich die Baumarten an, und am Waldrand haben auch konkurrenzschwache Baum- und Straucharten eine Überlebenschance. So kommt es dort aufgrund der Verzahnung zweier Lebensräume und der größeren Grenzflächen zu einer höheren Artenvielfalt als im Bestandesinneren. An natürlichen, sich selbst überlassenen Waldrändern findet eine enorme Dynamik statt – durch Ausbreitung und Wachstum von einigen Arten, zu Lasten anderer. Dies führt dazu, dass Waldränder wandern (wenn angrenzend eine besiedelbare Fläche vorhanden ist), oder eine Strecke vorrücken und wieder zurückgeworfen werden (z. B. an Fließgewässer- und Moorrändern). Diese Dynamik beinhaltet Wachstum in die Höhe und in die Breite, sie bleibt in vielen statischen Waldrand(gestaltungs)konzepten unberücksichtigt.

*Waldrand mit Sand-Birke, Gemeiner Kiefer, Stiel-Eiche, Faulbaum und Besenginster*

## Waldgrenze s. ▶ Baumgrenze

## Wandern

Bäume, die Jahrhunderte bis Jahrtausende ortsfest verwurzelt sind, müssen mit allem klarkommen, was sich in dieser Zeit ereignet und sind nicht in der Lage auszuweichen. Trotzdem können auch Bäume wandern, wie es z. B. vor und nach den Eiszeiten notwendig war. Dies geschieht in Ausnahmefällen mit Aststücken (bei Weiden, s. ▶ Absprünge), aber die eigentliche Wanderung geht nur mit ▶ Früchten bzw. Samen (Foto). Dabei kommt es als erstes darauf an, in welchem Alter die Baumart anfängt zu blühen (z. B. Birken mit etwa fünf, Buchen mit fünfzig Jahren) und weiter darauf, wie weit die Früchte transportiert werden: vom Wind (z. B. bis zu 20 km bei Weiden), vom Wasser (bis zu 5 km bei Erlen), von Tieren (bis zu 10 km bei Eichen). So ergeben sich maximale Wanderungsgeschwindigkeiten von etwa 5 km pro Jahr, bei den meisten Baumarten ist es jährlich ein Kilometer.

*Wandern: Flug der Samen einer Schwarz-Pappel aus platzenden Fruchtkapseln*

## Wasseraufnahme Wurzel

Die Triebkraft der Wasseraufnahme ist die ▶ Wasserpotenzialdifferenz zwischen der Bodenlösung und der Wurzeloberfläche, in der Wurzel zwischen der Wurzeloberfläche und dem Xylemsaft. Fast die gesamte Wasseraufnahme der Bäume erfolgt über die ▶ Feinwurzeln, dort speziell über die ▶ Wurzelhaare bzw. über die sie ersetzenden Hyphen von ▶ Mykorrhizapilzen. In der Wurzel gibt es drei verschiedene Wege des Wassereinstromes bis zum Zentralzylinder/▶ Xylem: 1. durch die Zellwände (apoplastisch), 2. von Protoplast zu Protoplast über Tüpfel (symplastisch), 3. von Zelle zu Zelle, wobei eine ▶ Vakuole nach der anderen durchquert wird (transmembran). Nach seinem Weg durch die ▶ Epidermis (Rhizodermis) und primäre Rinde (Exodermis) wird das Wasser an der innersten Rindenzellschicht (▶ Endodermis) gezwungen, die Protoplasten zu durchqueren, wodurch eine Kontrollmöglichkeit für die Pflanze besteht. Dann gelangt es in den Zentralzylinder und damit ins Xylem und nach oben zum Spross.

## Wasserleitungs-Theorie

Eine Gesetzmäßigkeit bei der Wasserversorgung von Baumkronen besagt, dass die leitende Stamm- oder Astquerschnittsfläche in einem bestimmten Verhältnis zur von diesem Ast oder Stamm versorgten Blattfläche steht (‚Pipe-Theorie'). Das bedeutet, dass für die Versorgung einer bestimmten Blattfläche eine davon abhängige leitende Fläche im Holz notwendig ist. Man muss allerdings berücksichtigen, dass diese Beziehung von Baumart zu Baumart etwas unterschiedlich ist, da sich die Holzanatomie (Länge und Durchmesser der Leitelemente) auf die Leitfähigkeit auswirkt. So verändert sich die Beziehung auch zwischen Stammfuß und Krone aufgrund der sich ändernden Gefäßgrößen. Aus diesen Kenntnissen lässt sich ableiten, dass beispielsweise der Verlust von Kronenteilen (durch ▶ Schnittmaßnahmen o. ä.) Folgen für die leitende Splintfläche haben muss und umgekehrt. Schon LEONARDO DA VINCI hat sich über diese Beziehung Gedanken gemacht.

## Wassernutzungs-Effizienz

Die Wassernutzungs-Effizienz (Water-Use Efficiency, WUE) ist ein Maß für die Produktivität von Bäumen/▶ Beständen. Sie drückt aus, wie viel Wasser für den Aufbau von Biomasse benötigt wird. Diese Größe errechnet sich aus Gramm produzierter Trockensubstanz je Liter benötigtes Wasser. Sie beträgt für tropische Laubbäume 1–2 g/L und für Laub- und Nadelbäume der gemäßigten Klimazone 3–5 g/L. Umgekehrt ausgedrückt wird je kg Trockensubstanz folgende Wassermenge benötigt (sog. Transpirationskoeffizient): Douglasie 170 L, Buche 180 L, Fichte 210 L, Lärche 240 L, Kiefer 290 L, Eiche 330 L, Birke 350 L.

## Wasserpotenzial

Das Wasserpotenzial ist ein Maß dafür, wie weit das Wasser eines Systems (z. B. das Wasser im Boden) verfügbar ist und vermittelt eine Vorstellung über die Fähigkeit, Wasser abzugeben oder aufzunehmen. Die spontane Wasserbewegung läuft in den Zellen nach dem Gesetz der Diffusion, also entlang eines Konzentrationsgefälles ab. Bei der Diffusion erfolgt die Wasserbewegung immer von einer Lösung mit dem höheren Wasserpotenzial zu der Lösung mit dem niedrigeren Wasserpotenzial. Es gilt: ein niedriges Wasserpotenzial → leichte Wasseraufnahme; ein hohes Wasserpotenzial → leichte Wasserabgabe. Die Wasserpotenzialdifferenz zwischen Boden und Atmosphäre ist die treibende Kraft für den ▶ Wassertransport; d. h. in der Pflanze existiert ein abfallender Wasserpotenzialgradient von der Wurzel bis zu den Blättern. Diese Wasserpotenzialdifferenz nutzt die Pflanze, um Wasser und die darin gelösten Ionen nach oben zu transportieren. Da man einen Bezugswert zur Berechnung braucht, hat man reinem Wasser unter Standardbedingungen ein Wasserpotenzial von 0 gegeben. Alle anderen Substanzen haben ein kleineres Wasserpotenzial als Wasser und erhalten damit ein negatives Vorzeichen. Gibt man also Salz in reines Wasser, wird das Wasserpotenzial negativer, je mehr Salz man hinzu gibt.

## Wasserreiser

Aus dem Stamm kann bei Freistellung oder ▶ plötzlichen Unweltveränderungen eine Vielzahl junger Triebe aus ▶ schlafenden Knospen erscheinen, die als Wasserreiser bezeichnet werden. Sie führen zu einer Verlagerung der Krone am Stamm nach unten, was z. B. im Falle der Freistellung eines Baumes sinnvoll ist. Denn es gibt dann auch in zuvor beschatteten, unteren Kronenbereichen mehr Licht, das sonst ungenutzt bleiben würde. Aber auch ohne Freistellung kann es bei älteren Bäumen zur plötzlichen und massiven Entwicklung von Wasserreisern kommen, was auf bauminterne Umbruchprozesse hindeutet. Bisweilen kündigt sich so auch ein baldiges Absterben des Baumes an, was jedoch nicht die Regel ist. Aus solchen Wasserreisern können in Extremfällen auch ▶ Sekundärkronen entstehen.

*Wasserreiser am Stamm einer Flatter-Ulme*

## Wasserspeicher Stamm

Bei Nadel- und vielen Laubbaumarten dient der Stamm in höherem Alter neben seiner Aufgabe der Wasser- und Nährstoffleitung und der Positionierung der Krone im Luftraum auch der Wasserspeicherung. Das Holzgewebe speichert einen Teil des Wassers, um es in Zeiten des Wassermangels wieder zur Verfügung zu stellen. Das kann einer älteren Fichte über Trockenstress hinweghelfen. Messbar wird diese Erscheinung durch ein Schrumpfen der Stämme in Trockenperioden: infolge des Wasserentzugs aus dem Stammspeicher werden sie dünner, da das Gewebe schrumpft, also „entquillt". Dieser Speicher wird dann nachts, wenn keine Verdunstung stattfindet, oder nach dem Ende der Trockenperiode wieder aufgefüllt. So ist es zu erklären, dass Bäume von einem Jahr zum nächsten sogar dünner werden können, wenn die zweite Durchmessermessung zufällig nach einer längeren Trockenperiode durchgeführt wird.

*Wasserspeicher Stamm bei einer Fichte auf Felsen*

## Wassertransport bei Bäumen

Eine der bemerkenswertesten Leistungen von großen, alten Bäumen ist, die Krone bis in 120 m Höhe mit dem notwendigen Wasser zu versorgen. Entscheidend dafür sind die Verdunstung aus den Blättern (s. ▶ Transpiration) und die Eigenschaft von Wassermolekülen, dass sie aneinander haften (Kohäsion). Durch die Verdunstung setzt ein Sog an den in den Blättern befindlichen Wassermolekülen ein, sie werden zu den ▶ Spaltöffnungen gezogen. Diese ziehen wiederum die Wassermoleküle in Blattstielen, Zweigen und im Stamm nach sich, so dass sich dieser Sog bis in die Wurzel fortsetzt und sogar wesentlich zur Wasseraufnahme in die Wurzeln beiträgt. Die Bindungskräfte der Wassermoleküle sind so stark, dass dieser Wasserfaden i. d. R. nicht abreißt (nur bei Lufteintritt z. B. nach Verletzungen, bei Trockenstress und im Winter, s. ▶ Embolien). Die Spaltöffnungen in den Blättern schließen sich bei Trockenstress, so dass der Sog in der Pflanze dann nachlässt. Bei ▶ Nacktsamern dienen ausschließlich ▶ Tracheiden der Wasserleitung, bei den ▶ Bedecktsamern treten neben den Tracheiden ▶ Gefäße auf. Aufgrund der größeren Durchmesser sowie der Perforationsplatten setzen die Gefäße dem Wasserfluss einen deutlich geringeren Widerstand entgegen, so dass hier die Leitgeschwindigkeit sowie die Transportraten wesentlich höher liegen als bei Tracheiden. Die Höchstgeschwindigkeit des Wasserstromes im Stamm (Sommertag, Mittagszeit) hängt daher vor allem von Durchmesser und Länge der Wasserleitelemente im Stamm ab und beträgt für Eiche 30–40 m/Std., Robinie 30 m/Std., Esche, Edel-Kastanie 25 m/Std., Pappel, Walnuss 4–6 m/Std., Tulpenbaum, Berg-Ahorn, Schwarz-Erle 2–3 m/Std., Rot-Buche, Rosskastanie 1 m/Std., Lärche, Kiefer, Fichte 1–2 m/Std.

*Wassertransport bei Bäumen: Stamm einer 85 m hohen Douglasie*

## Weiserjahr s. ▶ Dendrochronologie

## Weißfäule

Der Begriff Weißfäule wird traditionell für Holzfäule verwendet, in denen das Holz eine gebleichte Erscheinung annimmt. Sie tritt vor allem an Laubbäumen auf. Im Unterschied zur Braunfäule wird hierbei neben ▶ Zellulose/Hemizellulosen auch das ▶ Lignin abgebaut, wobei das Lignin entweder im Anfangsstadium stärker oder etwa gleichmäßig zusammen mit der Zellulose abgebaut

*Weißfäule an Fichte durch Hallimasch*

wird. Die Festigkeiten bleiben länger erhalten als bei ▶ Braunfäule, es erfolgt zunächst eine Abnahme der Druckfestigkeit, erst nachfolgend auch der ▶ Bruch- und Zugfestigkeit. Es kommt nicht zur Rissbildung oder zu Würfelbruch wie bei Braun- und ▶ Moderfäule.

## Windbestäubung

Alle Nadelbaumarten und viele Laubbäume wie z. B. Erlen und Birken nutzen den Wind zum Pollentransport für die Bestäubung aus. Dies hat Vorteile in ▶ Bestandessituationen, in denen wenige Baumarten mit vielen Individuen auf großer Fläche auftreten. Besonders effektiv ist Windbestäubung in Reinbeständen, denn Wind verbreitet den Pollen ungerichtet und ungezielt. Daher muss viel Pollen produziert werden, und es sollten möglichst wenig Hindernisse im Weg sein (z. B. Blätter oder andere Baumarten). Diese Situation ist in den gemäßigten Breiten, insbesondere in kühleren Regionen der Fall, weshalb hier in Naturwäldern die Windbestäubung dominiert (vgl. ▶ Insektenbestäubung). Windbestäubte Blüten sind eher unauffällig und erscheinen meist vor dem Blattaustrieb. Auch Buchen und Eichen sind Windblütler. Windbestäubte Laubbäume haben sich erst sekundär nach insektenbestäubten auf der Erde entwickelt, sind also in der Evolution noch relativ jung.

*Windbestäubung bei Walnuss*

## Windflüchter

Bei ständiger extremer Windbelastung (Windschur) kommt es zur Entwicklung von „Windflüchter"-Bäumen mit einseitiger Kronenentwicklung, im Extremfall wie auf dem Foto zum ▶ Kriechwachstum. Da Triebe dieser Kiefer, die aufrecht gewachsen sind, immer wieder verbogen oder beschädigt werden, kriecht der Baum schließlich am Boden dahin, schafft sich so selbst etwas Windschutz und vermeidet die enorme mechanische und physiologische Belastung aufrechten Wachstums an diesem Standort. So wächst bei diesem Baum der Stamm nicht mehr nach oben, sondern seitlich dahin und z. T. wieder nach unten. Als Ergebnis ist eine beeindruckende Baumskulptur entstanden. Das Phänomen der Windschur findet man häufig an Küsten oder in exponierten Kammlagen. Die Krone sieht bisweilen wie beschnitten aus. Auch ganze Waldbestände nehmen im Extremfall eine eigentümliche Form an, indem die Wind zugewandte Bestandesseite flach und gebeugt wächst, in deren Schutz die Bäume mit zunehmendem Abstand vom Bestandesrand allmählich höher und aufrechter wachsen. Windgebeugte, -geformte und -zerzauste Bäume können eine eindrucksvolle Gestalt annehmen. Vgl. ▶ Fahnenbäume.

*Windflüchter: Kriechkiefer durch extreme Dauerwindbelastung an der Küste*

## Windepflanzen s. ▶ Würgepflanzen

## Winterruhe

Der Winter verlangt von den langlebigen Bäumen ein Höchstmaß an ▶ Anpassungen. Das ist insbesondere der Schutz vor ▶ Frostschäden und der damit verbundenen Austrocknung. Dem beugen die Laubbäume durch Blattabwurf vor, außerdem werden lange vor dem Winter ▶ Reservestoffe überall in der Pflanze deponiert, damit sie im Frühjahr zur Verfügung stehen, wenn innerhalb kürzester Zeit das Austreiben erforderlich ist. Der Gefrierpunkt wird durch Zuckerlösung erniedrigt, was jedoch nur eine Absenkung um wenige Grad bringt. Das Durchfrieren von Organen ist also nicht zu verhindern (s. ▶ Kältestress). Umso wichtiger sind Mechanismen, die nach dem Auftauen das „Wiedererwachen" ermöglichen und das Wasserleitsystem intakt halten oder wieder in Gang bringen. Hierfür ist die Zuckerlösung in den Geweben von entscheidender Bedeutung. Vgl. ▶ Osmose.

*Winterruhe einer Silber-Weide*

## Wipfel-Absterben s. ▶ Abgestorbener Wipfel

## Wipfeltrieb-Verlust

Bei Verlust des Wipfeltriebes beginnen die längsten/obersten Seitentriebe um seinen Ersatz zu konkurrieren. Zuvor wurden sie durch ▶ hormonelle Kontrolle des Wipfeltriebes daran gehindert, sich aufzurichten und ihm Konkurrenz zu machen (s. ▶ Apikalkontrolle). Bei dessen Verlust fällt diese Kontrolle weg, und die Seitenzweige richten sich auf. In der Regel gewinnt den Wettstreit der längste der obersten Seitenzweige, er wird schließlich zum Wipfelersatz und beginnt seinerseits, konkurrierende Zweige daran zu hindern, ihm zu Konkurrenten zu werden, oder es entsteht ein Zwiesel. Auch Seitenknospen können einen Verlust des Wipfeltriebes kompensieren, indem sie vorzeitig austreiben (Foto). Nach einigen Jahren nimmt man diese Ereignisse dann meist nur noch bei genauem Hinsehen wahr, da der Ersatz oft perfekt funktioniert. Nur ▶ Zwiesel dokumentieren solch ein früheres Ereignis dauerhaft.

*Wipfeltrieb-Verlust und Reiteration an Gemeiner Esche*

**WUE** s. ▶ **Wassernutzungs-Effizienz**

## Würgepflanzen

▶ Kletterpflanzen wie das Wald-Geißblatt oder die Dreiflügelfrucht (Foto), die sich um einen Trägerbaum herum winden, führen zur Behinderung des ▶ Dickenwachstums des Baumes und letztlich zu dessen Einschnüren. Im Extremfall kann dies zum Absterben des strangulierten Baumes führen. Meistens versucht der Baum, die Liane zu überwallen, also zu umwachsen. Im erfolgreichen Falle wächst die Kletterpflanze dann in den Baum ein, stirbt schließlich ab und deformiert dessen Stamm (im Foto links). Solche Lianen führen mit ihrer Sprossspitze drehende Suchbewegungen beim Wachsen aus, bis sie geeignete Objekte zum Klettern gefunden haben. Die meisten Windepflanzen sind auf eine Winderichtung festgelegt, so gibt es Links- und Rechtswinder, wobei erstere auf der Nordhalbkugel überwiegen und daher der Einfluss der Erddrehung (Sonnenwanderung) eine Rolle zu spielen scheint.

*Würgepflanze Dreiflügelfrucht an Drüsigem Götterbaum*

## Würgewurzel

Als Würgewurzeln bezeichnet man oberflächennahe, den Wurzelanlauf teilweise umwachsende Wurzeln, die zur Einschnürung am Wurzelanlauf und Stammfuß führen.

*Würgewurzel an Sand-Birke (quer verlaufende Wurzel in Bildmitte)*

## Wundkallus s. ▶ Kallus, ▶ Wundüberwallung

## Wundüberwallung

Die mechanische Verletzung eines Baumes bis in den Holzkörper löst eine Überwallung der Wundfläche mit ▶ Kallus von den Seiten her aus. Durch intensive Zellteilungen der Randgewebe vor allem des ▶ Kambiums bildet sich ein Wulst (sog. Wundkallus), der sich über die Wunde schiebt und sie im besten Fall wieder schließt, allerdings oft erst nach Jahren. (s. Foto). Vgl. ▶ Flächenkallus.

*Wundüberwallung zweier ehemaliger Astwunden an Stiel-Eiche mit unterschiedlich weit fortgeschrittenem Wundverschluss durch Kallus*

## Wundverschluss s. ▶ Wundüberwallung

## Wurzel: Arbeitsteilung

Wurzeln haben folgende vier Funktionen: Verankerung des Baumes im Boden, Wasser- und Nährstoffaufnahme, Stoffspeicherung sowie Hormonproduktion. Für die erste Funktion sind spezielle zugfeste Elemente der Wurzeln besonders wichtig. Daher ist es schwer, eine Wurzel von Hand abzureißen. Für die zweite Funktion sind die Wurzelspitzen entscheidend, und die Stoffspeicherung findet in allen lebenden Geweben von Wurzeln statt. Die älteren Wurzeln sind ähnlich wie der Stamm aufgebaut, da sie ja genauso Wasser und Nährstoffe zur Krone und ▶ Assimilate zu den Wurzelspitzen leiten sollen. Für die ▶ Wasseraufnahme ist die Tiefenerschließung des Wurzelsystems entscheidend. Ein Problem kann die ungenügende Sauerstoffversorgung sein, wenn der Wassergehalt des Bodens zeitweise zu hoch ist (s. ▶ Überflutung). Vgl. ▶ Wurzelanatomie.

## Wurzelanatomie

Bevor eine junge Wurzel an Dicke zunimmt, zeigt sie als Feinwurzel einen primären Aufbau mit der Bildung einer Wurzelhaube (Calyptra) an ihrer Spitze. Diese „Kappe" schützt den empfindlichen Vegetationspunkt vor mechanischer Beschädigung. Das Abschilfern der randständigen Zellen der Wurzelhaube sowie die Absonderung einer Art „Schleim" funktionieren als Gleitmittel und erleichtern das Vordringen der Wurzel im Erdreich. Eine weitere Funktion der Wurzelhaube liegt in der Registrierung der Schwerkraft zur Ausrichtung des Wurzelwachstums. Durch die fortwährende Erzeugung neuer Zellen im Bereich des von der Wurzelhaube umgebenden Gewebes, der Zellteilungszone, findet an der Spitze das Wurzelwachstum statt. Auf dieses Bildungsgewebe folgt der Bereich der Zellstreckung. In dieser Zone finden kaum noch Zellteilungen statt, jedoch erfahren die Zellen, noch bevor sie ihre eigentliche Funktion übernehmen, eine Streckung (Streckungszone). Die Aufnahme von Wasser und der darin gelösten Nährsalze findet im anschließenden Abschnitt mit den ▶ Wurzelhaaren statt. In diesem Bereich sind die gebildeten Zellen entsprechend ihrer Aufgabe bereits funktionsfähig (Differenzierungszone). Die Grenzen zwischen Zellteilungs-, Streckungs- und Differenzierungszone sind fließend. Der gesamte Bereich von der Wurzelhaube bis zur Wurzelhaarzone entspricht in den meisten Fällen einer Gesamtlänge von weniger als einem Zentimeter. Dennoch findet hier der wesentliche Teil der Wasseraufnahme statt, weshalb ein hoher Anteil an ▶ Feinwurzeln, auch Nährwurzeln genannt, für eine gute Entwicklung der Pflanze entscheidend ist.

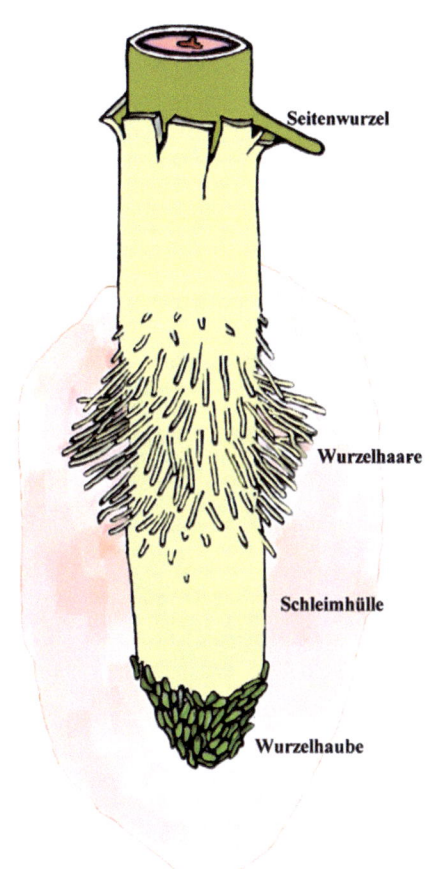

*Wurzelanatomie: Schematische Darstellung einer jungen Wurzel (Wurzelspitze unten) (Grafik Doris Krabel)*

## Wurzelanlauf

Die Wurzelanläufe von Bäumen (im Bild die größte Sitka-Fichte der Welt nahe der Pazifikküste in Nordamerika) dienen dem Übergang vom Stamm zur Wurzel, vor allem aber zur Ableitung der enormen mechanischen Kräfte, die von Krone und Stamm mit ihrem Gewicht auf das Wurzelsystem einwirken. An den Wurzelanläufen entscheidet sich maßgeblich die ▶ Standfestigkeit eines Baumes. Sie sind von Baumart zu Baumart unterschiedlich prägnant ausgebildet und immer desto stärker, je älter bzw. größer ein Baum wird. Auf nassen Stand-

*Wurzelanlauf der weltgrößten Sitka-Fichte*

orten sind sie oft auffälliger als auf trockenen oder felsigen, da bei ständig nassem Boden die Gefahr des Windwurfes größer ist. Angeschüttete Bäume erkennt man leicht daran, dass die Wurzelanläufe fehlen, was sonst bei älteren Bäumen niemals der Fall ist (s. ▶ Überschüttung).

## Wurzelbrut

Aus oberflächennahen Wurzeln können neue Sprosse entspringen, die man als Wurzelbrut bezeichnet (links im Foto). Die Neigung dazu ist von Baumart zu Baumart sehr unterschiedlich, bei manchen sehr ausgeprägt, z. B. bei Robinien. Das wird bisweilen als lästig empfunden, wenn diese jungen Bäume zu Hunderten auf einer Wiese erscheinen. Es kann aber auch eine wichtige und sehr erwünschte Erscheinung sein, z. B. zur Böschungssicherung. Im Bild haben die Robinienwurzeln einen Weg unterwachsen, und die Wurzelbrut ist auf der anderen Wegseite erschienen. Ältere Robinien wird man fast nie ohne diese Wurzelbrut finden. Auch Zitter- und Silber-Pappeln sowie Grau-Erlen neigen zur Wurzelbrut. Die entstehenden Jungbäume sind genetisch identisch mit dem Mutterbaum und stehen mit ihm noch lange Zeit im Stoffaustausch. So werden die Tochterbäume zunächst noch vom Mutterbaum versorgt.

*Wurzelbrut an einer Robinie (Wurzelbrut links im Bild, Mutterbaum rechts)*

## Wurzeldruck

Als Wurzeldruck bezeichnet man den Druck, der sich durch ▶ Osmose im Wurzelgewebe von Bäumen aufbauen kann. Werden die über die Membran der ▶ Xylemparenchymzellen transportierten Ionen nicht rasch genug mit dem Xylemsaftstrom abtransportiert, akkumulieren sie vor Ort in den Xylem-Leitelementen der Wurzel und senken dort das osmotische Potenzial und damit auch das ▶ Wasserpotenzial, d. h. beide Potenziale werden negativer. Das sinkende Wasserpotenzial ist dann die treibende Kraft für einen Wasserfluss in das Xylem. Die gesamte Wurzel agiert quasi wie eine osmotische Zelle, bei der das multizelluläre Wurzelgewebe die osmotische Membran stellt und für den Aufbau eines positiven hydrostatischen Drucks in Folge der Akkumulation von Ionen im Xylem sorgt. Wurzeldruck tritt auf, wenn das Bodenwasserpotenzial hoch (gering negativ) und die Transpiration gering ist. Dies ist z. B. erkennbar, wenn man eine Pflanze am Spross/Wurzel-Übergang abschneidet. Der Wurzeldruck kann dann zum Austritt von Xylemsaft an der Schnittfläche führen. Bei hohen ▶ Transpirationsraten kann sich der Wurzeldruck aufgrund des raschen Abtransports der Ionen nicht entwickeln. Bäume nutzen den Aufbau eines positiven Drucks im Xylem während der Nacht vor allem, um tagsüber gebildete Gasblasen aufzulösen und somit den negativen Folgen von ▶ Embolien entgegenzuwirken. Der Wurzeldruck kann das Wasser im Stamm maximal 5 m hoch drücken.

## Wurzelfreilegung

Bisweilen befindet sich die Stammbasis eines Baumes fast einen Meter über der Bodenoberfläche. Dort kann der Baum natürlich niemals gekeimt sein, sondern erzählt uns auf diese beeindruckende Weise seine ▶ Lebensgeschichte. Gekeimt und aufgewachsen ist er entweder auf der Boden-

*Wurzelfreilegung an einer Altfichte durch Erosion*

oberfläche am Hang, die sich damals 1 m höher im Gelände befunden haben muss und dann Jahrzehnte lang durch ständige Erosion abgetragen wurde – bis schließlich ein großer Teil des ursprünglich im Boden verborgenen Wurzelsystems freigelegt worden ist. Dies ist kein Problem für den Baum, da dieser Prozess allmählich verlaufen ist. Oder der Baum ist auf einem anderen Stamm oder Stubben gekeimt (s. ▶ Ammenverjüngung).

## Wurzelhaare

In geringem Abstand hinter der Wurzelspitze, unmittelbar hinter der Streckungszone, befindet sich an ▶ Feinwurzeln die Wurzelhaarzone (auch Differenzierungszone genannt). Hier vergrößern die für die Wasser- und Ionenaufnahme zuständigen Wurzelhaare die absorbierende Oberfläche der Wurzel stark. Wurzelhaare sind Ausstülpungen der Außenzellwand und ähnlich der Wurzelhaube dem Verschleiß unterworfen, nachdem sie nach Wegbahnung zwischen den rauen Bodenpartikeln mit diesen teilweise eng für die Wasser- und Nährelementausbeutung verschmelzen. Wurzelhaare sind daher kurzlebig (wenige Tage) und müssen ständig erneuert werden, so dass die Wurzelhaarzone der Streckungszone der weiterwachsenden Wurzelspitze sukzessive nachfolgt. In den meisten Fällen werden bei Bäumen die Wurzelhaare allerdings durch Hyphen von Symbiosepilzen ersetzt, die die Aufgabe viel effektiver erledigen können (s. ▶ Mykorrhiza, ▶ Wurzelanatomie).

## Wurzelknie s. ▶ Atemwurzeln

## Wurzelknöllchen

Eine besondere Form der ▶ Symbiose besteht bei Erlen mit Bakterien. Diese befinden sich in den Wurzeln und führen zur Entwicklung lokaler Wucherungen, den Wurzelknöllchen. In diesen binden die Bakterien den Stickstoff aus der Luft, der auch in den Boden eindringt und reichlich vorhanden ist. Auf diese Weise machen sich die Erlen von der Stickstoffversorgung des Bodens unabhängig, sie sorgen sogar für eine Düngung des Standortes. In der Landwirtschaft ist dasselbe von den

Leguminosen (z. B. Erbsen, Klee, Lupine) bekannt, die als Zwischenfrucht statt Dünger eingesetzt werden können. Die Bakterien an der Erle schaffen es immerhin, bis zu 100 kg Stickstoff pro Jahr und Hektar zu binden. Wenn man Erlenwurzeln freilegt, erkennt man diese bis zu pflaumengroßen Knöllchenansammlungen (Foto). Erlen, bei denen man in Experimenten die Knöllchen entfernt hat, gingen nach einiger Zeit ein.

*Wurzelknöllchen einer Schwarz-Erle (Größe der Ansammlung ca. 4 cm)*

## Wurzelmetamorphosen

An Holzpflanzen kann auch im Wurzelbereich eine Reihe bemerkenswerter ▶ Metamorphosen vorkommen. So können bei Baumarten, die auf nassen Standorten und/oder instabilem Untergrund wachsen (z. B. in Auenwäldern), die Wurzelanläufe für eine Verbesserung der Standfestigkeit weit ausladend zu ▶ Brettwurzeln verbreitert sein (z. B. Flatter-Ulme). Wurzelknie oder ▶ Atemwurzeln sind Bögen oder Auswüchse oberflächennaher Wurzeln, die aus dem Boden bzw. bei Überflutung aus dem Wasser ragen (z. B. bei Sumpfzypresse) und mit besonders vielen ▶ Lentizellen und Interzellularen (sog. Aerenchym) dem ▶ Gasaustausch dienen, vor allem der Sauerstoffversorgung (s. ▶ Überflutung). Als ▶ Wurzelbrut wird das Auftreten von wurzelbürtigen Sprossen bezeichnet (wie z. B. bei Silber-Pappel und Robinie), was zur vegetativen Ausbreitung führt. ▶ Innenwurzeln (z. B. bei Linde) entspringen in hohlen Stämmen aus dem noch lebenden Stammmantel und können, wenn sie den Boden erreichen, zur Verankerung und Wasser-/Nährstoffversorgung beitragen. Sprossbürtige Haftwurzeln dienen dem Klettern (Efeu und Hortensie). Haustorien treten bei ▶ Epiphyten auf (Mistel) und dienen der Befestigung der Pflanze auf Ästen, z. T. zusätzlich dem Entzug von Wasser und Nährstoffen aus der Trägerpflanze.

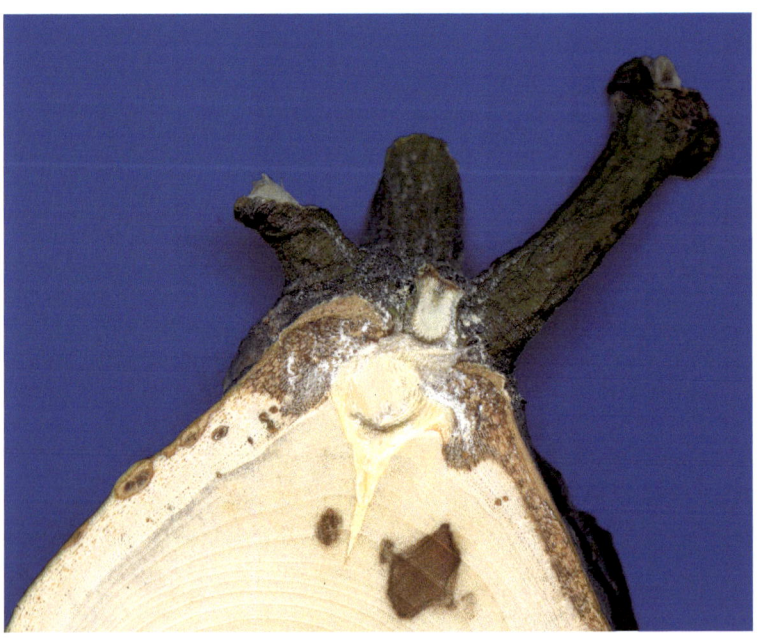

*Wurzelmetamorphosen: Haustorium (Senker Bildmitte) einer Mistel in Pappelast (Zweige der Mistel oben im Bild abgetrennt)*

## Wurzeln in Felsspalten

Wurzeln können in Felsen enorme Druckkräfte entwickeln, die zu Rissen und schließlich Spalten führen. Voraussetzung ist zunächst das Eindringen der jungen Wurzel in eine Felsritze, in der immer genügend Feuchtigkeit vorhanden sein muss, so dass sich die Wurzel weiterentwickeln kann. Dann wächst sie wie sonst auch im Boden nicht nur immer tiefer in den Felsriss hinein, sondern auch in die Dicke. Dabei kann sie solche Kräfte entwickeln, dass Felsen und Mauern gesprengt oder angehoben werden können (Foto). Das ist auch bei Bäumen auf Mauern zu bedenken. Für die Feuchtigkeit in Felsritzen und an Steinen im Boden spielen Temperaturunterschiede zwischen Luft und Stein eine große Rolle, die sehr häufig und lange Zeit zu Kondensationswasser am Stein führen und von der Wurzel ausgenutzt werden können.

*Wurzeln in Felsspalten: Felssprengung und -anhebung durch eine Eichenwurzel*

## Wurzelteller

Als Wurzelteller werden extrem flach entwickelte Wurzelsysteme bezeichnet und sichtbar, wenn sie nach Umkippen des Baumes infolge von Windwurf freigelegt werden und aus dem Boden herausragen. Sie entstehen auf vernässten Standorten (Foto) bei Baumarten, die nicht dauerhaft mit ihren Wurzeln im Nassen stehen können (aufgrund von ▶ Sauerstoffmangel). Dann bleibt den Wurzeln nur die oberflächennahe Entwicklung übrig. Die Windwurfanfälligkeit solcher Bestände ist natürlich sehr hoch. Stabilität kann evtl. durch Verwachsung mit Nachbarwurzeln erreicht werden (s. ▶ Wurzelverwachsungen). Auch auf wechselfeuchten Standorten mit verdichteten Bodenhorizonten kann es zur Wurzeltellerbildung kommen. Bekannt ist dies z. B. für die Fichte, wenn sie auf solchen Standorten aufgewachsen ist. Hochgekippte Wurzelteller können wichtige Lebensräume darstellen und als Sonderstandort zur Artenvielfalt beitragen.

*Wurzelteller einer Moor-Birke auf nassem Standort*

## Wurzeltypen

In der Jugend entwickelt sich bei vielen Baumarten genetisch bedingt einer von drei im Habitus verschiedenen Typen von Wurzelsystemen:
▶ Pfahlwurzel-, Herzwurzel- oder Senkerwurzelsystem. Diese können durch den Standort und mit zunehmendem Alter grundlegend modifiziert werden. Beim Pfahlwurzelsystem entsteht zunächst eine dominante, senkrecht nach unten wachsende Hauptwurzel, von der schwächere Seitenwurzeln abzweigen. Die Hauptwurzel kann große Tiefen (5–10 m) erreichen. Mit zunehmendem Alter nimmt ihre Dominanz aber meist rasch ab, und der Wurzeltyp kann in ein Herzwurzelsystem übergehen. Bei diesem entwickeln sich mehrere schräg abwärts wachsende Starkwurzeln mit nachgeordneter Seitenverzweigung, so dass eine herz- bzw. halbkugelähnliche Form des Wurzelsystems entsteht. Eine dominante Pfahlwurzel und horizontale Starkwurzeln fehlen dann weitgehend. Beim Senkerwurzelsystem schließlich entwickeln sich von Anfang an kräftige, weit horizontal wachsende Hauptwurzeln, von denen nach unten gerichtete Starkwurzeln entspringen (sog. „Senker"). Dieser Wurzelsystemtyp ist auf vernässten bzw. verdichteten Standorten verbreitet, auch bei Baumarten, die sonst zu Herz- oder Pfahlwurzelsystemen neigen. Die Horizontalwurzeln können Distanzen von über 10 m vom Stamm erreichen und weit über den Kronentrauf hinausgehen. Eine weitere Unterscheidung von Wurzelarchitekturmodellen ist nicht sinnvoll wegen der großen Variabilität der Wurzelentwicklung innerhalb der Baumarten. Hindernisse und Inhomogenitäten im Boden, vor allem über felsigem Untergrund oder an Stadt- und Straßenstandorten, können zu erheblich abweichenden Formen des Wurzelsystems führen, z. B. zu einer stark einseitigen Ausdehnung oder zu zweischichtigen Wurzelsystemen. Baumarten mit Pfahlwurzel sind: Weiß-Tanne, Wald-Kiefer, Stiel-Eiche, Ulmen; mit Herzwurzel: Ahorne, Birken, Hainbuche, Rot-Buche, Schwarz-Erle, Europäische Lärche, Douglasie, Linden; mit Senkerwurzel: Gemeine Esche, Fichte, Strobe, Zitter-Pappel, Eberesche.

*Wurzeltypen (von links nach rechts): Pfahlwurzel-, Herzwurzel-, Senkerwurzelsystem*

## Wurzelverwachsungen

Eigentlich unsichtbare Wurzelverwachsungen (Anastomosen) lassen sich erkennen, wenn der Stammfuß eines gefällten Baumes weiter in die Dicke wächst bzw. die Schnittfläche überwallt wird. Daraus kann man schließen, dass der Stammanlauf seine ▶ Assimilate (die ja nicht mehr von der eigenen Krone kommen können) von einem lebenden Nachbarbaum erhält. Untersuchungen z. B. in Fichten- und Tannenbeständen haben gezeigt, dass durchaus bis über 50 % der Bäume miteinander verwachsen sein können, auf diese Weise also miteinander kommunizieren (s. ▶ elektrische Signale) und Stoffe austauschen. Weiter sorgt das Verwachsen für eine erhöhte Stabilität des Bestandes. Allerdings können sich so auch ▶ Pathogene (z. B. Pilze) schneller ausbreiten – eine Tatsache, die sich bei einigen Krankheiten verhängnisvoll auswirken kann.

*Wurzelverwachsungen und in Folge Stubbenüberwallung und -zuwachs an einer Fichte*

## Xeromorphie, Xerophyllie

Als Xeromorphie bezeichnet man alle äußerlich oder anatomisch sichtbaren Veränderungen/Anpassungen von Pflanzen im Hinblick auf hohe ▶ Trockenstresstoleranz. Solche Veränderungen gibt es am gesamten Pflanzenkörper, besonders auffällig sind sie an Blättern: die sog. Xerophyllie. Das klassische Beispiel dafür sind Nadeln mit ihrer gegenüber Laubblättern kleineren Oberfläche. Allgemeine Erscheinungen der Xerophyllie sind Verminderung der Wasserdurchlässigkeit der ▶ Cuticula, z. B. durch ▶ Wachsauflagerungen, verdickte ▶ Epidermis-Zellwände, eingesenkte ▶ Spaltöffnungen oder einen Flaum von toten Haaren.

*Xeromorphie und -phyllie: Blätter des Buchsbaumes*

## Xylem

Das Xylem (Holz) befindet sich in Stamm und Ästen innerhalb des ▶ Kambiums und bildet zusammen mit dem außerhalb vorhandenen ▶ Phloem ein miteinander vernetztes, sich über den gesamten Baum erstreckendes Leitgewebesystem. Im Xylem der Bäume werden hauptsächlich Wasser und Nährelemente, aber auch ▶ Assimilate transportiert, zudem dient es der Speicherung von ▶ Reservestoffen (im Holzparenchym) und der mechanischen Stabilität. Verschiedenartige Zelltypen sind für das Xylem charakteristisch: Die ▶ Tracheiden und ▶ Gefäße (letztere nur in Laubbäumen) dienen der Wasserleitung, und zusammen mit den Fasern (nur in Laubbäumen) dienen die ▶ Tracheiden auch der Festigung. In den Xylemparenchymzellen werden Substanzen wie Stärke, Lipide und Proteine gespeichert. Tracheiden und Gefäße sind im ausgewachsenen Zustand nicht mehr lebend (Reduktion des Fließwiderstandes für den ▶ Wassertransport).

*Xylem der Wald-Kiefer (Nadelholz, mit Früh- und Spätholz, 2 Jahrringgrenzen und Harzkanälen)*

## Zapfen

Zapfen sind der bei Nadelbäumen am weitesten verbreitete Typ von Blüten- und Samenständen. Sie optimieren die Anforderungen guter Erreichbarkeit durch den Wind (für die ▶ Pollenverbreitung), des Schutzes der Samen und ihrer Anlagen (durch Zapfenschuppen und Harz) und einer günstigen Position in der Krone zur Verbreitung der Samen (wiederum durch den Wind). Die Variationen von Zapfen sind sehr vielfältig: aufrecht (Tanne, Zeder) oder hängend (Fichte; Douglasie); sich öffnend und abhängig von der Witterung wieder schließend (Kiefer) oder sich nur allmählich öffnend (Lebensbaum); jahrelang in der Krone hängend und im Ganzen abfallend (Fichte, Lärche) oder am Baum zerfallend (Tanne). Bei Laubbäumen ist dieser Blütenstandstyp sehr selten, bekannteste Beispiele sind Erle und Tulpenbaum. Im Bild erkennt man zwei Zapfenjahrgänge einer Kiefer, da der Zapfen dieser Baumart fast zwei Jahre bis zur Reife benötigt.

*Zapfen: Kiefernzweig mit zwei Zapfenjahrgängen*

## Zellulose

Zellulose ist der Hauptbestandteil von pflanzlichen Zellwänden (Massenanteil 50 %) und damit die häufigste organische Verbindung der Erde. Sie ist ein unverzweigtes Polysaccharid mit der Summenformel $(C_6H_{10}O_5)n$, das aus mehreren hundert bis zehntausend Glukose-Molekülen bzw. Zellobiose-Einheiten besteht. Zellulose wird in der Plasmamembran gebildet und vernetzt sich untereinander zu fibrillenartigen Strukturen. Vgl. ▶ Lignin.

## Zersetzung Blätter (C/N-Verhältnis)

Die Zersetzung der Blätter läuft mit sehr unterschiedlicher Geschwindigkeit ab. So findet man von einigen Baumarten (z. B. Esche, Erle) schon im Frühjahr nach dem Blattfall keine vollständigen Blätter mehr, wohingegen die Nadeln einiger Nadelbäume noch nach drei Jahren gut erhalten sind. Entscheidend für die Zersetzbarkeit der Blätter (Streuzersetzung) ist vor allem das C/N-Verhältnis der Blätter, also das Verhältnis von bioverfügbarem Kohlenstoff zu Stickstoff im Blatt. Je kleiner die Zahl, desto enger ist das C/N-Verhältnis und umso besser ist die Stickstoffverfügbarkeit und die Zersetz-

*Zersetzung Blätter: schwer zersetzliche Lärchen-Nadelstreu*

barkeit. Das C/N-Verhältnis einiger Baumarten beträgt: Schwarz-Erle, Robinie 15–18; Esche, Hainbuche, Pappel, Traubenkirsche 22–24; Hasel, Ulme 23–28; Linde 35–40; Berg–Ahorn, Birke, Buche, Eiche, Fichte 45–50; Kiefer, Lebensbaum 65; Douglasie 75; Lärche 80–115.

## Zerstreutporer

Bei zerstreutporigen Baumarten sind die weitlumigen ▶ Gefäße gleichmäßiger über den ▶ Jahrring verteilt und kleiner als bei ▶ Ringporern, so dass der Beginn des ▶ Dickenzuwachses im Frühjahr nicht so markant ins Auge fällt wie bei den Ringporern. Dies hat zur Folge, dass man die Jahrringe oft nur schwer, manchmal selbst mit optischen Hilfsmitteln kaum erkennen kann. Beispiele sind Ahorn, Birke, Buche, Hainbuche, Linde, Pappel, Weide. Die Wasserleitung funktioniert längst nicht so schnell wie bei den Ringporern (mit max. 5 statt max. 40 m/Std.), ist dafür aber sicherer. Denn wegen der geringeren Größe der Gefäße kommt es weniger zu ▶ Embolien als bei Ringporern und die Jahrringe können Jahre, z. T. Jahrzehnte lang an der ▶ Wasserleitung beteiligt sein. Daher sind zerstreutporige Baumarten oft trockenheitsresistenter als Ringporer. Nadelholz ist dem zertreutporigen Laubholz ähnlich, aber die Wasserleitungselemente sind noch kleiner, die Leitgeschwindigkeit demzufolge noch geringer (max. 1–2 m/Std.).

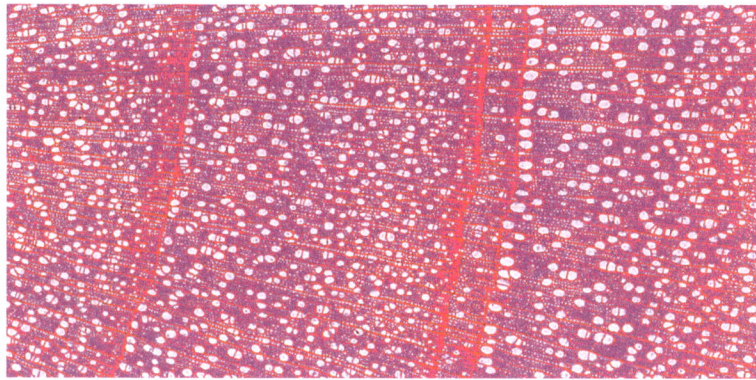

*Zerstreutporer: Holz der Zitter-Pappel (mit 2 Jahrringgrenzen, Bildbreite 4 mm) (Foto Matthias Meyer)*

## Zugast s. ▶ Versorgungsäste

## Zugholz

Das sog. Zugholz wird bei den meisten Laubbäumen auf der Oberseite von Ästen und der Wind zugewandten Seite (Luv) geneigter Stämme ausgebildet und wirkt Zugkräften entlang der Achsen entgegen. Es ist oft heller und glänzender als Normalholz und enthält prozentual mehr ▶ Zellulose und weniger ▶ Lignin als Normalholz. Oft ist mit der Zugholzbildung ein verstärktes ▶ Dickenwachstum der Zugseite verbunden, also breitere Jahrringe auf der Oberseite (vgl. ▶ Druckholz).

*Zugholz an einem Ast der Flatter-Ulme (astoberseits)*

## Zugversuche

Eine Möglichkeit zerstörungsfreier Methoden zur Untersuchung der ▶ Stand- und ▶ Bruchsicherheit von Bäumen sind Zugversuche. Dabei wird mittels eines Greifzuges über ein Stahlseil der zu untersuchende Baum unter Spannung gebracht.

Mit dem Greifzug ist ein Dynamometer verbunden, das die Kraftaufnahme in Zugrichtung misst. In die dann erfolgenden Berechnungen gehen Abschätzungen der Windlast mit ein, die Auswertung erfolgt mittels spezieller Computerprogramme.

## Zugwurzeln am Hang

Am Hang sind die wichtigsten Wurzeln für die ▶ Standfestigkeit des Baumes die hangaufwärts gerichteten Flachwurzeln, die i. d. R. schon am starken ▶ Wurzelanlauf als Zugwurzeln erkennbar sind (Foto). Diese Wurzeln haben für die Standfestigkeit des Baumes eine größere Bedeutung als die seitlichen und die hangabwärts gerichteten, da Holz durch die ▶ Zellulose effektiver in der Zugfestigkeit als in der Druckfestigkeit ist. Daher werden Bäume am Hang und an Böschungen vor allem durch den Zug dieser Wurzeln gehalten, weniger durch Druck der Hang abwärts gerichteten. Die Zugwurzeln sind deswegen meist besonders kräftig entwickelt und müssen intakt sein, wenn der Baum sicher stehen soll. Schäden (Verletzungen oder Fäule) an den Zugwurzeln sind aus diesen Gründen als besonders kritisch für die Standsicherheit des Baumes zu beurteilen.

*Zugwurzel am Hang an einer Fichte (nach links, hangoberseits)*

## Zugwurzel-Verlust

Die wichtigsten Wurzeln von Bäumen sind die sog. ▶ Zugwurzeln. Als solche bezeichnet man oberflächennahe Starkwurzeln, die der Hauptwindrichtung zugewandt bzw. an Hängen hangaufwärts entwickelt sind und damit die Zuglast des ganzen Baumes zu tragen haben. Werden sie bei Baumaßnahmen gekappt oder durch Pilze geschädigt, sind die Bäume stark wurfgefährdet. Ältere Bäume können diesen Verlust nicht wieder ausgleichen. Das Problem tritt häufig beim Straßenausbau oder bei der Neuanlage von Fahrradwegen auf. Auf dem Foto sieht man eine vor kurzem ausgebaute Allee mit nicht mehr standsicheren Bäumen nach Kappung der Zugwurzeln (die Hauptwindrichtung ist von rechts im Bild). Ein Wegfall derselben Wurzelmasse an der gegenüberliegenden, windabgewandten Seite ist mit weit weniger Risiken für die ▶ Standfestigkeit verbunden, da auf dieser Seite überwiegend Drucklast zu tragen ist.

*Zugwurzel-Verlust durch Wurzelkappungen bei Straßenausbau-Maßnahmen mit der Folge des Kippens der Bäume in den Folgejahren*

## Zuwachsnasen an Zwieseln

Als Zuwachsnasen bezeichnet man Wülste wie z. B. auf dem Foto unterhalb von Steilzwieseln (von zwei gleichstarken Stämmlingen, bei denen sich V-förmig der Stamm teilt). Große Zuwachsnasen deuten auf erhebliche ▶ biomechanische Probleme des Baumes an der Verwachsungsstelle der beiden Stämmlinge hin: Der Baum versucht durch lokal gesteigerten ▶ Dickenzuwachs, die Basis der Stämmlinge miteinander zu verwachsen. Er schafft es aber nicht vollständig, so dass durch (innere) Spannungsrisse der Zuwachsanreiz immer weiter gesteigert wird. Bei solchen ▶ Zwieseln besteht ein erhebliches mechanisches Risiko des Auseinanderbrechens. Diese Erscheinung der Zuwachsnasen ist ein sehr gutes Beispiel für die ▶ Körpersprache von Bäumen: Sie verraten auf diese Weise viel über ihr Innenleben und ihre Lebensgeschichte. Gegenüberliegende Zuwachsnasen auf beiden Seiten des Stammes nennt man Zuwachsohren.

*Zuwachsnase an Zwiesel des Berg-Ahorns*

## Zuwachsohren s. ▶ Zuwachsnasen

## Zuwachsstreifen

Diese Erscheinung gehört zur ▶ Körpersprache der Bäume. Das streifenförmige Aufreißen von Rindenpartien bzw. das streifenförmige „An-die-Oberfläche-Gelangen" von jungen helleren Rindenpartien (Foto) deutet darauf hin, dass in diesem Bereich eine starke Zuwachssteigerung im Gange ist. Der Baum versucht entweder, an dieser Stelle einen Ast besser mechanisch an den Stamm anzubinden, da hier eine problematische Lastverteilung bzw. Einbindung gegeben ist. Oder es handelt sich um die Folge besonders hoher ▶ Assimilationsleistungen dieses Astes, so dass er ungewöhnlich viel Zuckerlösung an den Stamm ableitet. Ein Blick in die Krone zeigt dann, was jeweils die Ursache ist. Gegebenfalls muss der Ast im ersten Fall durch ▶ Schnittmaßnahmen entlastet oder gar entfernt werden (was im zweiten Falle genau falsch wäre). Zuwachsstreifen können auch ein stammoberseitiges Symptom bei Schiefstand des ganzen Baumes sein.

*Zuwachsstreifen (helle Rindenpartien) an einer Färber-Erle*

## Zweigabgliederung

Es gibt sehr viele verschiedene Möglichkeiten, warum Zweige aus der Krone fallen können. So kann einerseits eine Zweigabgliederung von toten Zweigen erfolgen, dabei sind die adaptive Zweigreinigung und der regulative Zweigabfall zu unterscheiden. Andererseits können auch lebende Zweige abgegliedert werden, entweder aktiv durch eine ▶ Trennungszone (▶ Absprünge), durch eine Sollbruchstelle infolge veränderter Holzanatomie (Separation) oder durch Verletzungen (durch Tiere: Abriss, durch abiotische Faktoren: Abbruch).

*Zweigabgliederung (Abrisse) an einer Serbischen Fichte durch Eichhörnchen*

## Zweigabsprünge s. ▶ Absprünge

## Zweigordnungen: s. ▶ Astordnungen

## Zweigreinigung s. ▶ Astreinigung

## Zweihäusigkeit

Einige Baumarten wie Wacholder, Eiben, Weiden und Pappeln umgehen das Problem der unerwünschten ▶ Selbstbestäubung, indem sie die Blütengeschlechter nur auf getrennten Bäumen entwickeln. Dies bezeichnet man als Zweihäusigkeit. Als Folge davon gibt es also nur männliche und nur weibliche Einzelbäume und keine gemischtgeschlechtlichen. Durch den ▶ Assimilat-

*Zweihäusigkeit des Gemeinen Wacholders (hier weibliches Exemplar mit Zapfen)*

verbrauch für Samen bzw. Früchte kann es dazu kommen, dass weibliche Exemplare im Höhen- und ▶ Dickenzuwachs zurückbleiben gegenüber den männlichen. Selbstbestäubung ist wegen der fehlenden Durchmischung des Erbgutes problematisch (Inzucht).

## Zweizeiligkeit

Zweizeilige Blattstellung ist bei Baumarten von Vorteil, die von Natur aus in der Jugend meist im Schatten aufwachsen (▶ Schattenbaumarten), wie Buchen, Linden und Ulmen. Da die Knospen der Seitenzweige in den Blattachseln sitzen und nachfolgend austreiben, hat eine zweizeilige Blattstellung auch zweizeilige Verzweigungen zur Folge, die z. B. bei den Ulmen charakteristisch wie Leitern aussehen. Dies ist bei geringen Lichtverhältnissen günstig, da die Blätter dann in einer Ebene ausgebreitet sind und sich kaum gegenseitig das wenige Licht wegnehmen. Das trifft natürlich nur zu und daher ist die zweizeilige Blattstellung nur sinnvoll bei annähernd horizontalem Wachstum der Zweige.

*Zweizeiligkeit der Blatt- und Zweigstellung an einer Feld-Ulme*

## Zwergenwuchs

Bei dauerhaftem extremem ▶ Trockenstress gehen Baumarten, falls sie überleben, zum Zwergenwuchs über und können, wie diese Fichte auf einem Felsen, bei 55 cm Höhe bereits ein Alter von 90 Jahren erreichen. Das Resultat ist ein Bonsai-Habitus, wie er also auch in der Natur vorkommt. Es gibt nur wenige Baumarten, die diesen dauerhaften Stress lange durchhalten. Dazu gehören vor allem Kiefern, Birken und Ebereschen. Andere Baumarten wären längst abgestorben und verschwunden. Auch eine regelmäßig sehr kurze Vegetationszeit kann diese Erscheinung zur Folge haben.

*Zwergenwuchs einer Fichte im Hochgebirge: 55 cm großer, 90-jähriger Baum auf Felsen*

## Zwiesel

Sog. Zwiesel entstehen, wenn zwei Wipfeltriebe um die Vorherrschaft in der Krone konkurrieren und dieser Wettbewerb auf Dauer unentschieden ausgeht (Foto). Ursache kann Verlust oder Beschädigung der Gipfelknospe oder des ursprünglichen Wipfeltriebes sein, so dass Seitenknospen oder -triebe durch sog. Reiterationen für Ersatz sorgen müssen. Zwieselwuchs kann auch angeboren sein (durch sehr steile Aststellung). Zwiesel haben erhebliche Bedeutung für die (Beurteilung der) ▶ Bruchsicherheit eines Baumes, da sie ein Auseinanderbrechen zur Folge haben können. Dieses Risiko ist umso höher, je steiler die beiden Stämmlinge miteinander verbunden sind, da sich in der Basis beim Einwachsen von Rinde Faulstellen entstehen können. Nach der Form des Winkels zwischen den Stämmlingen unterscheidet man V- und U-Zwiesel, wobei letztere baumstatisch günstiger einzuschätzen sind. Am gefährlichsten sind V-Zwiesel mit ▶ Zuwachsohren und/oder Rissen unterhalb der Zwieselkehle, hier ist unbedingt eine weitere Beobachtung notwendig.

*Zwiesel an einer Silber-Linde (V-Zwiesel)*

# Literatur

Aschan, G.; Wittmann, C.; Pfanz, H. (2001): Age-dependant bark photosynthesis of aspen twigs. – Trees **15**, 431–437.

Bärtels, A. (2008): Gehölzvermehrung. – Ulmer Verlag, Stuttgart. 176 S.

Balder, H. (1998): Die Wurzeln der Stadtbäume. – Parey Verlag, Berlin. 180 S.

Balder, H.; Ehlebracht, K.; Mahler, E. (1997): Straßenbäume. – Patzer Verlag, Berlin/Hannover. 240 S.

Bartels, H. (1993): Gehölzkunde. – Ulmer Verlag, Stuttgart. 336 S.

Barthlott, W.; Neinhuis, C. (1997): Purity of sacred lotus or escape from contamination in biological surfaces. – Planta **202**, 1–8.

Baumgarten, H.; Doobe, G.; Dujesiefken, D.; Jaskula, P.; Kowol, T.; Wohlers, A. (2004): Kommunale Baumkontrolle zur Verkehrssicherheit. – Thalacker Medien, Braunschweig. 128 S.

Bell, A. (1994): Illustrierte Morphologie der Blütenpflanzen. – Ulmer Verlag, Stuttgart. 335 S.

Bonn, St. (1998): Dendroökologische Untersuchungen zur Konkurrenzdynamik in Buchen/Eichen-Mischbeständen. – Forstwiss. Beitr. Tharandt/Contr. For. Sc. **3**, 1–226.

Bonn, Su.; Poschlod, P. (1998): Ausbreitungsbiologie der Pflanzen Mitteleuropas. – Quelle & Meyer Verlag, Wiesbaden. 404 S.

Braun, B.; Konold, W. (1998): Kopfweiden. – Verlag Regionalkultur, Ubstadt. 240 S.

Brauns, A. (1999): Taschenbuch der Waldinsekten. – 5. Aufl., Spektrum Akademischer Verlag, Heidelberg/Berlin. 868 S.

Bresinsky, A.; Körner, C.; Kadereit, J.W.; Neuhaus, G.; Sonnewald, U. (2008): Strasburger Lehrbuch der Botanik. – 36. Aufl. Spektrum Akademischer Verlag, Heidelberg/Berlin. 1175 S.

Bschorr, O. (1991): Winderregte Blattschwingungen. – Naturwiss. **78**, 402–407.

Butin, H. (1996): Krankheiten der Wald- und Parkbäume. – 3. Aufl. Thieme Verlag, Stuttgart. 261 S.

Clair, B.; Fournier, M.; Prevost, M.F.; Beauchene, J.; Bardet, S. (2003): Biomechanics of buttressed trees: bending strains and stresses. – Am. J. Bot. **90**, 1349–1356.

Cotta, H. (1806): Naturbeobachtungen über die Bewegung und Funktion des Saftes in Holzpflanzen. – Verlag Hoffman, Weimar. 96 S.

Czihak, G.; Langer, H.; Ziegler, H. (1996): Biologie. – 6. Aufl., Springer Verlag, Berlin et al. 995 S.

Dierschke, H. (1994): Pflanzensoziologie – Grundlagen und Methoden. – Ulmer Verlag, Stuttgart 683 S.

Düll, R.; Kutzelnigg, H. (2005): Taschenlexikon der Pflanzen Deutschlands. – 6. Aufl. Quelle & Meyer Verlag, Wiebelsheim. 577 S.

Dujesiefken, D. (Hrsg.) (1995): Wundbehandlung an Bäumen. – Thalacker Verlag, Braunschweig. 151 S.

Dujesiefken, D.; Liese, W. (2008): Das CODIT-Prinzip. – Haymarket Media, Braunschweig. 159 S.

Egli, S.; Brunner, I. (2002): Mykorrhiza. – Merkblatt für die Praxis (Forschungsanstalt Birmensdorf, Schweiz) **35**, 1–8.

Ellenberg, H. (1996): Vegetation Mitteleuropas mit den Alpen. – 5. Aufl. Ulmer Verlag, Stuttgart. 596 S.

Eschenbach, C. (1995): Zur Physiologie und Ökologie der Schwarzerle (Alnus glutinosa). – Diss. Univers. Kiel.

Fink, S. (1999): Pathological and Regenerative Plant Anatomy. – Bornträger, Berlin/Stuttgart. 1095 S.

Finkeldey, R. (1993): Die Bedeutung allelischer Profile für die Konservierung genetischer Ressourcen bei Waldbäumen. – Gött. Forstgen. Ber. **14**, 1–176.

FLL (Hrsg.) (2004): Richtlinie zur Überprüfung der Verkehrssicherheit von Bäumen/Baumkontrollrichtlinien. – Forschungsgesellschaft Landschaftsentwicklung Landschaftsbau e. V., Bonn. 44 S.

FLL (Hrsg.) (2006): Zusätzliche Technische Vertragsbedingungen und Richtlinien für die Baumpflege, „ZTV-Baumpflege". – Forschungsgesellschaft Landschaftsentwicklung Landschaftsbau e. V., Bonn,. 71 S.

Frey, W.; Lösch, R. (1998): Lehrbuch der Geobotanik. – G. Fischer Verlag, Stuttgart et al. 436 S.

Göhre, K. (1952): Die Robinie und ihr Holz. – Dt. Bauernverlag, Berlin. 212 S.

Grabherr, G. (1997): Farbatlas Ökosysteme der Erde. – Ulmer Verlag, Stuttgart. 364 S.

Gruber, F. (1990): Verzweigungssystem, Benadelung und Nadelfall der Fichte (*Picea abies*). – Contr. Biol. Arb. **3**, 1–136.

Grundmann, B. (2009): Dendroklimatologische und dendroökologische Untersuchungen des Zuwachsverhaltens von Buche und Fichte in naturnahen Mischwäldern. – Diss. TU Dresden. http://nbn-resolving.de/urn:nbn:de:bsz:14-ds-1243414382782-85130 (31.7.2009).

Hallé, F.; Oldeman, R.A.A.; Tomlinson, P.B. (1978): Tropical trees and forests. – Springer Verlag, Berlin et al. 288 S.

Herbst, D.; Krabel, D.; Roloff, A. (2002): Untersuchungen zur direkten Wasseraufnahme von Blättern. – Forst u. Holz **57**, 145–147.

Heß, D. (2008): Pflanzenphysiologie. – 11. Aufl. Ulmer Verlag, Stuttgart. 426 S.

Jacob, F.; Jäger, E.J.; Ohmann, E. (2003): Botanik. – 5. Aufl. Spektrum Akad. Verlag, Heidelberg/Berlin. 592 S.

Kawollek, W. (1994): Handbuch der Pflanzenvermehrung. – 3. Aufl. Weltbild Verlag, Augsburg. 286 S.

Kimmins, J.P. (2004): Forest Ecology. – 3. Aufl. Prentice Hall, New Jersey. 653 S.

Klugmann, K.; Roloff, A. (1999): Ökophysiologische Bedeutung von Zweigabsprüngen (Kladoptosis) unter besonderer Berücksichtigung der Symptomatologie von *Quercus robur* L. – Forstwiss. Cbl. **118**, 271–286.

Kozlowski, T.T.; Kramer, P.J.; Pallardy, S.G. (1990): The physiological ecology of woody plants. – Academic Press, San Diego et al. 657 S.

Kozlowski, T.T.; Pallardi, G. (1997): Physiology of Woody Plants. – Academic Press, San Diego et al. 411 S.

Kutschera, L.; Lichtenegger, E. (2002): Wurzelatlas mitteleuropäischer Waldbäume und Sträucher. – Stocker Verlag, Graz/Stuttgart. 604 S.

Lambers, H.; Chapin, F.S.; Ponis, T.L. (1998): Plant Physiological Ecology. – Springer Verlag New York. 540 S.

Larcher, W. (2001): Ökophysiologie der Pflanzen. – 6. Aufl., Ulmer Verlag, Stuttgart. 408 S.

Lewington, A.; Parker, E. (2000): Alte Bäume. – Weltbild Verlag, Augsburg. 190 S.

Lösch, R. (2001): Wasserhaushalt der Pflanzen. – Quelle & Meyer Verlag, Wiebelsheim. 595 S.

Lüttge, U.; Kluge, M.; Bauer, G. (2005): Botanik. – 5. Aufl. Wiley-VCH Verlag, Weinheim. 651 S.

MacCarthaigh, D.; Spethmann, W. (2003): Krüssmanns Gehölzvermehrung. – Parey Verlag, Berlin. 435 S.

Mattheck, C. (1998): Design in Nature. – Springer Verlag, Berlin et al. 276 S.

Mattheck, C.; Breloer, H. (1994): Handbuch der Schadenskunde von Bäumen. – 2. Aufl. Rombach Verlag, Freiburg. 249 S.

Mattheck, C.; Breloer, H. (1997): The Body Language of Trees. – Stationary Office London, 239 S.

Mattheck, C.; Hötzel, H.-J. (1997): Baumkontrolle mit VTA. – Romberg Verlag Freiburg. 187 S.

Matyssek, R.; Fromm, J.; Renneberg, H.; Roloff, A. (2010): Biologie der Bäume. – Ulmer Verlag, Stuttgart. 487 S.

Menzel, A. (2003): Gibt die Phänologie Hinweise für den Klimawandel? – Allg. Forstzeitschr./Der Wald **58**, 867–86.

Menzel, A.; Fabian, P. (1999): Growing season extended in Europe. – Nature **397**, 659–660.

Meyer, M. (2009): Trockenheitsreaktionen und holzanatomische Eigenschaften der Zitter-Pappel (*Populus tremula* L.) – Physiologie und QTL-Mapping. Diss. TU Dresden. 198 S.

Müller, G.K.; Müller, C. (2003): Geheimnisse der Pflanzenwelt. – Manuscriptum Verlag, Waltrop/Leipzig. 331 S.

Nachtigall, W. (1997): Vorbild Natur. – Springer Verlag Berlin/Heidelberg. 161 S.

Nachtigall, W. (2002): Bionik. – 2. Aufl. Springer Verlag, Berlin et al. 492 S.

Nachtigall, W.; Blüchel, K.G. (2000): Das große Buch der Bionik. – Dt. Verlagsanstalt, Stuttgart/München. 399 S.

Ng, F.S.P. (1977): Shyness in trees. – Natur. Malaysiana **2**, 34–37.

Nilsen, E.T.; Orcutt, D.M. (1996): The physiology of plants under stress. – Wiley & Sons, Chichester/UK. 704 S.

Nierhaus-Wunderwald, D.; Lawrenz, P. (1997): Zur Biologie der Mistel. – Merkblatt für die Praxis (Forschungsanstalt Birmensdorf, Schweiz) **28**, 1–8.

Nultsch, W. (2002): Allgemeine Botanik. – 12. Aufl. Thieme Verlag, Stuttgart/New York. 602 S.

Otto, H.-J. (1994): Waldökologie. – Ulmer Verlag, Stuttgart. 391 S.

Pfisterer, J.A. (1999): Gehölzschnitt nach den Gesetzen der Natur. – Ulmer Verlag, Stuttgart. 300 S.

Pietzarka, U. (2005): Zur ökologischen Strategie der Eibe (Taxus baccata L.) – Wachstums- und Verjüngungsdynamik. – Forstwiss. Beitr. Tharandt/Contr. For. Sc. **25**, 1–195.

Pietzarka, U.; Harnisch, V.; Roloff, A. (2010): Zur Dynamik und Anatomie der Zweigabtrennung bei *Taxus baccata* L. – Allg. Forst- u. Jagdztg. (im Druck).

Pietzarka, U.; Roloff A. (2000): *Alnus glutinosa* (L.) Gaertn. (Schwarz-Erle). – Enzyklopädie der Holzgewächse **19**, 1–16.

Pietzarka, U.; Schmidt, C.; Roloff, A. (2003): *Ilex aquifolium* L. (Stechpalme). – Enzyklopädie der Holzgewächse **33**, 1–11.

Polomski, J.; Kuhn, N. (1998): Wurzelsysteme. – Verlag P. Haupt, Bern et al. 290 S.

Raven, P.H.; Evert, R.F.; Eichhorn, S.E. (2006): Biologie der Pflanzen. – 4. Aufl. Verlag Walter de Gruyter, Berlin/New York. 942 S.

Reisch, J. (1974): Waldschutz und Umwelt. – Springer Verlag, Berlin et al. 568 S.

Richardsen, D.M. (Hrsg.) (1998): Ecology and biogeography of Pinus. – Cambridge Univ. Press, Cambridge. 527 S.

Richter, C. (2007): Holzmerkmale. – DRW-Weinbrenner, Leinfelden-Echterdingen. 82 S.

Roloff, A. (1986): Morphologische Untersuchungen zum Wachstum und Verzweigungssystem der Rotbuche (*Fagus sylvatica* L.). – Mitt. Dt. Dendrol. Ges. **76**, 5–47.

Roloff, A. (1997): Die Eberesche (*Sorbus aucuparia* L.). – In: Jahrbuch der Baumpflege (Hrsg. Dujesiefken, D., P. Kockerbeck, P.). – Thalacker Medien, Braunschweig, S. 141–145.

Roloff, A. (1998): Biologie und Ökologie der Wildbirne (*Pyrus communis* L.). – In: Die Wildbirne (Hrsg. Kleinschmit, J.; Soppa, B.; Fellenberg, U.). Sauerländer's Verlag, Frankfurt a. M., S. 9–17.

Roloff, A. (1999): Die Silberweide (*Salix alba* L.). – In: Jahrbuch der Baumpflege (Hrsg. Dujesiefken, D.; P. Kockerbeck, P.). Thalacker Medien, Braunschweig, S. 9–14.

Roloff, A. (2000): Tree vigour and branching pattern. – J. For. Sc. **45**, 206–216.

Roloff, A. (2001): Baumkronen. – Ulmer Verlag, Stuttgart.

Roloff, A. (2004): Bäume – Phänomene der Anpassung und Optimierung. – Ecomed Verlagsges., Landsberg. 276 S.

Roloff, A. (2004): Was können Stadtbäume ertragen? – Allg. Forstztschr./Der Wald **59**, 541–544.

Roloff, A. (Hrsg.) (2008): Baumpflege – Baumbiologische Grundlagen und Anwendung. – Ulmer Verlag, Stuttgart. 172 S.

Roloff, A. (2004): Die Weiß-Tanne (*Abies alba* Mill.) – Biologie, Ökologie, Verwendung und Besonderheiten. – In: Jahrbuch der Baumpflege (Hrsg. Dujesiefken, D.;

KOCKERBECK, P.). Thalacker Medien, Braunschweig, S. 7–13.

ROLOFF, A., BÄRTELS, A. (2008) Gehölze – Bestimmung, Herkunft, Lebensbereiche, Eigenschaften und Verwendung. 3. Aufl. Ulmer Verlag, Stuttgart. 853 S.

ROLOFF, A.; DUJESIEFKEN, D. (2003): Zum Umgang mit ehemals gekappten Linden. – In: Jahrbuch der Baumpflege (Hrsg. DUJESIEFKEN, D.; KOCKERBECK, P.). Thalacker Medien, Braunschweig, S. 103–112.

ROLOFF, A.; PIETZARKA, U. (1997): *Fraxinus excelsior* L. (Gemeine Esche). – Enzyklopädie der Holzgewächse 7, 1–15.

ROLOFF, A.; PIETZARKA, U. (2000): *Betula pendula* (L.) ROTH (Sand-Birke). – Enzyklopädie der Holzgewächse 21, 1–15.

ROLOFF, A.; PIETZARKA, U.; SCHMIDT, C. (2001): *Juniperus communis* L. (Gemeiner Wacholder). – Enzyklopädie der Holzgewächse 26, 1–11.

ROLOFF, A.; WEISGERBER, H.; LANG, U.M.; STIMM, B. (Hrsg.) (2009): Enzyklopädie der Holzgewächse. – Wiley-VCH Verlag, Weinheim. 4780 S.

ROMBERGER, J.A.; HEJNOWICZ, Z.; HILL, J.F. (1993): Plant structure – function and development. – Springer-Verlag, Berlin et al. 523 S.

ROTHE, M.; KRABEL, D.; ROLOFF, A. (1999): Responses of Norway spruce (*Picea abies* (L.) KARST.) to water deficiency. – Phyton 39, 183–190.

RUST, S.; KLUGMANN, K.; ROLOFF, A. (2000): Twig abscission (cladoptosis) as a decline symptom in *Quercus robur* L. (European oak)? – Mitt. Biol. Bundesanst. Land- u. Forstw. 370, 196–203.

SCHIECHTL, M.H.; STERN, R. (2002): Naturnaher Wasserbau. – Ernst Verlag, Berlin. 229 S.

SCHMID, M.; SCHMID, H. (1994:) Ginkgo. – Wiss. Verlagsges., Stuttgart. 135 S.

SCHMIDT, C.; ROLOFF, A. (2003): Stamminjektion zur Bekämpfung der Rosskastanien-Miniermotte. – Stadt u. Grün 12, 47–49.

SCHMIDT-VOGT, H. (1987): Die Fichte. Bd. 1: Taxonomie, Verbreitung, Morphologie, Ökologie, Waldgesellschaften. – Verlag P. Parey, Hamburg/Berlin. 647 S.

SCHÖLLER, H. (Hrsg.) (1997): Flechten. – Kramer Verlag, Frankfurt a.M. 246 S.

SCHROEDER, F.-G. (1998): Lehrbuch der Pflanzengeographie. – Ulmer Verlag, Stuttgart. 459 S.

SCHÜTT, P.; SCHUCK, H.-J.; STIMM, B. (Hrsg.) (1992): Lexikon der Forstbotanik. – Ecomed Verlag, Landsberg. 581 S.

SCHULZ, B. (1999): Gehölzbestimmung im Winter. – Ulmer Verlag, Stuttgart. 329 S.

SCHULZE, E.-D.; BECK, E.; MÜLLER-HOHENSTEIN, K. (2002): Pflanzenökologie. – Spektrum Akademischer Verlag, Heidelberg/Berlin. 846 S.

SCHWARZE, F.W.M.R.; ENGELS, J.; MATTHECK, C. (1999): Holzzersetzende Pilze in Bäumen. – Rombach Verlag, Freiburg. 245 S.

SCHWEINGRUBER, F.H. (2001): Dendroökologische Holzanatomie. – Haupt Verlag, Bern et al. 472 S.

SCHWEINGRUBER, F.H. (2007): Wood structure and the environment. – Springer Verlag Berlin/Heidelberg/New York. 279 S.

SCHWEINGRUBER, F.H.; BÖRNER, A.; SCHULZE, E.-D. (2006): Atlas of Woody Plant Stems. – Springer Verlag, Berlin/Heidelberg/New York. 229 S.

SHIGO, A.L. (1990): Die neue Baumbiologie – Fachbegriffe von A bis Z. – Thalacker Verlag, Braunschweig. 183 S.

SHIGO, A.L. (1991): Baumschnitt – Leitfaden für die richtige Baumpflege. – Thalacker Verlag, Braunschweig. 191 S.

SIEWNIAK, M.; KUSCHE, D. (2002): Baumpflege heute. Patzer Verlag, Berlin/Hannover. 271 S.

SINCLAIR, W.A.; LYON, H.H. (2005): Diseases of Trees and Shrubs. – Cornell University Press, Ithaca/London. 660 S.

SINN, G. (2003): Baumstatik. – Thalacker Medien, Braunschweig. 184 S.

STETZKA, K.M.; ROLOFF, A. (1996): Der Efeu als Baumwürger – nützt Klimaerwärmung winter- und immergrünen Gefäßpflanzen? – Allg. Forstzeitschr. 51, 210–213.

STOBBE, H. (2001): Entwicklung und Feinstruktur von Flächenkallus-Gewebe und seine Bedeutung für die Behandlung von Anfahrschäden. – Diss. Univ. Hamburg. 116 S.

STOBBE, H.; DUJESIEFKEN, D. (2004): Vergleich der Wirksamkeit verschiedener Folien zur Wundbehandlung von frischen Anfahrschäden. – In: Jahrbuch der Baumpflege (Hrsg. DUJESIEFKEN, D.; KOCKERBECK, P.). Thalacker Medien, Braunschweig, S. 257–261.

TAIZ, L.; ZEIGER, E. (2006): Plant Physiology. – 4. Aufl. Sinauer Assoc., Sunderland/USA. 770 S.

TYREE, M.T.; ZIMMERMANN, M.H. (2002): Xylem Structure and the Ascent of Sap. – 2. Aufl. Springer Verlag, Berlin et al. 283 S.

URBANSKA, K.M. (1992): Populationsbiologie der Pflanzen. – Fischer Verlag, Stuttgart/Jena. 374 S.

WACHTEL, S.; JENDRUSCH, A. (1993): Der Linksdrall in der Natur. – Dt. Taschenbuchverlag, München. 200 S.

WAGENFÜHR, R.; SCHREIBER, C. (2007): Holzatlas. – 6. Aufl. Fachbuchverlag, Leipzig. 816 S.

WALTER, H.; BRECKLE, S.-W. (1999): Vegetation und Klimazonen. – Ulmer Verlag, Stuttgart. 544 S.

WESSOLY, L.; ERB, M. (1998): Baumstatik und Baumkontrolle. – Patzer Verlag, Berlin/Hannover. 270 S.

WILMANNS, O. (1998): Ökologische Pflanzensoziologie. – 6. Aufl. Quelle & Meyer Verlag, Wiesbaden. 405 S.

WITTMANN, R. (2003): Die Welt der Bäume. – Ulmer Verlag, Stuttgart. 160 S.

WOHLERS, A.; KOWOL, T.; DUJESIEFKEN, D. (2001): Pilze bei der Baumkontrolle. – Thalacker Medien, Braunschweig. 64 S.

ZIMMERMANN, M.H.; BROWN, C.L. (1971): Trees – Structure and Function. – Springer Verlag, Berlin et al. 336 S.